Sammeln als Wissen

Das Sammeln und seine wissenschaftsgeschichtliche Bedeutung

»Wissenschaftsgeschichte«
herausgegeben von
Michael Hagner und Hans-Jörg Rheinberger

Sammeln als Wissen

Das Sammeln und seine wissenschaftsgeschichtliche Bedeutung

Herausgegeben von
Anke te Heesen und E. C. Spary

WALLSTEIN VERLAG

INHALT

Anke te Heesen und E. C. Spary

Sammeln als Wissen

»Das Sammeln geht der Wissenschaft immer voraus; das ist nicht merkwürdig, denn das Sammeln muß ja vor der Wissenschaft sein; aber das ist merkwürdig, daß der Drang des Sammelns in die Geister kömmt, wenn eine Wissenschaft erscheinen soll, wenn sie auch noch nicht wissen, was diese Wissenschaft enthalten wird.«[1] Was der Protagonist des 1857 erschienenen Romans »Der Nachsommer« von Adalbert Stifter hier formuliert, scheint immer noch zuzutreffen. Zahlen, Daten, Kurven, Bilder oder Objekte bilden eine Grundlage der Wissenschaft, und erst aufgrund solcher Ansammlungen lassen sich Regelmäßigkeiten erkennen und Schlußfolgerungen ziehen. Diese Erkenntnis ist gerade angesichts des weltweit aufsehenerregenden *Human Genome Project* als virtueller Erfassungsstelle des menschlichen Erbgutes genauso richtig wie banal. Doch zugleich gestehen einige der Beteiligten dieses gigantischen Sammelprojekts – ähnlich wie bei Stifter –, daß ihnen noch nicht klar sei, was sie mit all diesen Daten anfangen sollen.[2] Eine Art Gegenposition dazu bildet die Annahme, daß die Verbindung zwischen Wissenschaft und Sammeln darin bestehe, Forschung als »ein gezieltes, systematisches Sammeln von Erkenntnissen«[3] zu beschreiben. Auf den ersten Blick treffen hier zwei völlig verschiedene, inkompatible Auffassungen aufeinander – und in beiden Fällen handelt es sich wohl um idealtypische Übertreibungen. Die Verbindung zwischen Sammeln und Wissenschaft ist wesentlich komplexer, als es die Vorstellung von einer diffusen Anhäufung zur möglichen späteren Wissensgenerierung oder von einem gezielten, systematischen Vervollständigen des Wissens nahelegen möchte.

Die Abgußsammlung von Händen, die der Arzt Carl Gustav Carus in der Mitte des 19. Jahrhunderts anlegte, gibt einen Einblick in diese facettenreiche Verbindung: Carus war überzeugt, daß die Form und Gestalt der Hand Rückschlüsse auf die sogenannte psychische Eigentümlichkeit

1 Adalbert Stifter: Der Nachsommer. München 1977, S. 110.

2 André Rosenthal: Wer soll das alles lesen? In: Frankfurter Allgemeine Zeitung, Nr. 35, 10.2.2001.

3 Justin Stagl: Homo Collector. Zur Anthropologie und Soziologie des Sammelns. In: Aleida Assmann/Monika Gomille/Gabriele Rippl (Hg.): Sammler – Bibliophile – Exzentriker. Tübingen 1998, S. 37-54, S. 51.

des Menschen liefern könnte.[4] Er begann, von den Händen seiner Freunde und berühmter Persönlichkeiten Formen abzunehmen. Seine Klassifikation bestand darin, die plumpe und dicke Hand am niedrigsten und die schlanke, feingliedrige Hand als wertvollste einzustufen. In der 18 Objekte zählenden Sammlung befanden sich beispielsweise Abgüsse der Hände von Clara Schumann, Ludwig Tieck oder »Joseph Cantonio, Riese«.[5] Natürlich war ihre Zusammenstellung davon abhängig, mit wem Carus gerade zusammentraf. Auf seine kranioskopische Sammlung bezogen, bemerkte er in seinen Lebenserinnerungen nur: eine Sammlung von Gipsformen »wuchs mir unter den Händen hervor«.[6] Wie aber ging er damit um, daß die Hand Goethes nicht zart, sondern eher breit und plump erschien? Schon dieses kleine Beispiel zeigt, daß gezielte Interessen und sich selbst erfüllende Vorannahmen, nicht recht einzuordnende Objekte und zufällige Sammelmöglichkeiten in einer Weise miteinander verknüpft sind, die darauf hindeutet, daß eine Sammlung zugleich gezieltes und kontingentes Resultat einer wissenschaftlichen und kulturellen Praxis ist. Einige Varianten der Sammeltätigkeit anhand von Objekten und Sammlungen der Naturgeschichte und Lebenswissenschaften[7] des 18. und 19. Jahrhunderts sichtbar zu machen ist das Ziel der Beiträge des vorliegenden Bandes.

Das Thema Sammeln erfährt seit Jahren in den verschiedensten Bereichen und Disziplinen eine bemerkenswerte Konjunktur.[8] Ist noch im »Historischen Wörterbuch der Philosophie« von 1992 kein Eintrag zum Lemma »Sammeln« zu finden, so ist diese Tätigkeit jüngst auch auf philosophischer Ebene nobilitiert worden.[9] Das Phänomen des Sammelns wurde in einer ganzen Reihe von Ausstellungen behandelt, wobei nicht

4 Vgl. dazu Carl Gustav Carus: Über Grund und Bedeutung der verschiedenen Formen der Hand in verschiedenen Personen: eine Vorlesung. Stuttgart 1846.

5 Ders.: Verzeichniss der cranioskopischen und chirognomischen Sammlung des Geheimen Rath Dr. C. G. Carus. Dresden 1863, S. 14. Die verbliebenen Abgüsse befinden sich heute im Staatlichen Museum für Völkerkunde in Dresden.

6 Carl Gustav Carus: Lebenserinnerungen und Denkwürdigkeiten. Nach der zweibändigen Originalausgabe von 1865/1866. Weimar 1966, Bd. 2, S. 75.

7 Der Begriff ist den englischen ›life sciences‹ entlehnt und umfaßt Wissenschaften wie die Biologie, Medizin, Anthropologie, Psychologie etc.

8 Norbert Hinske / Manfred J. Müller (Hg.): Sammeln – Kulturtat oder Marotte? Öffentliche Ringvorlesung, Wintersemester 1982/83. Trier 1984; Ludwig Duncker: Die Kultur des Sammelns und ihre pädagogische Bedeutung. In: Neue Sammlung 30, 1990, S. 450-465.

9 Manfred Sommer: Sammeln. Ein philosophischer Versuch. Frankfurt a. M. 1999.

nur größere thematische Anordnungen Aufmerksamkeit fanden,[10] sondern auch die (Neu)-Entdeckung von älteren Sammlungen und »peripheren Museen«.[11] Besondere Beachtung wurde in inhaltlicher und gestalterischer Hinsicht dem Modell der Kunst- und Wunderkammer geschenkt, also jenem frühneuzeitlichen Raum, der im Mikrokosmos der Sammlung den Makrokosmos der Erde und des Himmels repräsentieren sollte. Ein Hauptmotiv für die Attraktivität der Kunstkammer liegt dabei in der durch die elektronischen Medien hervorgerufene Informations- und Bilderflut. So sieht Horst Bredekamp in der Kunstkammer eine »Schulung visueller Assoziations- und Denkvorgänge, die den Sprachsystemen vorauslaufen«.[12] Und zweifellos zähmt der Nachvollzug der Kunstkammerprinzipien auch das Chaos der Objekte, die unser heutiges disziplinäres Denken getrennt sieht, zu einer ästhetisch reizvollen und beruhigenden Ordnung der Dinge.

Die gegenwärtige Faszination für die Vielfalt der Welt in der Einheit des Raumes ist mit der sammlungsgeschichtlichen Konjunktur selbst eng verknüpft. Am Anfang dieser Konjunktur stand die Kunstgeschichte und die Wiederentdeckung des Buches »Die Kunst- und Wunderkammern der Spätrenaissance« von Julius Schlosser.[13] 1908 zum ersten Mal erschie-

10 »De Wereld binnen Handbereik« (Amsterdams Historisch Museum 1992), »Wunderkammer des Abendlandes« (Kunsthalle Bonn 1994/95), »Lust und Verlust« (Josef-Haubrich-Kunsthalle Köln 1995/96), »Sieben Hügel« (Berlin, Martin-Gropius-Bau 2000), »Weltenharmonie – Die Kunstkammer und die Ordnung des Wissens« (Braunschweig, Herzog Anton Ulrich-Museum, 2000), »Theatrum Naturae et Artis« (Berlin, Martin-Gropius-Bau 2000), insbesondere zu Büchersammlungen vgl. »Barocke Sammellust« (Herzog August Bibliothek Wolfenbüttel 1988) und »Tous les savoirs du monde« (Paris, Bibliothèque nationale de France 1996).

11 Vgl. dazu etwa Thomas J. Müller-Bahlke / Klaus Göltz (Ill.): Die Wunderkammer. Die Kunst- und Naturalienkammer der Franckeschen Stiftungen zu Halle (Saale). Halle 1998; Michael Glasmeier (Hg.): Periphere Museen in Berlin. Berlin 1992. Aufgrund dieses Interesses wendete man sich auch vermehrt wieder der Museologie und den *museum studies* zu; vgl. aus den zahlreichen Veröffentlichungen der vergangenen Jahre Sharon MacDonald (Hg.): The politics of display: museums, science, culture. London / New York 1998.

12 Vgl. Horst Bredekamp: Antikensehnsucht und Maschinenglauben. Die Geschichte der Kunstkammer und die Zukunft der Kunstgeschichte. Berlin 1993, S. 102.

13 Julius Schlosser: Die Kunst- und Wunderkammern der Spätrenaissance: ein Beitrag zur Geschichte des Sammelwesens. 2. Aufl. Braunschweig 1978.

nen, knüpfte das Werk Schlossers an jene kulturgeschichtlich orientierte Kunstgeschichte an, die mit Jacob Burckhardt und Aby Warburg ihre Stichwortgeber gefunden hatte. Bereits hier war die Vielfalt der Themen und die gleichwertige Beachtung der in der neueren Kulturgeschichte behandelten Gegenstände angelegt: Reliquien und Monstrositäten, Kunstschränke und Schatzkammern, *artificialia* und *naturalia* – allesamt Begriffe, ohne die in den 90er Jahren kein ambitioniertes Feuilleton und keine kulturwissenschaftliche Abhandlung mehr zu denken war. Es war Schlossers Studie, die die erste Welle der Sammlungsgeschichte zu Kunst- und Wunderkammern und anderen frühmodernen Sammlungsformen initiierte.[14]

»Wir müssen bei dem ansetzen, was sich unseren Augen darbietet« – so faßt der Historiker Krzysztof Pomian sein Plädoyer für eine vom Objekt her verstandene Geschichtsschreibung zusammen.[15] Daß dies nicht, wie man zunächst vermuten könnte, allein in der Deutungsmacht der Kunstgeschichte als einer Sehschule verankert war, sondern auch andere Disziplinen Zugänge in die Welt der pretiosen und kunstfertigen Objekte anboten, zeigt etwa die Entwicklung der neueren Wissenschaftsgeschichte. Paula Findlen hat mit ihrer Studie zum Verhältnis von Sammlungskultur und wissenschaftlicher Tätigkeit im frühmodernen Italien einen Schritt in diese Richtung getan. Ihre Arbeit, wie auch eine Reihe von weiteren Forschungen beschreiben die frühen Museen als Orte einer beobachtenden, ordnenden und experimentierenden Natur-

14 Oliver Impey/Arthur MacGregor (Hg.): The origins of museums: the cabinet of curiosities in sixteenth- and seventeenth-century Europe. Oxford 1985; Krzysztof Pomian: Collectionneurs, amateurs et curieux. Paris, Venise, XVIe-XVIIIe siècle. Paris 1987; Andreas Grote (Hg.): Macrocosmos in Microcosmo. Die Welt in der Stube. Zur Geschichte des Sammelns 1450 bis 1800. Opladen 1994. Eigens zum Thema der Sammlungsgeschichte siehe seit 1989 »Journal of the history of collections«. Zu dem von Beginn an viel zitierten ersten Traktat der Museumslehre von Quiccheberg siehe Harriet Roth (Hg.): Der Anfang der Museumslehre in Deutschland. Das Traktat »Inscriptiones vel Tituli Theatri Amplissimi« von Samuel Quiccheberg. Berlin 2000. Einen Überblick bis zur Mitte der neunziger Jahre verschafft Ingo Herklotz: Neue Literatur zur Sammlungsgeschichte. In: Kunstchronik 47, 1994, S. 117-135.

15 Vgl. Ulrich Raulff: Die Museumsmaschine. Krzysztof Pomian spricht über Semiophoren und Mediatoren. In: Frankfurter Allgemeine Zeitung, Nr. 228, 30.9.1992. Die Forderung, Geschichte von ihren Objekten her zu verstehen, wurde von dem Kunsthistoriker George Kubler in den sechziger Jahren vorgebracht. In: ders.: Die Form der Zeit. Anmerkungen zur Geschichte der Dinge. Frankfurt a. M. 1982 (1962).

geschichte, an denen das Außerordentliche betrachtet und das Seltene studiert wurde.[16] Beobachtung, Experiment und materiale Kultur waren ineinander verwoben. Robert Hooke, einer der führenden Experimentatoren der Londoner *Royal Society* am Ende des 17. Jahrhunderts, stellte durch das Mikroskop, seine Beobachtungsweise und die anschließende Überführung in eine Bildlichkeit zahlreiche Objekte her, die Teil einer Geschichte der Sammlung, der Kunst und der Wissenschaften dieser Zeit sind.[17] Die Fokussierung auf die Umgangsweisen des Naturforschers mit seinen Objekten impliziert, daß nicht mehr allein das Ergebnis eines Experiments oder einer Beobachtung im Vordergrund stehen, sondern deren Prozeßhaftigkeit und Genese.[18] Konkret geht es in der neueren Wissenschaftsgeschichte um die Orte des Forschens,[19] das implizite Wissen und Können der Experimentatoren und ihrer Helfer[20] und schließlich um die Instrumente, Werkzeuge und Maschinen des Wissenschaftlers, kurz: um eine materiale Kultur.[21]

Schon seit langem in den artefaktverbundenen Wissenschaften wie Anthropologie, Ethnologie und Volkskunde ein feststehender Begriff, wurde die *materiale Kultur* auch in zahlreichen historischen Wissenschaf-

16 Vgl. Paula Findlen: Possessing nature: museums, collecting, and scientific culture in early modern Italy. Berkeley 1994 und dies.: Die Zeit vor dem Laboratorium: Die Museen und der Bereich der Wissenschaft 1550-1750. In: Grote 1994 (Anm. 14), S. 191-207.

17 Vgl. Lorraine Daston: Neugierde als Empfindung und Epistemologie in der frühmodernen Wissenschaft. In: Grote 1994 (Anm. 14), S. 35-59.

18 David Gooding/Trevor Pinch/Simon Schaffer (Hg.): The uses of experiment: studies in the natural sciences. Cambridge 1989; Hans-Jörg Rheinberger/Michael Hagner (Hg.): Die Experimentalisierung des Lebens. Experimentalsysteme in den biologischen Wissenschaften 1850/1950. Berlin 1993; Christoph Meinel (Hg.): Instrument – Experiment. Historische Studien. Berlin 2000.

19 Adi Ophir/Steven Shapin: The place of knowledge. A methodological survey. In: Science in context 4, 1991, S. 3-21; Steven Shapin: The house of experiment in seventeenth-century England. In: Isis 79, 1988, S. 373-404; Hans-Jörg Rheinberger/Michael Hagner/Bettina Wahrig-Schmidt (Hg.): Räume des Wissens. Repräsentation, Codierung, Spur. Berlin 1997.

20 H. Otto Sibum: Reworking the mechanical value of heat: instruments of precision and gestures of accuracy in early Victorian England. In: Studies in history and philosophy of science 26, 1995, S. 73-106.

21 Peter Galison: Image and logic: a material culture of microphysics. Chicago 1997; Robert E. Kohler: Lords of the fly: drosophila genetics and the experimental life. Chicago 1994; Hans-Jörg Rheinberger: Toward a history of epistemic things: synthesizing proteins in the test tube. Stanford, California 1997.

ten ein bedeutender Faktor.[22] Verstanden als eine Zusammenstellung von Artefakten, also vom Menschen hergestellten oder geformten Gegenständen, wird in ihr eine mentale Disposition, ein kulturelles Verständnis des Menschen deutlich.[23] Von dieser Warte aus betrachtet, befinden sich Mensch und Dingwelt in einer wechselseitigen Beziehung, die gleichermaßen für die Sammlungs- und Wissenschaftsgeschichte relevant ist. Auf diese grundlegende Formel der materialen Kultur bezogen, muß die Sammlungsgeschichte etwas Abstand von der Bezugnahme auf die bloße Ästhetik der Objekte nehmen,[24] während die Wissenschaftsgeschichte ihren Objektbegriff über das Instrument und seinen experimentellen Raum hinaus ausweitet. Dementsprechend arbeiten die Autorinnen und Autoren des vorliegenden Bandes verschiedenste Bedingungen aus, unter denen eine Sammlung neue Formen des wissenschaftlichen Wissens hervorbringt. Insbesondere werden die kulturellen Resourcen berücksichtigt, die zur Herstellung und Ordnung der Objekte benötigt wurden. Dabei kommt es darauf an, die Bewegung der Objekte nachzuzeichnen und ihre jeweiligen Aufenthaltsorte zu markieren. Gesammelte Objekte wurden nicht einfach nur deponiert oder hinter Glas gestellt. Sie wechselten alltägliche und gelehrte Räume und hatten verschiedene kulturelle Bedeutungen.[25] Der Frage folgend, was man mit den Objekten gemacht

22 Der Begriff *materiale Kultur* oder *material culture* wird heute in den verschiedensten Zusammenhängen benutzt. Im deutschsprachigen Raum war er zunächst Teil der Volkskunde (vgl. hierzu überblickend Andrea Hauser: Dinge des Alltags. Studien zur historischen Sachkultur eines schwäbischen Dorfes. Tübingen 1994), während er im anglo-amerikanischen Kontext in der Anthropologie Anwendung fand (George W. Stocking, jr. (Hg.): Objects and others: essays on museums and material culture. Madison, Wisconsin 1985); siehe auch Thomas J. Schlereth (Hg.): Material culture: a research guide. Lawrence, Kansas 1985; Daniel Miller (Hg.): Material cultures: why some things matter. Chicago 1998; Arjun Appadurai (Hg.): The social life of things: commodities in cultural perspective. Cambridge 1986. Vgl. in diesem Zusammenhang auch die Mentalitätengeschichte, etwa Fernand Braudel: Civilisation matérielle, économique et capitalisme, XVe-XVIIIe siècle. Paris 1980.

23 Vgl. hierzu Kubler 1982 (Anm. 15); Sigfried Giedion: Mechanization takes command: a contribution to anonymous history. New York 1948.

24 Ein gelungenes Beispiel dieser gegenseitigen Durchdringung der sammlungsgeschichtlichen und wissenschaftshistorischen Perspektive stellt die Studie von Debora Meijers: Kunst als Natur. Die Habsburger Gemäldegalerie in Wien um 1780. Wien 1995, dar.

25 Hierzu vgl. Bruno Latour: We have never been modern. New York/London 1993; aus anthropologischer Sicht Nicholas Thomas: Entangled objects: exchange, material culture, and colonialism in the Pacific. Cambridge, Massachusetts 1991. Daß

habe, wird in diesem Band nicht explizit auf naturhistorische Museen und ihre Bestände eingegangen, was auf den ersten Blick und angesichts des gewählten Zeitraums verwunderlich erscheinen mag.[26] In Abwandlung von Stifter könnte man sagen, daß das Sammeln nicht der Wissenschaft vorausgeht, sondern vielmehr ein notwendiger Bestandteil der wissenschaftlichen Praxis ist: Kein Labor ohne Labortagebuch, keine Forschungsreise ohne Reisetagebuch. In solche Bücher wurden Einträge gesammelt, am Abend aus flüchtigen Notizen übertragen und später zur Auswertung herangezogen. Bei diesen Büchern handelt es sich nicht um abgeschlossene Sammlungen von Daten, sondern aus ihnen wurden erst Wissensbruchstücke gezogen und in einen neuen papiernen Verbund zusammengezogen.[27] So sind nicht etwa abgeschlossene Sammlungen Thema des Bandes, sondern das Sammeln als eine spezifische Umgangsweise mit Objekten. In diesem Sinne wird für eine *angewandte* Sammlungsgeschichte plädiert, die sich nicht in Theorie und Inventarisierung einer Sammlung erschöpft, sondern ihr Potential erst zusammen mit epistemischen Problem- und Fragestellungen entwickelt. Die Frage, warum die Büste des Anatomen und Phrenologen Franz Joseph Galls im *Musée Charcot* an der *Saltpêtrière* eine abgestoßene Nase hat, kann nicht von der Sammlungsgeschichte allein beantwortet werden; ebensowenig, warum der Pathologe Rudolf Virchow selbst seinen Studenten kaum er-

Objekte immer wieder neu kontextualisiert und interpretiert werden, wird auch in der neueren Buch- und Druckgeschichte verfolgt: Adrian Johns: The nature of the book: print and knowledge in the making. Chicago 1998; Marina Frasca-Spada/Nick Jardine (Hg.): Books and the sciences in history. Cambridge 2000.

26 Zur älteren Literatur über wissenschaftliche/technische Museen oder Sammlungen siehe: Friedrich Klemm: Geschichte der naturwissenschaftlichen und technischen Museen. In: Deutsches Museum, Abhandlungen und Berichte 42/2, 1973, S. 3-59. Siehe auch: Vorstand der Gesellschaft für Geschichte der Medizin, Naturwissenschaft und Technik (Hg.): Ideologie der Objekte, Objekte der Ideologie. Naturwissenschaft, Medizin und Technik in Museen des 20. Jahrhunderts. Kassel 1991; Svante Lindqvist (Hg.): Museums of modern science. Stockholm 2000. Eine umfangreiche Übersicht zu Erscheinungen bis 1995 gibt Sally Gregory Kohlstedt: Museums: revisiting in the history of the natural sciences. In: Journal of the history of biology 28, 1995, S. 151-166. Daß ein Museum nicht nur im Sinne einer Schausammlung behandelt werden muß, zeigen Susan Leigh Star/James R. Griesemer: Institutional ecology, ›translations‹ and boundary objects: amateurs and professionals in Berkeley's Museum of Vertebrate Zoology, 1907-39. In: Social studies of science 19, 1989, S. 387-420.

27 Vgl dazu Simon Schaffer: Glass works: Newton's prisms and the uses of experiment. In: Gooding/Pinch/Schaffer 1989 (Anm. 18), S. 67-107.

laubte, die von ihm und seinen Kollegen hergestellten Naßpräparate in die Hand zu nehmen.

Daß der Umgang mit Objekten einem historischen Wandel unterliegt, hat die Wissenschaftsgeschichte gerade am Beispiel des 17. und 18. Jahrhunderts demonstriert. Während Objekte im 17. Jahrhundert oftmals als Singularitäten bewundert wurden, die einer schöpferischen und trickreichen Natur zuzuschreiben waren, bemühte man sich im 18. Jahrhundert um Ordnung, Klassifikation und Vergleich der Objekte. Der Sammler konnte dort als Wissenschaftler wahrgenommen werden, wo er die hochentwickelten Ordnungstechnologien seiner Zeit einsetzte und nutzbar machte. Sir Hans Sloane verstand die Naturgeschichte zu Beginn des 18. Jahrhunderts als ein baconisches, enzyklopädisches Projekt des Sammelns und Präsentierens. Zeitgenossen schätzten seine Sammlungen nicht nur wegen ihres Umfangs und ihrer Vielfältigkeit, sondern auch wegen der innovativen Neuerungen im Bereich der Speicherung, der Aufzeichnung und Ordnung der Objekte. Der lange Zeit als Präsident der *Royal Society* amtierende Arzt bewahrte seine Naturalien in kleinen Kästchen auf, die aneinandergereiht ganze Schubladen füllten und damit in erster Linie ein Spektakel der Ordnung und der Repräsentation des Besitzers vorführten, als daß sie die Naturgeschichte darstellten; sie waren zugleich Aufbewahrungstechnik und moralisches Prinzip.[28] Doch selbst im Herzen des baconischen Projektes gab es Zufälle, Zwänge und Einschränkungen: Kürzungen der Gelder, Ausfall von beauftragten Sammlern, Schwierigkeiten bei der Konservierung der Objekte, Erwartungen der Besucher, veraltete Kategorien der zu sammelnden Objekte und herrschender Geschmack zählten zu den sozialen, materialen, historischen und ästhetischen Faktoren, die eine Sammlung auch jenseits der erstrebten Ordnung von Tag zu Tag beeinflussen konnten.[29] Es waren die Ordnungspraktiken, die schließlich die Objekte und Zufälle zu einer Sammlung werden ließen; sie wurden zum *sine qua non* der wissenschaftlichen Sammlung des 18. Jahrhunderts. Die verschwenderische Fülle der Natur wurde nicht bestritten und sogar weiterhin

28 Zugleich war damit die textliche Darstellung seiner Objekte verbunden. Arthur MacGregor: The life, character and career of Sir Hans Sloane. In: ders. (Hg.): Sir Hans Sloane: collector, scientist, antiquary. Founding father of the British Museum. London 1994, S. 11-44.

29 Vgl. Michael Hunter: The cabinet institutionalized: the Royal Society's »Repository« and its background. In: Impey/MacGregor 1985 (Anm. 14), S. 159-168.

bewundert, doch suchte man ihr unbeirrt mit Buchführungs- und Verzeichnungstechniken beizukommen.

Eine der möglichen Antworten auf die Frage, wie sich die kleinteilige Etikettierung und die große Ordnung der Natur in Einklang bringen ließe, gab der schwedische Arzt und Naturforscher Carl von Linné. Dessen Ordnungssystem der belebten und unbelebten Natur wird gemeinhin als ein fixes, die Lebewesen der Natur feststellendes System angesehen. So wie ein Lebewesen seinen unveränderlichen Platz in der ordnenden Kette einnimmt, hat das Objekt seinen festen Platz in der Sammlung. Dieses Bild korrigiert Staffan Müller-Wille, indem er zeigt, daß es Linné um eine beständige Mobilisierung der Sammlungsgegenstände ging: So wurden nicht nur unter den Sammlern und Schülern Linnés naturgeschichtliche Objekte hin und her geschickt – auch in den zeitgemäßen Sammlungsmöbeln und Schubladen fanden die Dinge keine Ruhe. Am Beispiel der Pflanzensammlung Linnés beschreibt Müller-Wille, wie der konstante Materialdruck der neu eintreffenden Pflanzen für eine ständige Umordnung sorgte, die zugleich Einfluß auf das Klassifikationsschema nahm. Die Herbarblätter wurden bei Linné nicht mehr, wie bis dahin üblich, in einen Klebeband gebunden, sondern in einem Schrank untergebracht, dessen Fächer in der Größe variiert werden konnten. Seine Praxis der Lokalisierung und Relokalisierung im Schrank war eng mit der zu Klassifikationszwecken vorgenommenen Kollationierung der Arten verbunden.

Zeitgenossen Linnés definierten eine Sammlung als Zusammenfügung materialer Objekte aus verschiedenen räumlichen und zeitlichen Ebenen in einem abgeschlossenen Raum.[30] Die Frage nach dem Raum und der in ihm produzierten Versionen und Bedeutungen von Natur wurde wissenschaftshistorisch bislang vor allem im Hinblick auf das Experimentallabor behandelt. Das Labor wurde als ein sozialer Raum skizziert, dessen Isolation von der äußeren Welt die Herstellung und Stabilisierung des wissenschaftlichen Wissens erst ermöglichte.[31] Das gleiche gilt jedoch auch für den naturgeschichtlichen Sammlungsraum, und hier setzt der Text von E. C. Spary ein. Sie widmet sich in ihrer Untersuchung dem naturgeschichtlichen Objekt *Vogel* und seinen verschiedenen Bedeutungshorizonten. Mit dem physischen Ableben des Vogels beginnt eigentlich

30 Z. B. Denis Diderot: Cabinet d'histoire naturelle. In: Denis Diderot/Jean le Rond D'Alembert (Hg.): Encyclopédie ou Dictionnaire raisonné des sciences, des arts et des métiers, par une société de gens de lettres. Bd. 3. Paris 1751, S. 489-492.

31 Bruno Latour/Steve Woolgar: Laboratory life: the construction of scientific facts. Princeton 1986.

erst der entscheidende Teil seiner naturhistorischen Existenz, was allein schon an seiner *Wanderung* durch verschiedene Räume deutlich wird: Aus der Werkstatt des Taxidermisten, in der es in eine jeweils zuvor definierte Haltung und Haltbarkeit gebracht wird, gelangt das ausgestopfte Spezimen in die Vogelsammlungen eines Réaumur und eines Buffon. Damit ist die Metamorphose noch nicht beendet, denn in der Sammlung wird das Objekt zunächst einmal gezeichnet, um dann, als kolorierter Kupferstich gewissermaßen trans-materialisiert, in die ornithologischen Schriften der beiden konkurrierenden Naturforscher versetzt zu werden, wo der Vogel schließlich als visuelles Argument für unterschiedliche Auffassungen zur Naturgeschichte fungierte. Vor seinem Dahinscheiden konnte der gleiche Vogel unter Umständen unter der Obhut von feinen, aristokratischen Damen als Züchtungsobjekt verwendet werden, er konnte aber auch als Untersuchungsobjekt beim männlichen Experimentator landen. Die verschiedenen Bedeutungsebenen des Vogels waren also abhängig von den jeweiligen Praktiken und dem Repräsentationsraum, in dem er auftauchte.

Von Beginn an zeichneten sich die Naturalienkabinette dadurch aus, daß sie zugleich als Treffpunkt, Kommunikationsort und Tauschbörse galten. Neben dem klassischen Verständnis einer Sammlung als Ort zur Visualisierung der Objekte muß die Sammlung auch als Zentrum sozialer Beziehungen und Machtbestrebungen angesehen werden.[32] Wenn eine der zahlreichen Forderungen des Sammlungstheoretikers Neickelius lautete, daß sich jeder Besucher vor seinem Eintritt ins Kabinett die Hände zu waschen habe, so hatte dies nicht nur konservatorische Gründe, sondern war Bestandteil einer sozialen Ordnung.[33] Es existierten genaue Vorstellungen darüber, wie man sich zu verhalten, wie man im Kabinett zu beobachten und wie man die Dinge darin anzuordnen habe. Anke te Heesen nimmt anhand des Beispiels der »Gesellschaft Naturforschender Freunde zu Berlin« eine weitere Facette des Kabinetts als sozialen Ort auf. Sie beschreibt die naturgeschichtlichen Objekte als Teil einer Freundschaftsökonomie, die schließlich unter veränderten gesellschaftlichen, politischen und wissenschaftlichen Vorzeichen in einer Institutionalisierung der Objekte mündete. Das große Kabinett für die Stadt Berlin sollte zur Anfangszeit der Gesellschaft noch durch einen Zusam-

32 Vgl. dazu auch Stefan Siemer: Geselligkeit und Methode: Naturgeschichtliches Sammeln im 18. Jahrhundert. Phil. Diss. Universität Zürich, 2000.

33 Vgl. Johann Kanold (Neickelius): Museographia. Oder Anleitung zum rechten Begriff und nützlicher Auslegung der Museorum oder Raritäten-Kammern. Leipzig/Breßlau 1727, S. 454.

menschluß von Freunden gelingen, wurde aber zu Beginn des 19. Jahrhunderts von einer Bildungseinrichtung, der 1810 gegründeten Berliner Universität, übernommen. Mit der Verstaatlichung der naturgeschichtlichen Sammlungen veränderte sich auch der Umgang mit den Objekten selbst: Waren diese zuvor in ein Netz von naturgeschichtlichen und persönlichen Bedeutungen eingebunden, wurde nach 1800 ihr systematischer und lehrhafter Charakter hervorgehoben. Dieser Wandel ist gleichsam paradigmatisch für eine Entwicklung des 19. Jahrhunderts, die das Ende der großen naturhistorischen Privatsammlungen mit sich brachte.

Es ist kein Zufall, daß *der* wissenschaftliche Klassifikateur des 18. Jahrhunderts, Linné, sich als einen »zweiten Adam« bezeichnete und selbst die Botaniker – wie Tiere und Pflanzen – in Gruppen einteilte.[34] Der Sammler ist niemals abwesend von seinen Dingen, er ist in seine Sammlung hineingewoben. Auch für Johann Wolfgang von Goethe galt, daß er in seinen Objekten omipräsent war. Ernst Hamm zeichnet in seinem Beitrag eine Art Wechselportrait: Einerseits gehört Goethe zu den letzten umfassend engagierten naturhistorischen Privatsammlern. Andererseits zählte es zu seinen politischen Aufgaben am Weimarer Hof, öffentlich zugängliche Sammlungen zu schaffen oder zu organisieren. Anhand der Goetheschen Mineraliensammlung zeigt Hamm die verschiedenen Umgangsweisen des Dichters und Gelehrten mit seinem Material. Goethe beschäftigte sich mit der Standardisierung der Nomenklatur der Mineralien und Steine und einer Zentralisierung der Sammlungen, ging aber ebenso seinen eigenen Leidenschaften und Neigungen für diesen Teil der Natur nach. Zumindest in dieser Hinsicht kann man nicht trennen zwischen Naturforscher und Dichter oder zwischen privater und öffentlicher Persönlichkeit. Goethes Sammelwerk war semipublik und semiprivat, und abgesehen davon, daß Mineralien in seiner Lyrik immer wieder auftauchen, war auch sein schriftstellerisches Werk schon zu Lebzeiten planmäßig auf seine »Gesammelten Werke« hin angelegt.

Die im 18. Jahrhundert herausgebildeten Klassifikations- und Ordnungsweisen der Sammlungsobjekte bewahrten auch im 19. Jahrhundert ihre Gültigkeit, ganz unabhängig von den verschiedenen Strategien der Verzeitlichung und Historisierung der Natur. Gleichwohl betrachtete man die klassifikatorischen Kriterien hin und wieder auch mit skeptischer Distanz und Vorbehalten. Auch Cristina Grasseni behandelt eine Sammlerpersönlichkeit. Doch anders als Goethe, der die Akkumulation

34 Carl von Linné: Fauna Svecica. Leiden 1746, Vorwort (unpag.).

der Objekte mit großem Ernst betrieb, bedachte der englische Aristokrat und Exzentriker Charles Waterton die seit anderthalb Jahrhunderten entstandenen Klassifikationsverfahren mit beißender Ironie. In bewußter Abkehr von seinen naturgeschichtlichen Kollegen hielt Waterton sich weder an die Reisekonventionen der Zeit, noch suchte er eine vollständige, repräsentative Sammlung zusammenzustellen. Er katapultierte sich regelrecht aus dem damaligen englischen Wissenschaftssystem heraus, indem er mit Hilfe seiner erstaunlichen taxidermischen Fähigkeiten und konservierenden Verfahren eine Phantasiefigur schuf, die er hintersinnig als den »Unbeschriebenen« bezeichnete. Damit sollte angezeigt werden, daß diese Figur zwar in einer naturgeschichtlichen Sammlung Platz hatte, daß sie aber im Prinzip unbeschreibbar war, weil sie ohnehin in kein System hineinpaßte. Während Sammlungsobjekte gemeinhin als Beispiel und Untermauerung der Klassifikation in die Werkstätten und Kabinette eingeordnet wurden, demonstrierte Waterton, daß man naturhistorische Praktiken und Repräsentationen eben auch verwenden konnte, um die bestehende Ordnung der Dinge zu unterwandern.

Während in der ersten Ausgabe der »Encyclopædia Britannica« 1771 unter dem Stichwort *man* nur wenige Zeilen zu finden sind, widmet ihm die fünfte Ausgabe von 1817 gleich mehrere Seiten. Es sei der Mensch, so heißt es dort, der von allen Gegenständen, die das Universum bereithalte, die größte Aufmerksamkeit verdiene: ›The proper study of mankind is man.‹ Gewiß handelte es sich dabei um eine Aufforderung der Aufklärung, doch erst das 19. Jahrhundert folgte ihr in einem überwältigenden Ausmaß. Seine materielle Entsprechung fand dieser Prozeß in der Anlage von zahlreichen Sammlungen in der Anthropologie und Ethnologie, in Physiologie, Pathologie, Anatomie und Psychologie. Ähnlich wie Stifter bewegte auch den Romantiker Carus die gewaltige Menge des Wissens: »Eine fast unübersehbare Masse einzelner Beschreibungen und Beobachtungen hat sich gesammelt, und unermüdet werden immer neue Formen, immer verwickeltere Erscheinungen aufgesucht.«[35] Es war diese Ansammlung und Zusammenstellung des Materials, die weniger einer enzyklopädischen Vorstellung folgte als der Idee eines Archivs: Nicht ein übersichtlicher Plan des Wissens und seiner Kategorien war im 19. Jahrhundert entscheidend (und damit auch die Vorstellung von einer irgend-

35 Carl Gustav Carus: Von den Anforderungen an eine künftige Bearbeitung der Naturwissenschaften. (1822) In: Hansjochem Autrum (Hg.): Von der Naturforschung zur Naturwissenschaft. Vorträge, gehalten auf Versammlungen der Gesellschaft Deutscher Naturforscher und Ärzte (1822-1958). Berlin 1987, S. 9.

wann erreichbaren Vollständigkeit), sondern das unablässige Anhäufen angesichts einer zunehmend empfundenen Beschleunigung des Lebens. Die wissenschaftliche Sammlung erhielt damit insofern einen Archivcharakter, als die in ihr aufbewahrten Objekte vor dem Vergessen geschützt werden sollten. Der Akt des Sammelns wurde zu einem permanenten, vielleicht auch vergeblichen Kampf gegen die Vergänglichkeit. Rudolf Virchow faßte das 1875 in folgende Worte: »So ist [...] viel zu fixieren, was der große Strom der Geschichte schnell hinweg schwemmen dürfte; ja man kann dreist behaupten, dass Vieles unrettbar verloren sein würde, wenn die gegenwärtige Generation nicht wenigstens die Erinnerung daran sicher stellt.«[36] Waren die Besitzer von Sammlungen am Ende des 18. Jahrhunderts schon mit einer umfassenden naturgeschichtlichen Sammlung überfordert, so wurde im Verlaufe des 19. Jahrhunderts immer deutlicher, daß der Sammlungs- und Archivierungsprozeß aller für relevant gehaltenen Daten nur noch in einer kollektiven, organisierten Anstrengung erfolgen konnte.[37]

Immer noch standen das Ordnen der Phänomene, das geeignete Konservieren und die richtige Aufstellung der Objekte im Zentrum der Bemühungen. Seit Mitte des 19. Jahrhunderts wurde die Pathologie als Lehrfach an der Universität zu einer zentralen medizinischen Disziplin, um den menschlichen Körper und seine krankhaften Veränderungen zu studieren und zu bestimmen. Kranke Körperteile und Organe wurden in konservierende Flüssigkeiten eingelegt und aufgestellt. Das war nicht neu, doch neu waren die endlosen Reihen von Gläsern und Präparaten. Virchow, der prominenteste und einflußreichste Vertreter des Faches in Deutschland, setzte zum Ende des Jahrhunderts den großzügigen Bau eines Pathologischen Institutes mit einem Museumsbau durch. In diesem Pathologischen Museum, so zeigt Angela Matyssek, sollten wenigstens einige Präparate öffentlich zugänglich sein und den Besucher über Krankheiten und die Möglichkeit ihrer Vermeidung aufklären. Neben diesem volksbildenden Aspekt schwebte Virchow zugleich eine materiale Objektbasis der Pathologie vor, mit deren Hilfe er aus dem Institut und dem Museum einen Mittelpunkt der pathologischen Stu-

36 Rudolf Virchow in: G. Neumayer (Hg.): Anleitung zu wissenschaftlichen Beobachtungen auf Reisen. Mit besonderer Rücksicht auf die Bedürfnisse der Marine. Berlin 1875, S. 574.

37 Zur Idee der zentralen Sammelstelle und dem politischen Konzept der Nationalanstalt aus kulturgeschichtlicher Sicht siehe Peter Burian: Die Idee der Nationalanstalt. In: Bernward Deneke / Rainer Kahsnitz (Hg.): Das kunst- und kulturgeschichtliche Museum im 19. Jahrhundert. München 1977, S. 11-18.

dien in Deutschland zu schaffen hoffte. Matyssek macht deutlich, daß die Versuche, aufklärende Rationalisierung über das Objekt zu betreiben, parallel zu einer Sakralisierung der Objekte verliefen. Zugleich bestand ein wesentlicher Gedanke dieses »Materialspeichers« der ärztlichen Wissenschaft darin, eine materiale Genealogie der Präparatoren und Sammler, also der Ärzte und ihrer Techniken zu schaffen. Auch wenn die Ärzte wie alle anderen naturwissenschaftlich tätigen Männer nicht mehr über Privatsammlungen verfügten, achteten sie gleichwohl darauf, in »ihren« staatlichen Sammlungen verewigt zu werden.

Die Pathologie konnte im Objekt, unter Umständen auch im mikroskopischen Schnitt, veranschaulicht werden. Wie aber sollte dies mit einer Pathologie des Unbewußten gelingen? Welche Aufzeichnungsmöglichkeiten der Deformitäten des menschlichen Geistes boten sich zum Ende des 19. Jahrhunderts an? Ausgangspunkt zur Beantwortung dieser Fragen ist für Andreas Mayer die neuropsychiatrische Klinik Jean-Martin Charcots an der Pariser *Saltpêtrière*, wo die experimentelle Erforschung unbewußter psychischer Prozesse begann. Auch Mayer stellt in seinem Text die geläufige Funktion der Sammlung als Dienerin der Klassifikation in den Hintergrund und hebt hervor, daß die einzelnen Objekte des in der Klinik bestehenden *Musée Charcot* eine strategische Rolle bei der Entwicklung einer neuen, mit der Hypnose verknüpften experimentellen Psychologie spielten. Anhand der Büste des Hirnanatomen und Craniologen Franz Joseph Gall und ihrer abgestoßenen Nase wird deutlich, inwiefern Gegenstände des Museums nicht nur zu Requisiten im Verlauf eines Experiments, sondern auch zu Stellvertretern des Experimentators selbst wurden. Erst im Umgang der Patienten und Experimentatoren mit den Objekten des Museums entstand die Möglichkeit einer Materialisierung und Sichtbarmachung des Unbewußten. Hier geht es also nicht so sehr um die Sammlung im *Musée Charcot* als vielmehr um die Anwendungszusammenhänge einzelner Objekte und die mit ihnen verbundenen Handlungsakte.

Vom beständigen Ortswechsel der Linnéschen Herbarblätter bis zum wiederkehrenden Einsatz der Gall-Büste bei Charcot umfaßt dieser Band die Bewegung der Dinge und ihren Wissensgehalt. Daß dieses Plädoyer für eine *angewandte* Sammlungsgeschichte einen Schlüssel zum Verständnis von Sammeln als Wissen bieten kann, führt der Kommentar von Nick Jardine vor. Indem er einen Überblick über die historiographische Landschaft der neueren Wissenschaftsgeschichte gibt und dabei auf die noch existierenden Lücken verweist, argumentiert er, daß die Sammlungsgeschichte einen wichtigen Platz in der kulturgeschichtlichen Behandlung der Wissenschaften einnehmen kann.

Dem Ausdruck »angewandte Kunst«, der sich im 19. Jahrhundert entwickelte und das Kunstgewerbe bezeichnet, wurde ein fader Beigeschmack zuteil: Es handelte sich dabei angeblich um keine richtige Kunst, sie war nicht um ihrer selbst willen da, sondern sie wurde zur Verschönerung und Verzierung von Nutzgegenständen eingesetzt. Das Wort »Anwendung« verweist seitdem stets auf diesen Werkzeugcharakter oder das Mittel zum Zweck. Doch soll hier die *angewandte* Sammlungsgeschichte nicht als die Dienerin der Wissenschaftsgeschichte (und umgekehrt) verstanden werden. Vielmehr liegt in diesem Begriff eine Möglichkeit für die Wissenschaftsgeschichte, das Material des sammelnden Umgangs mit Objekten nicht als eine weitere methodische, nach einer Konjunktur wieder in Vergessenheit geratende Facette zu sehen, sondern es als einen Bestandteil der Wissensgenerierung mit einzubeziehen. Sammeln ist nicht gleich Wissen, weder im Notieren von Laborvorgängen noch im Aufstellen der Naßpräparatereihen. Aber Sammeln als Wissen ist Teil der wissenschaftshistorischen Skala, die mit der Darstellung des ersten tastenden Tuns beginnt und mit dem, was heute als Wissenschaft bezeichnet wird, noch lange nicht aufhört.

Staffan Müller-Wille

Carl von Linnés Herbarschrank

Zur epistemischen Funktion eines Sammlungsmöbels

Vom 17. zum 18. Jahrhundert unterlagen Sammlungen starken diskursiven Verwerfungen. Für Michel Foucault dokumentierte sich in diesen Bewegungen (neben anderem) der Übergang vom »Zeitalter des Theaters« zum »Zeitalter des Katalogs«, in dessen Folge das »kreishafte Drehen des ›Zeigers‹« durch »die Verteilung der Dinge in einem ›Tableau‹« ersetzt wurde.[1] In Beiträgen zur Geschichte europäischer Sammlungen aus den vergangenen zehn Jahren ist dieser Übergang genauer ins Auge gefaßt worden: So hebt Giuseppe Olmi für die Renaissance hervor, daß Sammlungen ihre Objekte in »ästhetisch ansprechender Weise arrangierten« und daher keine »leeren Räume« und keine »Dubletten« kannten. Der Wert der Sammlungsstücke, und damit ihr Platz im Sammlungsgefüge, ergab sich aus ihrem jeweiligen ästhetischen und symbolischen Gehalt, aus ihrer Exotik, ihrer Emblematik, ihrer Diversität. In Sammlungen der frühen Moderne wurden die Objekte dagegen in methodisch geordneten und soweit wie möglich zu vervollständigenden Reihen, ohne Rücksicht auf den etwaigen Wert der einzelnen Sammlungsstücke oder des Sammlungsgefüges geordnet. Als Indiz dafür führt Olmi an, daß sich im 18. Jahrhundert Polemiken gegen Sammler häuften, die sich zur Rechtfertigung ihrer Tätigkeit auf das »Vergnügen« beriefen, »das die Vielfalt dem Auge bietet«.[2] Krzysztof Pomian macht ähnliche Beobachtungen, fügt dem aber eine wichtige Feststellung hinzu: Was sich mit den von Olmi benannten Veränderungen ebenfalls einstellte, war ein Übergang von Sammlungen, die sich im exklusiven Besitz von Kirche und Adel befanden, zu einem Markt von Sammlungsgegenständen, in den sich der Bürger einbringen konnte, soweit ihm nur die dafür nötigen Mittel zur Verfügung standen.[3] Es wurden also im 17. und 18. Jahrhundert nicht nur immer mehr Dinge in Sammlungen akkumuliert, wie oft genug bemerkt,

1 Michel Foucault: Die Ordnung der Dinge. Frankfurt a. M. 1999 (1966), S. 172.

2 Giuseppe Olmi: From the marvellous to the commonplace: notes on natural history museums (16th-18th centuries). In: Renato G. Mazzolini (Hg.): Non-verbal communication in science prior to 1900. Firenze 1993, S. 239-243.

3 Krzysztof Pomian: Collectors and curiosities: Paris and Venice, 1500-1800. Cambridge 1990 (1987), S. 38-41.

sondern auch immer mehr Dinge unter Sammlungen bzw. Sammlern ausgetauscht.

Dieses Ergebnis steht nun allerdings in seltsamem Gegensatz zu Ergebnissen der Biologiegeschichte, soweit sich diese überhaupt mit einer der sammelnden Disziplinen par excellence, nämlich der Naturgeschichte, befaßt hat. In ihren Augen war die Naturgeschichte im 18. Jahrhundert vor allem von einem Erkenntnisziel beherrscht: der Fixierung einer endgültigen Taxonomie belebter und unbelebter Naturkörper, eines hierarchischen Systems der Steine, Pflanzen und Tiere.[4] Ausgehend von der Konstruktion eines Sammlungsmöbels, welches Carl von Linné (1707-1778), einer der Protagonisten der klassischen Naturgeschichte, verwendete, soll gezeigt werden, daß die Fixierung von Taxonomien bei gleichzeitiger Mobilisierung der Dinge keinen Widerspruch darstellte, sondern daß sich gerade erst mit der permutativen Bewegung, die Sammlungsstücke unter den Händen von Naturhistorikern vollführten, die Umrisse der klassischen *taxinomia* abzeichnen konnten. Man täuscht sich also, wenn man in den Systemen des 18. Jahrhunderts den unmittelbaren Reflex des »zeitlosen Rechtecks« erkennen wollte, das Foucault in den »Herbarien, Naturalienkabinetten und Gärten« des klassischen Zeitalters sah und in dem sich nach seiner Auffassung »die Wesen, jeden Kommentars und jeder sie umgebenden Sprache bar, nebeneinander mit ihren sichtbaren Oberflächen darstell[t]en«.[5] Zwar bildeten diese Sammlungen in dem Sinne ein »zeitloses Rechteck«, als die Dinge, die sie gruppierten, in der Tat ihrer Einkleidung in ein historisch gewachsenes Geflecht von symbolischen und emblematischen Beziehungen verlustig gegangen waren (und dies ist es, was Foucault eigentlich meinte). Aber seine Etablierung verdankte dieses »zeitlose Rechteck« gerade der beständigen Unruhe, die in ihm herrschte, indem Dinge darin ein- und austraten, ihre Plätze miteinander tauschten und so zu immer neuen Konstellationen zusammenfanden. Die scheinbar starre Oberfläche des taxonomischen »Tableaus« war Ausdruck einer sich allmählich ausweitenden Zirkulation der Dinge und nicht ihres plötzlichen Einrastens in eine völlig neue Ordnung des Denkens.

4 Siehe z. B. Ernst Mayr: Die Entwicklung der biologischen Gedankenwelt: Vielfalt, Evolution und Vererbung. Berlin/Heidelberg/New York/Tokyo 1984, S. 159-160. Zu ausführlicheren, monographischen Darstellungen der biologischen Systematik im 18. Jahrhundert siehe Frans A. Stafleu: Linnaeus and the Linnaeans: the spreading of their ideas in systematic botany, 1735-1789. Utrecht 1971; James L. Larson: Interpreting nature: the science of living form from Linnaeus to Kant. Baltimore/London 1994.

5 Foucault 1999 (Anm. 1), S. 172.

Linnés Herbarschrank

Carl von Linné war ein exzessiver Sammler: Im Laufe seiner universitären Karriere war es ihm gelungen, ein dichtes Netz von Korrespondenten über die damals erschlossenen Weltteile zu spannen.[6] Mit diesen Korrespondenten tauschte er ständig Samen neu entdeckter Pflanzenarten aus, so daß er, wie er autobiographisch festhielt, »von allen Orten Samen für seinen Garten erhielt, [...], von denen jährlich ein- bis zweitausend Sorten ausgesät wurden«.[7] Dadurch war es ihm erlaubt, wie er in einer Schrift zum Garten festhielt, »gleichsam wie im Paradies die Werke der Flora auf einem kleinen Erdstrich eingeschlossen zu betrachten, und zugleich eine Art mit der anderen zu vergleichen, um so durch ein und dieselbe Bemühung die Unterschiede der Pflanzen gründlich zu lernen, was zuerst und vor allem die Hauptsache ist«.[8]

Man könnte in dieser Beschreibung des Gartens zunächst einen Hinweis auf das »zeitlose Rechteck« Foucaults sehen: Der Garten erschiene wie ein Tableau verschiedenartiger Pflanzen, die einander bloß ihre »sichtbaren Oberflächen« zukehren und dabei ihre Artunterschiede manifestieren. Und in der Tat bestand der botanische Garten von Uppsala unter Linnés Vorsitz im wesentlichen aus zwei großen, nebeneinanderliegenden, rechteckigen Arealen, die wiederum, dem Sexualsystem Linnés folgend, in jeweils 24 regelmäßig angeordnete Beete aufgegliedert

6 Zum Aufbau dieses Netzes siehe Gunnar Eriksson: The botanical success of Linnaeus: the aspect of organization and publicity. In: Svenska Linné-Sällskapets Årsskrift 1978, S. 57-66; Staffan Müller-Wille: Botanik und weltweiter Handel. Zur Begründung eines Natürlichen Systems der Pflanzen durch Carl von Linné (1707-1778). Berlin 1999, S. 185-191.

7 Carl von Linné: Vita Caroli Linnaei. Stockholm 1957, S. 141. Im Anschluß an die zitierte Textstelle listet Linné 71 Korrespondenten aus Europa, Nord- und Südamerika auf. Zu den weltweiten Reisen seiner Schüler siehe Sverker Sörlin: Scientific travel: the Linnaean tradition. In: Tore Frängsmyr (Hg.): Science in Sweden: the Royal Swedish Academy of Sciences 1739-1989. Canton, Mass. 1989, S. 96-123; Lisbet Körner: Linnaeus: nature and nation. Cambridge, Mass. 1999, S. 113-139. Ähnliche Listen finden sich in den Einleitungen zu allen taxonomischen Werken Linnés, wie den *Genera plantarum*, den *Species plantarum* und den späteren Auflagen des *Systema naturae*. Einen guten Eindruck von der Intensität und Ausbreitung des Austauschs von Pflanzensamen gibt Linnés Korrespondenz, die derzeit von Thomas Anfält elektronisch ediert wird. Siehe www.c18.org/pr/lc/eds.html.

8 Carl von Linné: Demonstrationes plantarum. In: Caroli Linnaei Amoenitates academicae, seu Dissertationes variae Physicae, Medicae, Botanicae antehac seorsim editae, Holmiae 1756, S. 394-395.

waren.[9] Allerdings macht Linnés Aussage, daß auf diesen Arealen »jährlich ein- bis zweitausend Sorten ausgesät wurden«, gleich darauf aufmerksam, daß der Garten der Feststellung der Artunterschiede ein Hindernis entgegensetzte: Um Artunterschiede fixieren zu können, war, wie Linné selbst festhielt, ein direkter Vergleich und damit vor allem die Gleichzeitigkeit der verglichenen Merkmale erforderlich; die Aussaat und das Heranziehen von Pflanzen zu diesem Zweck hatte aber unweigerlich die Ungleichzeitigkeit dieser Merkmale zur Folge, da der Entwicklungsgang von Pflanzen von Art zu Art variiert. Um Exemplare für den Vergleich zu fixieren, wurden die Pflanzen daher getrocknet und in Herbarien überführt. Das Herbarium Linnés kann getrost als sein hauptsächliches Arbeitsmittel betrachtet werden. Es füllte sich im Laufe seines Lebens mit rund 16 000 Pflanzenexemplaren.[10]

Der großen Bedeutung des Herbariums entsprechend verwendete Linné in seinem Lehrbuch zur Botanik, der *Philosophia botanica* von 1751, besonders viel Sorgfalt bei der Formulierung von Vorschriften zu seiner Anfertigung. So beschrieb er genau das Verfahren, nach dem Pflanzen einzusammeln, zu trocknen, zu pressen und einzukleben waren.[11] Offenbar ging es mit diesen peniblen Anweisungen um eine Standardisierung des Herstellungsverfahrens, die garantieren konnte, daß Eigentümlichkeiten der gesammelten Pflanzen nicht dem aquirierenden Prozeß zu schulden waren, oder zumindest sicherstellte – wenn sich solche Eigentümlichkeiten, etwa durch das Trocknen und Einkleben, schon nicht vermeiden ließen –, daß diese Eigentümlichkeiten immer auf dieselbe Weise zustande kamen. Dies wird besonders deutlich in den Anweisungen, »keine Teile zu entfernen«, die Pflanzen »sacht auszubreiten«, »nicht zu knicken« und »die Blüten- und Fruchtorgane zeigen« zu lassen: jede willkürliche Auswahl oder Verformung von Pflanzen im Akt des Sammelns war strikt zu vermeiden.

Solche Vorschriften konnten sich auf eine bereits seit Mitte des 16. Jahrhunderts bestehende Tradition der Anlage von Herbarien stützen.[12] Linnés Anweisungen beinhalteten aber darüber hinaus eine entscheidende Innovation. Traditionell wurden durchaus mehrere Pflanzen-

9 Zum botanischen Garten in Uppsala unter Linnés Direktorat siehe Gunnar Broberg/Allan Ellenius/Bengt Jonsell: Linnaeus and his garden. Uppsala 1983.

10 Zu Linnés Herbarien siehe William T. Stearn: Introduction. In: Carl Linnaeus: Species plantarum. Bd. I. London 1957, S. 1-176.

11 Carl von Linné: Philosophia botanica. Stockholmiae 1751, S. 7.

12 Zu den ältesten Herbarien siehe Jean-Baptiste Saint-Lager: Histoire des herbiers. In: Annales de la Société Botanique de Lyon. Notes et mémoires 13, 1886, S. 1-120.

exemplare auf ein Herbarblatt aufgebracht, die Herbarblätter dann zu Büchern gebunden und diese wiederum wie Bücher aufbewahrt, ja sogar wie Bücher zitiert.[13] Damit waren die gesammelten Pflanzenexemplare in eine fixierte Anordnung und Reihenfolge gebracht, aus der sie sich ohne Zerstörungen des Herbars und ihrer selbst nicht mehr befreien ließen. Linné schrieb dagegen vor, daß jeweils »nur eine einzige [Pflanze] pro Blatt [*unica tantum per pagina*]« aufzukleben sei, und diese Blätter anschließend »nicht zu heften [*non alliganda*]« seien. Für die Aufbewahrung der so isolierten Herbarblätter schlug er in der *Philosophia botanica* einen eigens zu diesem Zweck konstruierten Schrank vor. Dieser Schrank, von dem ein Exemplar noch in Uppsala erhalten ist, ist sehr schlicht gehalten; zwei schmale Türen öffnen sich auf sein Inneres, das in der Mitte in zwei Kolumnen unterteilt ist (vgl. Abb. 1). Die Seitenwände dieser Kolumnen sind in dichten Abständen mit Leisten versehen, auf die Regalböden zur Aufnahme der Herbarblätter locker aufgelegt sind. Anzahl und Abstand der Regalböden waren also regulierbar, so daß der Schrank sich jeweils neu eingefügtem Sammlungsmaterial anpassen ließ. Gleichzeitig ließen sich jederzeit und nach Belieben einzelne Herbarblätter herausnehmen und wieder einfügen.[14]

Linnés Herbarschrank war somit nicht dazu da, die gesammelten Herbarblätter in eine endgültige und fixe Anordnung zu bringen, wie man durchaus glauben könnte, wenn man nur einen flüchtigen Blick auf seine (heute museal konservierte) Front wirft. Er war vielmehr darauf angelegt, einen ständigen Strom von Sammlungsmaterial auffangen und in Bewegung halten zu können. Wie sehr es Linné selbst auf diese Funktion ankam, läßt sich gut an einer Anekdote illustrieren: Von George Clifford, einem holländischen Pflanzensammler, hatte Linné bei seinem Aufenthalt in Holland in den Jahren 1735 bis 1738 Herbarblätter erhalten, auf die jeweils ein kleiner, vorgefertigter Kupferstich aufgeklebt war. Dabei handelte es sich um die Darstellung eines reich verzierten Krugs, der die aufgeklebte Pflanze aufzunehmen schien. Diese Blätter schnitt Linné auf

13 Stearn 1957 (Anm. 10), S. 103-105.

14 Eine Konstruktionszeichnung des Herbarschranks mit erläuterndem Text findet sich in Linné 1751 (Anm. 11), S. 291 und Tab. XI. Im erläuternden Text sind Anzahl und Abstände der Regalböden vorgeschrieben, angepaßt an Linnés Sexualsystem. Linné hebt aber auch ausdrücklich hervor, daß »andere [ihn] auf dieselbe Weise, zu Beachtendes beachtet, nach irgendeinem anderen System einrichten mögen [*secundum aliud quodcunque Systema, observatis observandis, alii eadem ratione disponant*]«. Abschließend rät er, die Herbarblätter zu beschriften und zu numerieren, so daß »jede Pflanze ohne Hindernis herausgezogen und aufgeschlagen wird [*absque mora planta omnis protrahitur et evolvitur*].«

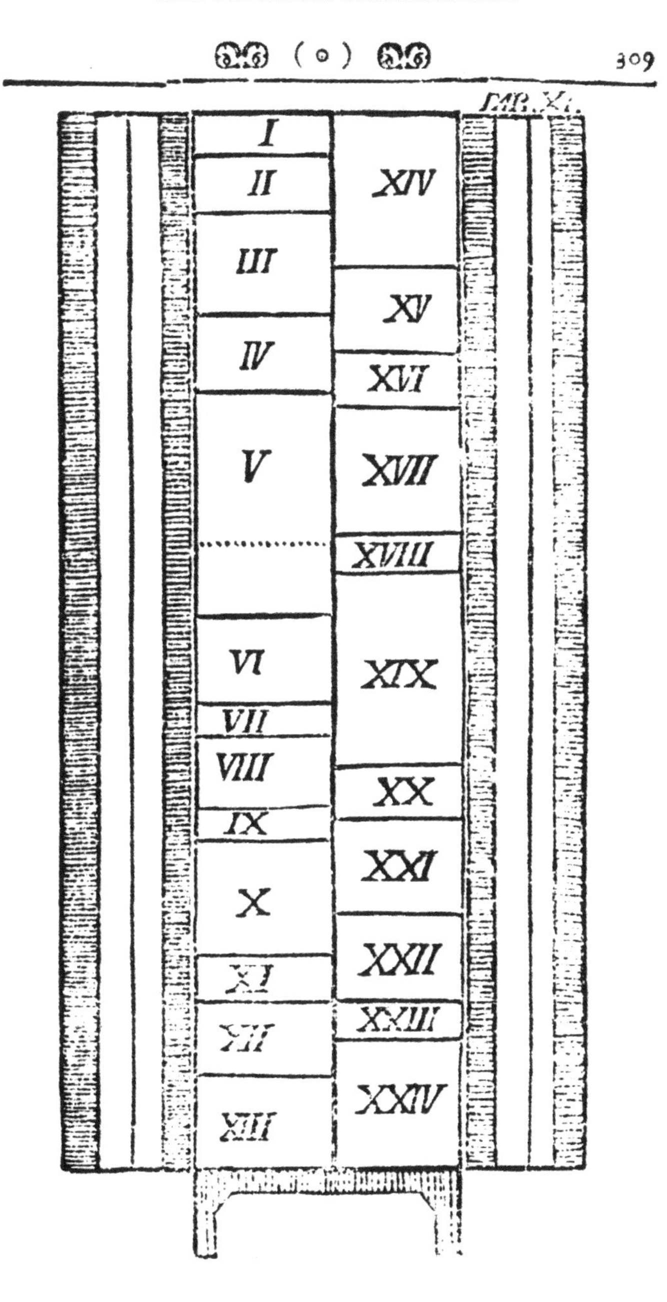

Abb. 1: Konstruktionszeichnung für einen Herbarschrank aus Carl von Linnés »Philosophia botanica«, 1751.

die von ihm bevorzugte Größe von Herbarblättern zu, um sie seinem Schrank einverleiben zu können, wobei er den kunstvollen Krug schlicht ignorierte und gelegentlich einfach in der Mitte durchschnitt.[15] Linné lag offenkundig mehr an der inneren Beweglichkeit seiner Sammlung als an ihrer dekorativen Ausgestaltung.

Die Kollation der Arten

Das Herbarblatt unterscheidet sich von anderen Pflanzenrepräsentationen wie Zeichnungen oder Beschreibungen in einem entscheidenden Punkt, der auch auf den Sinn der Innovation Linnés führt: Zwischen der repräsentierten Pflanzenart und ihrer Repräsentation im Herbarium besteht nicht nur ein Abbildungsverhältnis, sondern darüber hinaus ein sachlicher Zusammenhang dadurch, daß ein Teil der Pflanzenart (nämlich ein einzelnes Individuum bzw. das, was nach dem Repräsentationsakt von ihm übrigbleibt) die Planzenart als Ganzes vertritt. Mit einem Herbarblatt hat man also nicht nur eine Repräsentation vor sich, die eine Pflanze mehr oder weniger ähnlich wiedergibt, sondern eine wirkliche – wenn auch tote, ausgetrocknete, gepreßte und aufgeklebte – Pflanze. Als Repräsentant seiner Art ist das Herbarexemplar Repräsentation und repräsentiertes Objekt in einem und bewahrt daher immer einen opaken, noch nicht interpretierten Rest in sich auf. Im Unterschied zur Zeichnung oder Beschreibung, die sich nur im Rahmen ihrer bedeutungstragenden Elemente in Beziehung zur Pflanzenwelt setzen lassen, kann man sich daher auch immer wieder der auf dem Herbarblatt aufgebrachten Pflanze zuwenden, um neue Repräsentationen zu gewinnen bzw. schon gewonnene zu überprüfen. Der Abbildung und Beschreibung läßt sich, anders gesagt, nur im horizontalen Spiel der Bedeutungen auf den Grund gehen, das Herbarexemplar erlaubt daneben noch das vertikale Vordringen in die noch unbekannte Tiefe des Objekts, kurz: Forschung am Objekt.

Die wichtigste Forschungsoperation der Botanik bestand nun für Linné in dem, was er »Kollation der Arten« nannte.[16] In einem ersten Sinne bedeutet der lateinische Ausdruck *collatio* »Sammlung«, also pure Akkumulation von Objekten. Aber in seinen taxonomischen Schriften berief sich Linné gelegentlich auf die »Kollation« von Einzelexemplaren (*specimen*) als die Instanz, die ihm dazu verholfen hätte, zwei Pflanzen-

15 Stearn 1957 (Anm. 10), S. 117-118.
16 Linné 1751 (Anm. 11), S. 293; ders. 1756 (Anm. 8), S. 394-395.

arten voneinander zu unterscheiden.[17] Traditionell hatte man solche Unterscheidungen durch Definition *per genus et differentiam* gewonnen: Pflanzen einer Art wurden einer bestimmten Gattung untergeordnet und dann von den übrigen Arten derselben Gattung durch Zuschreibung einer »spezifischen Differenz [*differentia specifica*]« abgegrenzt, d. h. eines Merkmals, das im Verhältnis des logischen Ausschlusses zu entsprechenden Merkmalen der übrigen Arten stand und seine Art damit eindeutig von den anderen Arten unterschied.[18] Die enstehende definitorische Phrase – etwa für die Zwergbirke »Birke mit runden, gekerbten Blättern« im Unterschied zur gewöhnlichen Birke mit »ovalen, gezähnten Blättern« – diente dann zur Bezeichnung der unterschiedenen Art. Auch Linné folgte dieser Praxis, und die *collatio*, auf die er sich bei der Unterscheidung von Arten berief, dürfte daher nicht nur das Ansammeln, sondern auch das unmittelbare Nebeneinanderhalten von Pflanzenexemplaren zu Zwecken der Manifestation bestimmter zwischen sie tretender Unterschiede bedeutet haben.[19]

In seinem vollen Wortsinn hatte der Ausdruck »*collatio*« im 18. Jahrhundert aber noch eine speziellere und zugleich weitergehende Bedeutung: Im Rechtswesen bezeichnete er das Nebeneinanderhalten von Dokumenten in Urschrift und Abschrift und ihren systematischen Abgleich nicht nur auf bestimmte, sondern auf alle etwaigen Abweichungen.[20] Tatsächlich kannte Linné neben dem traditionellen Verfahren der *definitio per genus et differentiam*, dessen Ergebnis er als »künstliche [*factitius*]« Definition bezeichnete, noch ein Verfahren der »natürlichen Kennzeichnung [*character naturalis*]«. Dieses sollte auf eine »Beschreibung [*descriptio*]« der Art hinauslaufen, die »alle Unterschiede [*differentias*] aufführt, die [zu anderen Arten] bestehen«, und nicht »bloß diejenigen auflistet die nötig sind, um bereits entdeckte Arten von anderen Arten ein und

17 So z. B. in Carl von Linné: Flora Lapponica. Amstelaedami 1737a, S. 126; ders.: Hortus Cliffortianus. o. O. 1737b, S. 167.

18 Zu diesem Verfahren und seiner mnemotechnischen Funktion siehe Arthur J. Cain: Logic and memory in Linnaeus' system of taxonomy. In: Proceedings of the Linnean Society of London 169, 1958, S. 144-163; James L. Larson: Reason and experience: the representation of natural order in the work of Carl Linnaeus. Berkeley, Calif./London 1971.

19 So beschreibt Linné 1751 (Anm. 11), S. 293 auch das Vorgehen bei der botanischen Unterweisung von Studenten. In der Tat hat das lateinische *conferre*, aus dem sich *collatio* ableitet, u. a. die Nebenbedeutung »einander nahebringen«.

20 Johann Zedler: Großes vollständiges Universallexikon aller Wissenschaften und Künste. Bd. 6. Halle/Leipzig 1733, S. 684.

derselben Gattung [*congeneribus*] zu unterscheiden«.[21] Die »natürliche Kennzeichnung« unterschied Arten also nicht nur im Rahmen einer bestimmten vorgegebenen Konstellation von Pflanzen, sondern im Rahmen jeder nur möglichen Konstellation. Wie ist dies als Ergebnis einer »Kollation der Arten« zu verstehen?

Das Verfahren, das zu einer »natürlichen Kennzeichnung« führen sollte, ist von Linné beschrieben worden, und in der Tat zeigt es Ähnlichkeit zur »*collatio*« im Sinne eines Textabgleichs: Im Kern bestand es darin, mehrere als Repräsentanten einer bestimmten Pflanzenart beurteilte Pflanzenexemplare zu nehmen und anhand eines dieser Repräsentanten die Beschreibung einer »ersten Art [*prima species*]« nach einem genau festgelegten Beschreibungsschema (erst die Wurzel, dann der Stengel, dann die Blätter etc.) zu erstellen. Mit dieser »Urschrift« wurden dann die übrigen Exemplare Merkmal für Merkmal dem Beschreibungsschema folgend abgeglichen und dabei diejenigen Merkmale aus der Beschreibung der »ersten Art« gestrichen, deren Ausprägung im zugrunde gelegten Material an Pflanzenexemplaren variierte. Dieses Verfahren der »Kollation« im engeren Sinne war dann stufenweise fortzuführen, um aus mehreren Artbeschreibungen in analoger Weise »natürliche« Gattungskennzeichnungen, aus der Kollation von Gattungskennzeichnungen Klassenkennzeichnungen usw. zu gewinnen.[22]

Das Resultat dieser Vergleichsoperation unterschied sich deutlich von dem Resultat der künstlichen Definition *per genus et differentiam*: Die »natürlichen Kennzeichnungen« oder »Beschreibungen« erschienen im Text nicht als kurze, aus Gattungsnamen und spezifischem Unterschied zusammengesetzte Phrasen oder »Artnamen«, sondern als ganze Textblöcke, die sämtlich einem einheitlichen und strikt durchgehaltenen typographischen Schema folgten. Dieses Schema hatte eine Art Platzhalterfunktion für die einzutragenden Merkmale, so daß Varianten ein und desselben Merkmals – z. B. »gezähnt« und »gekerbt« für die Form des Blattrandes – immer an derselben »Stelle« im Schema auftauchten. Damit lieferte es zugleich ein Kriterium für die »Natürlichkeit« der resultierenden Definitionen: Je nach der zugrunde gelegten Konstellation von

21 Carl von Linné: Corollarium generum plantarum. Lugduni Batavorum 1737c, lectori. Vgl. ders.: Genera plantarum. Lugduni Batavorum 1737d, § 16-18, und ders. 1751 (Anm. 11), S. 128-130. In der zuletzt zitierten Passage wird auch hervorgehoben, daß der Ausdruck »*character*« gleichbedeutend (»*idem est ac*«) mit »*definitio*« ist. Da er jedoch auch für »Definitionen« verwendet wird, die Linné ausdrücklich als »Beschreibung [*descriptio*]« verstanden wissen wollte, wird in diesem Zusammenhang die Übersetzung »Kennzeichnung« verwendet.

22 Linné 1737d (Anm. 21), § 20; ders. 1751 (Anm. 11), S. 131.

Repräsentanten traten in das Beschreibungsschema nämlich mehr oder weniger übereinstimmende Merkmale ein und bildeten so eine mehr oder weniger »vollständige und wohlgeformte [*perfecta*]« Kennzeichnung der jeweiligen Art oder Gattung. Gegebenenfalls erforderte die »natürliche« Kennzeichnung so die wiederholte Neuzusammenstellung des Vergleichsmaterials, um auf diese Weise zur jeweils »natürlichsten« Art- bzw. Gattungskennzeichnung zu gelangen. Im Sinne dieses grundsätzlich nicht abzuschließenden Forschungsprozesses ist die »Kollation der Arten« zu verstehen.[23]

Die besondere Qualität einer *natürlichen* Kennzeichnung betraf nun nach Linné nicht nur ihre innere Struktur, sondern darüber hinaus auch das wechselseitige Verhältnis von Arten, das aus dieser inneren Struktur im von ihm so genannten »natürlichen System« resultierte:

> »Artbeschreibungen überliefern alle Unterschiede, die bestehen, so daß die Beschreibung immer unerschüttert bleibt, selbst wenn unzählige neue Arten entdeckt würden, während der Artname [der *per genus et differentiam* gebildete traditionelle »Artname«, SMW], welcher nur die eben bekannten Arten voneinander absondert, sich durch neu entdeckte Arten als unzureichend [*insufficiens*] erweist – um nicht zu sagen, daß die Beschreibung einer Art, wenn sie in sich selbst abgeschlossen [*in se ipsa perfecta*] ist, die Grundlage für alle unterscheidenden Artnamen enthält. In ähnlicher Weise verhält es sich mit den Gattungskennzeichnungen, welche wie unsere Beschreibungen sind: Sofern sie abgeschlossen sind, unterliegen sie keiner Veränderung auf Grund zukünftig zu entdeckender, neuer Gattungen, während andere [...] nicht anders können, als durch neu entdeckte, nicht vorausgesehene Gattungen entkräftet zu werden.«[24]

Man kann sich leicht vor Augen führen, wie dies zu verstehen ist: Wird man im Rahmen »künstlicher« Kennzeichnungen mit dem Vertreter einer neuen, noch nicht *per genus et differentiam* erfaßten Pflanzenform konfrontiert, so wird nur selten der Fall eintreten, daß diese ein Merkmal aufweist, das im Raster bereits gebildeter spezifischer Differenzen einen Unterschied ausmachen würde. Häufiger wird einer der beiden folgenden

23 So heißt es in Linné 1751 (Anm. 11), S. 131, daß »unendliche Arbeit nötig [ist], bevor [natürliche] Kennzeichnungen nach allen Arten begrenzt worden sind«. Eine ausführliche Diskussion der »natürlichen Kennzeichnung« findet sich in Müller-Wille 1999 (Anm. 6), S. 223-264.

24 Linné 1737c (Anm. 21). Vgl. ders. 1737d (Anm. 21), § 8, 18; ders.: Critica botanica. Lugduni Batavorum 1737e, S. 142.

Fälle eintreten: Entweder wird die neue Pflanze ein Merkmal aufweisen, das mit einem bereits verwendeten Merkmal übereinstimmt, so daß sie mit der entsprechenden Art zu identifizieren wäre. Oder sie wird ein Merkmal aufweisen, das gegenüber den schon etablierten Merkmalsdifferenzen unbestimmt bleibt, etwa (um im obigen Beispiel der Birke zu bleiben) Blätter mit zuweilen gezähntem, zuweilen gekerbtem Rand. In beiden Fällen bliebe die Pflanzenform unbestimmt, so daß zu ihrer Bestimmung ein neues, unter Umständen vollständig umgestaltetes Raster von spezifischen Differenzen zu bilden wäre. Mit anderen Worten: »Künstliche« Definitionen bewahren ihren diagnostischen Wert nur im Rahmen einer bestimmten Pflanzenkonstellation, nämlich derjenigen, in der sich die darin eingetretenen Merkmalsunterschiede auch tatsächlich manifestieren lassen.

Eine »*natürliche*« Kennzeichnung dagegen ordnet einer Pflanzenart einen Merkmalskomplex zu, der – ganz unabhängig von der Unterscheidungskraft der eingehenden Merkmale bestimmten Pflanzen gegenüber – allein dem Beschreibungsverfahren eigenen Ansprüchen an Wohlgeformtheit und Vollständigkeit zu gehorchen hat (»in sich selbst abgeschlossen« ist). Aufgrund der daraus resultierenden einheitlichen inneren Struktur – dem oben erwähnten Beschreibungsschema – sind die eingegangenen Merkmale allerdings so korreliert, daß die durch sie gekennzeichnete Pflanzenform gegenüber allen anderen durch spezifische Differenzen abgegrenzt ist (die »Grundlage für sämtliche unterscheidenden Artnamen« bildet) bzw. mit allen anderen durch ein Netz von Übereinstimmungen verbunden ist.

Das System »natürlicher« Arten und Gattungen, das schon von Linné so genannte »natürliche« System, erlangte damit erst die spezifische, mit der Linearität der *scala naturae* brechende Struktur des taxonomischen Tableaus, in der »alle Pflanzen untereinander wechselseitig Verwandtschaft [*utrinque affinitatem*] zeigen, wie ein Gebiet auf einer geographischen Karte«.[25] Bedingung dafür war, wie gesehen, eine »Kollation«, die nicht nur bestimmte Pflanzen einander entgegensetzte, sondern in immer wieder variierten Vergleichskonstellationen denjenigen Merkmalskomplex herausschälte, durch den sich Pflanzenarten bzw. -gattungen universell, d. h. gegenüber beliebigen Pflanzen anderer Art bzw. Gattung, kennzeichnen ließen. Die »natürlichen« Kennzeichnungen Linnés waren Dokumente eines permutativen Operierens mit Repräsentanten,

25 Linné 1751 (Anm. 11), S. 27. Linnés »*affinitates*« weisen interessante Ähnlichkeiten zu dem von Antoine-Laurent de Jussieu 1773 in die Botanik eingeführten Begriff der »*rapports*« auf. Siehe dazu E. C. Spary: Making the natural order: the Paris Jardin du Roi, 1730-1795. Phil. Diss. University of Cambridge 1993, S. 123-124.

das die Errichtung eines Tableaus von Identitäten und Differenzen zum Ziel hatte, die universell, d. h. in jeder beliebigen Konstellation von Pflanzen, zum Tragen kamen.

Das Tableau und seine unruhige Tiefe

Der Kollation der Arten im erläuterten Sinne konnte der Herbarschrank Linnés in besonderem Maße dienen, ja er scheint gerade mit Blick darauf konstruiert worden zu sein: In gebundenen Herbarien standen sich immer bloß bestimmte Pflanzen gegenüber, deren spezifische Unterschiede so zwar leicht festzustellen waren, aber eben auch nur ihrer lokalen Konstellation, ihrer jeweiligen Entgegensetzung in einer fixierten Anordnung, Ausdruck geben konnten. Der Herbarschrank Linnés erlaubte es dagegen, jederzeit beliebige Vergleichskonstellationen zu bilden bzw. neues Vergleichsmaterial einzubeziehen, und konnte so der Stabilisierung des »natürlichen« Systems der Pflanzen dienen. Hätte Linné es sich einfallen lassen, seine Herbarblätter nach seinem Sexualsystem zu fixieren, so wäre ihm die Etablierung von »natürlichen Kennzeichnungen« schlicht unmöglich gewesen. Zugleich verdeckte die physische Gestalt des Herbarschranks jedoch die Bewegungen der »Kollation« (vgl. Abb. 2). »Jährlich ein- bis zweitausend Pflanzensorten« hatte Linné in seinem Garten aus Samen aufzuziehen, die ihm von einem weltweiten Netz von Korrespondenten und reisenden Schülern zugesandt wurden. Die Fülle an getrockneten Pflanzenexemplaren, die sich hinter den unscheinbaren Türen des Linnéschen Herbarschranks verbarg, war ohne den »dahinter«-liegenden Garten als Proliferationsort einer Vielfalt von Pflanzenformen und ohne das jenseits der Gartenmauern sich erstreckende Netz von Korrespondenten nicht zu denken.

Diese Konjunktion von Herbar und Garten hatte schon vor Linné ihre eigene, weit zurückreichende Geschichte. Seit der Renaissance wurden Gärten und Herbarien für die Ausbildung von Medizinern in der Pharmakologie genutzt. Dabei wurden in sogenannten *demonstrationes* die Unterscheidungsmerkmale (in Form der bereits erwähnten Art-»namen«) jeweils im Garten exemplifizierter Pflanzenarten benannt und die pharmazeutische Wirkung der jeweiligen Pflanze erläutert. Außerhalb der jeweiligen vegetativen Periode fand zu diesem Zweck das Herbarium Verwendung (daher sein ursprünglicher Name – *hortus hiemalis*).[26]

26 Zur pharmazeutischen Ausbildung in der Renaissance und frühen Neuzeit siehe Karen Reeds: Renaissance humanism and botany. In: Annals of science 33, 1976, S. 519-542.

Die Pflanzen selbst mußten natürlich von außen in den Garten eingeholt werden, sei es durch den Gartenvorsteher persönlich auf gelegentlichen Reisen, sei es aus kommerziellen Quellen. Die wichtigste Quelle bestand jedoch in Linnés Netz von Korrespondenten, die in der Regel selbst botanischen Gärten vorstanden. In der ersten Hälfte des 18. Jahrhunderts konnte sich so eine Reihe von zentralen botanischen Gärten etablieren – insbesondere der Universitätsgarten von Leyden, den William Stearn als »mother of gardens« bezeichnet hat, die *Royal Gardens* in Kew, der *Jardin du Rois* in Paris und schließlich, mit Linné, der Universitätsgarten von Uppsala. Durch regelmäßigen Austausch von Pflanzenmaterial waren diese zu einem regelrechten, z. T. auch vertraglich geregelten »circuit of gardens« zusammengeschlossen, dem zahlreiche kleinere Gärten angegliedert waren. In diesem System verbreiteten sich Pflanzen durch Austausch von Samen von einem Garten zum anderen und konnten so den Reichtum ihrer Differenzen und Identitäten, der in Form von Art-»namen« und -beschreibungen in der begleitenden Korrespondenz festgehalten wurde, in immer neuen Konstellationen und unter immer neuen klimatischen Umständen entfalten.[27]

Der entscheidende Punkt ist, daß damit das Erfahrungsmaterial nicht nur an Masse zunahm, sondern der botanische Garten auch zunehmend zu einem Ort wurde, der nicht nur der lokalen Produktion von Repräsentationen, sondern der Reproduktion von Repräsentanten zu Zwecken ihres Austauschs diente. Der »Reichtum« eines botanischen Gartens definierte sich nicht mehr durch die Pracht der dort versammelten Einzelstücke, sondern durch eine größtmögliche Zahl möglichst identisch zu reproduzierender Artrepräsentanten, die unter Hervorhebung ihrer spezifischen Merkmale anderen Gärten zum Tausch gegen Repräsentanten »neuer« Arten angeboten werden konnten.[28] »Dem Botaniker sind welt-

27 William T. Stearn: The influence of Leyden on botany in the seventeenth and eighteenth centuries. In: British journal for the history of science 1, 1962, S. 137-159; D. Onno Wijnands: Hortus auriaci: the gardens of Orange and their place in late 17th century botany and horticulture. In: Journal of garden history 8, 1988, S. 61-86, 271-304.

28 Vgl. Spary 1993 (Anm. 25), Kap. 2; Marie-Noëlle Bourguet: Voyage, collecte, collections. Le catalogue de la nature (fin 17e-début 19e siècles). Paris 1998, S. 185-207. Der zunehmende »Erfahrungsdruck«, den Wolf Lepenies für die Umbrüche in der Naturgeschichte des 18. Jahrhunderts verantwortlich macht, ist also nicht nur quantitativ zu bemessen. Es änderte sich auch die Form der Erfahrung. Siehe Wolf Lepenies: Das Ende der Naturgeschichte. Wandel kultureller Selbstverständlichkeiten in den Wissenschaften des 18. und 19. Jahrhunderts. Frankfurt a. M. 1978, S. 16-17.

Abb. 2: Carl von Linnés Herbarschränke.

weite Handelsbeziehungen nötig«, heißt es in diesem Sinne in der Einleitung zu Linnés *Hortus cliffortianus* von 1737, dem Katalog eines sehr artenreichen wie prachtvollen botanischen Gartens in Holland.[29]

Dies hatte auch Folgen für den Sammler, dem Linné in seiner *Philosophia botanica* eine dem ersten Anschein nach merkwürdig unbestimmte Rolle zuschrieb: Sammler hätten sich »in erster Linie nur um die Zahl der Arten [*numerus specierum*] bemüht«, und dies, obwohl ihnen Linné nachfolgend wesentlich konkretere Leistungen zugesteht, nämlich Abbildungen, Beschreibungen, Kataloge und Reiseberichte erstellt zu haben.[30] Verständlicher wird diese Aussage, wenn man sie auf Linnés Definition der »Art« bezieht: »*Arten* gibt es so viele, wie das Unendliche Wesen am Anfang verschiedene Formen hervorbrachte, welche daraufhin nach hineingelegten Gesetzen der Hervorbringung mehr, aber ihnen immer ähnliche, hervorbrachten, so daß uns nun nicht mehr Arten bekannt sind, als die, welche am Anfang wurden.«[31] Auch diese Definition bezieht sich nicht eigentlich auf die Arten, sondern auf deren Anzahl, in diesem Fall jedoch auf eine bestimmte, nämlich die Zahl der Arten »welche am Anfang wurden«. Nicht mehr die einzelne Art und ihre jeweilige Eigentümlichkeit – ihre »Form« – ist entscheidend, sondern das Gewicht verlagert sich auf Arten im Sinne einer empirisch noch unbestimmten, aber unabhängig davon feststehenden Zahl *sich identisch reproduzierender* Pflanzenformen.[32] Was für den Sammler zählt, sind damit auch nicht mehr die individuellen Sammlungsstücke, sondern ihre Stellung in einem System unaufhörlicher Serien, deren Glieder sich im Austausch gegenseitig, und damit auch ihre jeweilige Art, vertreten können. Pflanzen repräsentieren von nun an nicht nur sich selbst in ihrer jeweiligen Eigenart, sondern auch alle anderen Pflanzen in einem System universeller Übereinstimmungen und Unterschiede.

Allerdings war die identische Reproduktion von Arten zu Zwecken des Austauschs keineswegs leicht zu bewerkstelligen: Verschiedene Gärten unterlagen verschiedenen klimatischen und gartenbaulichen Bedingungen und enthielten ganz verschiedene Konstellationen von Pflanzen.

29 Linné 1737b (Anm. 17), Dedicatio.

30 Ders. 1751 (Anm. 11), S. 4.

31 Ders. 1737d (Anm. 21), § 5.

32 So konnte Linné auch durchaus Beobachtungen verarbeiten, die aus heutiger Sicht den evolutiven Wandel von Arten belegen: Ausschlaggebend war nicht die morphologische, sondern die genealogische Dimension seines Artbegriffs; siehe dazu Staffan Müller-Wille: »Varietäten auf ihre Arten zurückführen«. Zu Carl von Linnés Stellung in der Vorgeschichte der Genetik. In: Theory in biosciences 117, 1998, S. 346-376.

Unter den Gärten ausgetauschte Pflanzen konnten bei ihrer Zirkulation von Garten zu Garten auf Grund jeweils lokaler Umstände – klimatische Einflüsse oder ihre Gegenüberstellung mit anderen Pflanzen – ihre in der begleitenden Korrespondenz hervorgehobenen, spezifischen Merkmale also durchaus wieder verlieren oder auch neue Unterschiede entfalten. Die Gärten waren nicht nur Orte der identischen Reproduktion von Artrepräsentanten, sondern zugleich Proliferationsorte zahlloser »Varietäten«, die im tauschbedingten Wechsel von einem Produktionsort zum anderen in ihrer Eigenart nicht immer erhalten blieben – sich also nicht wirklich austauschen ließen. So stellte Linné dem »Sammler« den Gärtner oder bloßen »Blumenliebhaber [*anthophilus*]« gegenüber, dem an nichts anderem gelegen war, als mit Hilfe der Düngung »die Pflanzen besonders üppig, groß und frühzeitig hervorkommen« zu lassen, dem also nicht an der identischen Reproduktion, sondern ganz im Gegenteil, an der Variation gelegen war. Lediglich interessiert an der Produktion von Merkmalen, so Linné, verwandelte der Gärtner die Botanik in einen »Augiasstall wegen geringfügigster Merkmale aufgestellter neuer Arten«.[33]

Linnés Bestimmung der Sammlerrolle – sich um die »Zahl der Arten« zu bemühen – ist daher nicht als simple Aufforderung zur Akkumulation, sondern zugleich als Aufforderung zur Reduktion, also zur genauen Bestimmung statt bloßen Vermehrung der »Zahl der Arten« zu verstehen.[34] Für den botanischen Sammler hatte nicht die einzelne Pflanze an sich, in der jeweils einzigartigen Summe ihrer Merkmale, einen Wert darzustellen, sondern diesen Wert konnte sie erst erlangen, wenn sie sich in einer reproduktiven und zirkulatorischen Bewegung als äquivalent zu anderen Pflanzen erwies und in das Tableau universeller, taxonomischer Beziehungen eintrat. So heißt es in der *Philosophia botanica*: »Nur der vollendetst ausgebildete [*consummatissimus*] Botaniker, und der allein, verfertigt die beste natürliche Kennzeichnung. Durch Übereinstimmung der meisten Arten wird sie nämlich erzeugt; jede Art nämlich schließt irgendein überflüssiges Merkmal aus.«[35]

33 Carl von Linné: Rön om växters plantering grundat på Naturen. In: Kungliga Svenska Vetenskaps-Akademiens Handlingar 1, 1739, S. 5-7. Über den »Augiasstall« der durch »Blumenliebhaber« produzierten Varietäten siehe ders. 1737e (Anm. 24), S. 152-153. Eine ähnliche Polemik findet sich in ders. 1751 (Anm. 11), S. 240, 247.

34 Siehe Carl von Linné: Systema Naturae. Lugduni Batavorum 1735, Observationes: »Wer in unserer Wissenschaft nicht die Varietäten auf ihre Arten zurückzuführen [*Varietates ad Species proprias referre*] [...] weiß, betrügt und wird betrogen.«

35 Ders. 1751 (Anm. 11), S. 131. Ähnlich ebd., S. 36: »Das Fehlen der noch nicht entdeckten ist dafür verantwortlich, daß eine natürliche Methode [*Methodus naturalis*] noch aussteht, welche die Kenntnis der meisten vollendet.«

Für die Struktur des Linnéschen Systems haben Foucault, und in seiner Nachfolge auch andere, ausgezeichnete Beschreibungen geliefert – es als »eine Ordnung der Differenzen« bezeichnet, in der die »Naturgeschichte einen Raum sichtbarer, gleichzeitiger und begleitender Variablen durchläuft«,[36] als eine »netzartige Ähnlichkeitsordnung«, die sich »*more mathematico*« auf die »numerischen, geometrischen und topologischen Dimensionen von Strukturähnlichkeiten konzentriert«,[37] als eine »Ordnung der sichtbaren Dinge«, reflektiert »in einer Totalität unabhängiger, sprachlicher Zeichen«,[38] als einen »Ausdruck der Suche nach einer Mathesis oder universellen Wissenschaft der Messung und der Ordnung.«[39] Was diesen Beschreibungen entgeht, ist die Bewegung, die ihrem Ergebnis, dem scheinbar so starr geordneten Tableau taxonomischer Beziehungen, zugrunde lag: Dieses Tableau besaß durchaus eine »unruhige« Tiefe in einem System des Sammelns, das nicht nur in der Anhäufung und Anordnung von Dingen, sondern in einer Zirkulation seriell reproduzierter Dinge bestand, deren Praxis und Institutionen sich erst allmählich im Laufe des 16. und 17. Jahrhunderts etabliert hatten.[40] So erscheint schließlich auch Linnés Herbarschrank weniger als eine individuelle, geniale Erfindung, die eine neue Ordnung der Lebewesen möglich machte, sondern als Resultat einer langwierigen, weiträumigen und vermutlich ungelenken historischen Bewegung: Das traditionelle, gebundene Herbarium mußte schließlich unter der zunehmenden Zirkulation von Pflanzenmaterial »zerreißen« und das aufbewahrte Material in eine Ordnung entlassen, die nicht mehr auf, sondern gewissermaßen zwischen seinen Seiten zu finden war.

36 Foucault 1999 (Anm. 1), S. 172.

37 Hans-Jörg Rheinberger: Aspekte des Bedeutungswandels im Begriff organismischer Ähnlichkeit vom 18. zum 19. Jahrhundert. In: History and philosophy of the life sciences 8, 1986, S. 241.

38 Vernon Pratt: System-building in the eighteenth century. In: John D. North/John J. Roche (Hg.): The light of nature: essays in the history and philosophy of science presented to A.C. Crombie. Dordrecht 1985, S. 427.

39 John E. Lesch: Systematics and the geometrical spirit. In: Tore Frängsmyr/John L. Heilbron/Robin E. Rider (Hg.): The quantifying spirit in the eighteenth century. Berkeley, Calif./London 1990, S. 83.

40 Daß Michel Foucault offenbar nur der Ökonomie eine bestehende Praxis und Institutionen zuerkannte, ist vermutlich der tiefere Grund dafür, daß in seiner Darstellung der klassischen Naturgeschichte weitgehend unklar bleibt, was mit der »Verdopplung der Repräsentation« gemeint sein kann. Siehe ders. 1999 (Anm. 1), S. 213, 228.

E. C. Spary

Codes der Leidenschaft

Französische Vogelsammlungen als eine Sprache der vornehmen Gesellschaft im 18. Jahrhundert[1]

> Code*s* Systematische Sammlung von Gesetzen etc.; vorherrschende Moral einer Gesellschaft oder Klasse; persönlicher Maßstab moralischen Verhaltens; insbesondere zur Geheimhaltung eingesetztes Zeichensystem; System von Buchstaben-, Bild- oder Wortgruppen oder -symbolen zur Abkürzung oder Geheimhaltung …[2]

Naturhistoriker des 18. Jahrhunderts betrachteten ihre Sammlungen als geschlossene Zusammenstellung von Objekten. Die innere Ordnung dieser Sammlungen richtete sich ausschließlich nach Kriterien, die durch die Objekte selbst, den Gelehrten und die Taxonomie vorgegeben waren.[3] Oftmals wird die naturhistorische Sammlung auch heute noch als autonome, von äußeren Faktoren unabhängige Zusammenstellung angesehen. Dabei wird außer acht gelassen, daß Existenz und Wirkung einer Sammlung von ihrer Bedeutung *innerhalb* einer vielschichtigen Kultur abhingen. Warum sonst wurden zahlreiche Sammlungen im 18. Jahrhundert nach dem Tod ihres Besitzers aufgelöst, wenn sie einzig einen naturhistorischen Wert besessen hätten? Im folgenden werde ich versuchen, ein solches naturgeschichtlich-kulturelles Geflecht kenntlich zu machen. Dabei geht es um französische Vogelsammlungen und ihre Besitzer, doch werde ich keine vollständige Geschichte der jeweiligen Sammlungen liefern. Vielmehr erscheinen die Objekte, Abbildungen und Beschreibungen der Sammlungen sowie ihre Besitzer in einem Netz von sich überlagernden Ordnungen und Klassifikationen.

Ausgangspunkt meiner Überlegungen ist das semiologische Modell Roland Barthes'. Es bietet eine mögliche Erklärung dafür an, wie eine

1 Wie immer danke ich Paul White für seine Unterstützung.

2 Code. In: Oxford English Dictionary. Oxford 1978.

3 Vgl. hierzu die Diskussion um das Labor als isolierten Ort der Wissensproduktion; siehe Steven Shapin: The house of experiment in seventeenth-century England. In: Isis 79, 1988, S. 373-404; Bruno Latour/Steve Woolgar: Laboratory life: the construction of scientific facts. Princeton 1986, S. 68-69. Siehe auch Michel Foucault: Les mots et les choses. Une archéologie des sciences humaines. Paris 1966, S. 72-91.

Sammlung als ein System von Bedeutungen in einer Kultur funktionieren könnte. In seinem Werk *Das System der Mode* modifizierte Barthes die Saussuresche Semiologie, in der alle Bedeutung auf Sprache reduzierbar war.[4] Danach können neben der Sprache auch materielle Objekte ein codiertes System bilden, in dem Bedeutung gleichzeitig auf mehreren unterschiedlichen und nicht aufeinander reduzierbaren Ebenen entsteht. Barthes spricht von Beschreibungen, Bildern und Objekten, die aufeinander nicht reduzierbar sind, weil erstens das Objekt eine semiotische Bedeutung besitzt, zweitens die Beschreibung des Objektes eine linguistische Bedeutung hat, die nicht mit der semiotischen identisch ist, und drittens dem Bild eine eigene visuelle Bedeutung zukommt. Nach Barthes existiert keine vollständige Übersetzungsmöglichkeit zwischen diesen drei Strukturebenen. So können etwa Bilder nicht durch Wörter ersetzt werden. Statt dessen vermitteln *shifters* oder spezielle Quasi-Sprachen zwischen den Bedeutungsebenen: Ein aufgezeichnetes Schnittmuster für einen Rock stützt sich auf eine vom normalen Diskurs abweichende Sprache, mittels deren man zwischen dem Bild des Kleidungsstücks und dem hergestellten Kleidungsobjekt hin- und herwechseln kann.[5] Diese drei Ebenen und die zwischen ihnen vermittelnden *shifters* sind Teil des Signifikanten (Kleidungsstück), der in einer Beziehung zum Signifikat (die Welt oder das abstrakte System der Mode) steht. Daraus entsteht wiederum ein Zeichen, das Barthes schließlich als eines von mehreren Elementen eines Codes betrachtet, einer geordneten Folge materieller Objekte, die sich von der syntaktischen Ordnung der gewöhnlichen Sprache unterscheidet, Objekte, in denen sich die verschiedensten Bedeutungen sedimentieren.

Ein solches Zeichen-Verständnis ist auf die naturgeschichtliche Sammlung anwendbar. Das (naturhistorische) Zeichen wäre demnach die Spezies (die Art), also das Objekt und sein Bezug zur Welt (die gesellschaftliche Welt, die Natur, das taxonomische System). Das Zeichen kann in seiner ureigenen Bedeutung oder in seiner Beziehung zu anderen Zeichen im naturgeschichtlichen System verstanden werden.[6] Die Spezies kann in dreifacher Weise manifest werden als Sammlungsstück oder tech-

4 Roland Barthes: Das System der Mode. Frankfurt a. M. 1985 (1967).

5 Ein *shifter* kann als eine Verschiebetechnik, als ein medialer Vermittler zwischen zwei Ebenen verstanden werden. Analog zur deutschen Übersetzung des Bartheschen Buches werde ich im folgenden seinen Begriff des *shifter* beibehalten und nicht übersetzen; vgl. Barthes 1985 (Anm. 4).

6 Siehe Barthes 1985 (Anm. 4), S. 35-36; vgl. auch Stephen Bann: Under the sign: John Bargrave as collector, traveler, and witness. Ann Arbor, Michigan 1994.

nologisches Objekt, als Beschreibung (Text) oder verbales Objekt, und schließlich als Abbildung (Illustration) oder bildliches Objekt. Mit Barthes' Semiologie können die Mechanismen zur Identifizierung der einzelnen naturgeschichtlichen Objekte, ihre Beschreibungen und Bilder als zu einer einzigen Spezies gehörig und mit einer äußeren Realität verbunden aufgedeckt werden. Diese Identifizierung geschieht in der jeweiligen Kultur durch Texte und Praktiken, die dazu dienen, Bedeutung zwischen verschiedenen Ebenen der Repräsentation zu vermitteln und zugleich den Herstellungsprozeß dieser Repräsentationen zu beschreiben. Es sind diese Texte und Praktiken, die ich als Äquivalent zu Barthes' *shifters* auffasse. Anders als dieser jedoch sehe ich *shifters* als passive Elemente an, die erst durch die interpretative Leistung des Lesers/Betrachters aktiviert werden. Der *shifter* besitzt also keine Bedeutung an sich, sondern wird immer erst im Zusammenhang mit der Interpretation geschaffen.[7]

Zeichen sind aber auch eingebettet in verschiedene natürliche und soziale Welten; sie erhalten ihre Bedeutung durch örtlich begrenzte und individuelle Interpretationsprozesse.[8] Lokale Besonderheiten finden sich in den *shifters*, den örtlich begrenzten Praktiken, wieder. An diesem Punkt sollte das strukturalistische Modell erweitert werden. Ich möchte zeigen, daß eine naturhistorische Sammlung und ihre Elemente die Gestaltung sozialer Beziehungen ermöglichten, daß aber auch umgekehrt die sozialen Gegebenheiten die naturhistorische Sammlung prägten.[9] Der Betrachter einer Sammlung hat es mit verschiedenen Bedeutungsebenen zu tun, auf denen das einzelne Objekt selbst und die ganze Sammlung mit ihren inneren Bezügen angesiedelt sind. Entsprechend bewegt er sich zwischen dem unmittelbaren Akt des Betrachtens und der äußeren Welt. Das geschieht im Rahmen eines Diskurses, der die lokale Zusammenstellung der Sammlung mit den unsichtbaren Ordnungen oder Kräften verknüpft, auf

7 Siehe Roger Chartier: Cultural history: between practices and representations. Cambridge 1988, S. 40-41, 95-111. Hier grenzt sich meine Argumentation ab von dem von Barthes verwendeten Modell ideologischer »Lexika«, die in Bildern konnotiert sind und auf welche die Betrachter zugreifen, statt daß sie von ihnen konstruiert werden. Siehe Barthes 1986 (Anm. 4), Teil 1.

8 Roger Chartier: The order of books: readers, authors and libraries in Europe between the fourteenth and eighteenth centuries. Cambridge 1994 (1992), Kap. 1.

9 Peter Vergo: The new museology. London 1989; Eilean Hooper-Greenhill: Museums and the shaping of knowledge. London 1992; dies.: The museum in the disciplinary society. In: Susan M. Pearce (Hg.): Museum studies in material culture. Leicester 1989, S. 61-72; Tony Bennett: The birth of the museum: history, theory, politics. London 1995; Bann 1994 (Anm. 6), Einleitung.

die sie sich als Ganzes und in ihren Teilen bezieht.[10] Ich werde deshalb abschließend erörtern, wie es dazu kommt, daß die Herstellung von Beziehungen zwischen Welt und naturgeschichtlichem Objekt nicht nur für das Objekt selbst von Bedeutung war, sondern auch Kontroversen über Art und Gültigkeit des in der Sammlung gewonnenen Wissens auslöste.

Vom Vogel zum naturhistorischen Objekt

Zwei französische Vogelsammlungen, die in der Mitte des 18. Jahrhunderts berühmt wurden, sollen an dieser Stelle miteinander verglichen werden. Sie dienten anderen Sammlungseignern als Vorbild und repräsentierten zugleich die Sammelaktivitäten zahlreicher Naturforscher. Antoine-René Ferchault de Réaumur stammte aus einer Familie wohlhabender Landbesitzer aus der Vendée und war seinen Zeitgenossen als Besitzer einer der größten europäischen Vogelsammlungen bekannt, die er in seinem privaten Naturkundemuseum unterbrachte. Während der ersten Jahrhunderthälfte war er mehrfach Vorsitzender der Pariser *Académie Royale des Sciences*. Er galt als erbitterter Gegner von Georges-Louis Leclerc de Buffon, dem Leiter des königlich-naturhistorischen Gartens in Paris.[11] Nach seinem Tod 1757 hinterließ Réaumur der *Académie Royale des Sciences* seine Manuskripte und sonstigen wissenschaftlichen Besitztümer. Daraus wurden jedoch die naturhistorischen Teile (u. a. seine Vogelsammlung) dem königlichen Kabinett übergeben, das Buffon leitete.[12]

10 Dabei beziehe ich mich auf das klassische Verständnis einer Semiotik der Sammlungen; siehe Krzysztof Pomian: Collectionneurs, amateurs et curieux. Paris, Venise, XVIe-XVIIIe siècle. Paris 1987, S. 15-59; Michael Lynch: Art and artifact in laboratory science: a study of shop work and shop talk in a research laboratory. London 1985; ders.: Discipline and the material form of images: an analysis of scientific visibility. In: Social studies of science 15, 1985, S. 37-66.

11 Jean Torlais: Chronologie de la vie et des œuvres de Réaumur. In: Pierre-P. Grassé (Hg.), La vie et l'œuvre de Réaumur (1683-1757). Paris 1962, S. 1-12. Am besten dokumentiert ist der Teil der Auseinandersetzung zwischen Buffon und Réaumur, der sich auf die Frage der Fortpflanzung bezieht; siehe Jean Torlais: Un esprit encyclopédique en dehors de l'Encyclopédie: Réaumur. D'après des documents inédits. 2. Aufl. Paris 1961; Virginia P. Dawson: Nature's enigma: the problem of the polyp in the letters of Bonnet, Trembley and Réaumur. Philadelphia 1987; Aram Vartanian: Trembley's polyp, La Mettrie, and eighteenth-century French materialism. In: Journal for the history of ideas 11, 1950, S. 259-286.

12 Yves Laissus: Les cabinets d'histoire naturelle. In: René Taton (Hg.): Enseignement et diffusion des sciences en France au XVIIIe siècle. 2. Aufl. Paris 1986, S. 342-384, 693.

Kurz danach begann Buffon unter Mithilfe von Bexon und Guéneau de Montbeillard mit der Arbeit am ornithologischen Teil seiner monumentalen *Histoire naturelle, générale et particulière*, die in neun Bänden zwischen 1770 und 1783 erschien und weite Verbreitung erfuhr.[13] Auf diese Weise trafen zwei naturgeschichtliche Welten und ihre jeweiligen Repräsentanten in nur einer Disziplin, der Ornithologie, aufeinander.

Réaumur gilt in der Geschichte der Ornithologie als Erfinder eines neuen Konservierungsverfahrens für naturgeschichtliche Objekte. Zuvor legte man Vögel in Alkohol ein oder trocknete sie einfach im Ofen und bestrich sie anschließend mit Lack. Doch dabei wurden Farbe und Textur der Federn stark angegriffen. Réaumur dagegen spannte den ausgenommenen Vogelbalg auf einen Drahtrahmen und brachte das Ganze anschließend in die gewünschte Positur. Dieses Verfahren wurde unter französischen Ornithologen rasch bekannt, als Réaumur seine Sammlung der Öffentlichkeit zugänglich machte.[14] Die Fabrikation solcher Vögel zielte auf eine Herstellung des *Vogelhaften* überhaupt. Réaumur war sehr daran interessiert, die Tüchtigkeit der Tiere als Beispiel der göttlichen Gestaltungskraft darzustellen.[15] Und weil die Präsentation der Objekte im Kabinett vorgab, einen direkten Zugang zur äußeren Welt zu ermöglichen, war es für die Naturforscher um so wichtiger, Konventionen der Echtheit und Wahrheitstreue zu entwickeln und diese peinlich genau zu befolgen. Dementsprechend nahm in Réaumurs Sammlung von mehr als 600 Vögeln jedes einzelne Objekt eine für die jeweilige Spezies *natürliche* Haltung ein, so daß man »sie auf den ersten Blick für lebendig halten könnte«, wie ein Beobachter bemerkte.[16]

Der erste *shifter* ist in diesem Zusammenhang die Sprache in der Anleitung zur Präparation des Kabinettobjektes vom rohen Ausgangsmaterial bis zum ausgestellten Vogel. Réaumurs Schrift über die Konservierung der Vögel, die er unter seinen Sammlern zirkulieren ließ, blieb unveröffentlicht.[17] Doch ein vergleichbares Buch zur Präparation verfaßte

13 Georges-Louis Leclerc de Buffon/Philibert Guéneau de Montbeillard/Gabriel-Léopold-Charles-Aimé Bexon: Histoire naturelle des Oiseaux. Paris 1770-1783.

14 Pierre-Jean-Claude Mauduyt de la Varenne: Ornithologie. In: Encyclopédie méthodique, Histoire naturelle des animaux. Bd. 1. Paris 1782, S. 321-691, S. 434-435.

15 Torlais 1961 (Anm. 11); Dawson 1987 (Anm. 11), Kap. 2.

16 Vgl. Torlais 1961 (Anm. 11), S. 224.

17 Antoine-René Ferchault de Réaumur: 5e Mémoire qui apprend a empailler les oiseaux, a les dresser et adresser ceux qui ont été dessèchés. Institut de France. In: Archives de l'Académie des Sciences, Dossier Réaumur, S. 2. In ihr beschwert er sich bitter über den Zustand der ornithologischen Sammlungen am *Jardin du Roi*.

1758 ein Briefpartner Réaumurs, der adelige Naturforscher Etienne-François Turgot. Turgot legte besonderen Wert auf die Erhaltung der für die Klassifizierung der Vögel ausschlaggebenden Kennzeichen, zählte aber auch die Merkmale auf, die für die Erzeugung eines von den Naturgelehrten als »natürlich« bestimmten Eindrucks verantwortlich waren.[18] Was der Betrachter als »natürlich« ansehen sollte, war aber kein Vogel, sondern vielmehr dessen, für das Kabinett bestimmte Ersatzobjekt. Erst bei der Präparation wurden die vermeintlichen Merkmale des Vogels hergestellt – Merkmale, mit deren Hilfe das naturgeschichtliche Objekt hervorgebracht und zu anderen Zeichen im System und zu einer Außenwelt in Beziehung gesetzt werden konnte. Turgots Buch war also keine naturhistorische Abhandlung über Vögel, sondern ein Text, der zwischen der ungeordneten Realität und der naturhistorischen Klassifikation (wissenschaftliches System) der Objekte einen Übergang schuf.

Solche Texte – und darin unterscheiden sie sich vom Großteil der sonstigen naturhistorischen Literatur – enthüllen die Verbindungen zwischen dem fertigen naturgeschichtlichen Objekt und dem wissenschaftlichen System bzw. der äußeren Welt, die im Objekt verkörpert werden sollte. Entscheidend ist dabei, daß die Anweisungen zur Herstellung der Nachbildungen auf operationale Metaphern des täglichen Lebens zurückgriffen. Ein weiterer Briefpartner von Réaumur, Pierre-Jean-Claude Mauduyt de la Varenne, Arzt an der Pariser Medizinischen Fakultät, empfahl den Praktikern, die Haut von Quadrupeden (Vierfüßler) und Zetazeen (im Wasser lebende Säugetiere) so zu entfernen, »wie man bei einem Aal die Haut abzieht, oder wie man einen Strumpf oder einen Handschuh umstülpt«.[19] Die Äußerung macht deutlich, daß während des Präparationsprozesses selbst das Objekt auf eine Folge von alltäglichen, der häuslichen Erfahrung entnommenen Gesten des Naturforschers reduziert wurde, die die Natürlichkeit des naturhistorischen Objektes gewährleisten sollten. Im künstlichsten Moment seines Daseins, wenn der Vogelbalg sich nicht mehr von alltäglichen Dingen des

18 Etienne-François Turgot: Mémoire instructif sur la manière de rassembler, de préparer, de conserver et d'envoyer les diverses curiosités d'histoire naturelle. Paris 1758, S. 11.

19 Pierre-Jean-Claude Mauduyt de la Varenne: Lettre à l'auteur de ce journal, ou mémoire sur la maniere de se procurer les différentes espèces d'animaux, de les préparer & de les envoyer des pays que parcourent les voyageurs. In: Observations sur la physique, l'histoire naturelle et les arts 2, 1773, S. 473-511, S. 481; siehe auch ders.: Ornithologie. In: Encyclopédie méthodique, Histoire naturelle des animaux. Bd. 1. Paris 1782, S. 321-691, S. 435-442.

Haushalts (Strümpfe, Handschuhe, Aale) unterschied, konnte er seine Natürlichkeit nur durch noch künstlichere Eingriffe wiedergewinnen: durch einen Drahtrahmen, eine mit Aroma- und Giftstoffen getränkte Haar- oder Moosfüllung oder Augen aus Email, die mit Hilfe von Draht in den Schädel eingelassen wurden. Wie andere naturhistorische Schriftsteller in der Mitte des 18. Jahrhunderts war Mauduyt jedoch darum bemüht, die zum Zweck der Zurschaustellung, angewandten Konservierungstechniken unsichtbar zu machen und so miteinander zu verschränken, daß mit der künstlich hergestellten Lebendigkeit der Vögel für den Betrachter der Eindruck der Natur selbst entstand. Doch zugleich war diese Welt (Natur), die das konstruierte Objekt vorführen sollte, so von Unvereinbarkeiten durchsetzt, daß es seitens der Naturgelehrten eines erheblichen Aufwands bedurfte, um ihre widerstreitenden Aspekte miteinander in Einklang zu bringen.

Vom naturhistorischen Objekt zur Beschreibung

Bei seinem Tod hinterließ Réaumur nur einige unvollständige Manuskripte über die Ornithologie.[20] Seine Vogelsammlung wurde gegen Ende seines Lebens von Mathurin-Jacques Brisson, einem seiner zahlreichen Protegés, detailliert beschrieben. Brisson war zunächst Kurator von Réaumurs Muséum gewesen und widmete sich später, nach dem Erscheinen seiner lateinisch-französischen *Ornithologie* im Jahre 1760, der *physique expérimentale*.[21] Viele der in der *Ornithologie* enthaltenen Vogelzeichnungen und -beschreibungen beziehen sich auf Objekte aus Réaumurs Kabinett. Aus Brissons Beschreibungen geht auch hervor, daß Réaumurs Vogelsammlung ein geographisches und soziales Gemisch darstellte, das Sammler und Vögel von unterschiedlichen Herkunftsorten einschloß.

Da Réaumurs Sammlung vom königlich-naturgeschichtlichen Kabinett übernommen wurde, kurz bevor Buffon am ersten Band der *Histoire naturelle des Oiseaux* zu arbeiten begann, ist anzunehmen, daß Buffons und Brissons Beschreibungen sich in vielen Fällen auf dieselben naturhistorischen Objekte beziehen. Und doch war der von Buffon beschriebene »Vogel« nicht derselbe wie der von Brisson. Vergleicht man etwa die

20 Vollständige Angaben in Jean Torlais: Inventaire de la correspondance et des papiers de Réaumur conservés aux Archives de l'Académie des Sciences de Paris. In: Grassé 1962 (Anm. 11), S. 13-24, S. 14-15.

21 Torlais 1961 (Anm. 11), S. 343-345.

Beschreibungen einer Einzelgattung wie die der Kolibris in den beiden Werken, treten deutlich die unterschiedlichen stilistischen Mittel der Autoren hervor: Brisson suchte den wissenschaftlichen Status seines Textes mit Hilfe des Lateinischen und eines Numerierungssystems zur Unterscheidung der Gattungen sowie der Festlegung des Charakters einzig und allein aufgrund äußerlicher Körpermerkmale zu erreichen.[22] Buffons Naturgeschichte folgte auch einer genauen Ordnung, ging aber über das deskriptive Grundgerüst von Brissons System weit hinaus. Bei Buffon waren Kolibris winzige »Lieblinge der Natur«, Miniaturen, die zeigten, wie weit die Handwerkskunst der Natur der des Menschen überlegen war.[23] Er benannte sie etwa nach Edelsteinen wie »Amethyst«, »Saphir« oder »Karfunkel«. Durch seine Beschreibungen wurden die Hervorbringungen der Natur in eine Welt gehobener Neugier und galanten Zierats versetzt. Während Brissons Text mittels einer sparsamen Ästhetik wissenschaftlich wirken sollte, bettete Buffon seine Bemühungen um Exaktheit bei Körpermaßen und -merkmalen in einen Erzählkontext ein, bei dem es um Luxus, Seltenheit und eine der grenzenlosen Schöpferkraft der Natur entsprungene Kostbarkeit ging. Die Spezies, also die Herkunft eines naturgeschichtlichen Objekts, vermochte ihre eigene Interpretation genausowenig im vorhinein festzulegen wie etwa ein Text. Interpretation wurde erst durch Re-Präsentationen in anderen technischen, verbalen und visuellen Formen möglich. In ihnen konnten jene Züge betont werden, die die Wesensmerkmale der Spezies als einer realen und natürlichen Entität hervortreten ließen. Tatsächlich war die Verschiebung vom naturgeschichtlichen Objekt zu seiner Beschreibung ein Verfahren, in dem die Aufmerksamkeit des Betrachters allein auf diese aus der Vielfalt möglicher Betrachtungsweisen des Objekts ausgesuchten Züge gerichtet wurde.[24]

Die Beschreibungen oder sprachlichen Fassungen geben nicht nur über das naturhistorische Objekt, sondern auch über die Taxonomie und das in sich kohärente System der Naturgeschichte selbst Aufschluß. Bei der Lektüre der *Ornithologie* kam man nicht umhin, Brissons neue orni-

22 Mathurin-Jacques Brisson: Ornithologie ou méthode contenant la division des oiseaux en ordres, sections, genres, especes et leurs variétés. A laquelle on a joint une description exacte de chaque espèce, avec les citations des auteurs qui en ont traité, les noms qu'ils leur ont donnés, ceux qui leur ont donnés les différentes nations, & les noms vulgaires. Bd. 3. Paris 1760, S. 695-734.

23 Buffon/Guéneau de Montbeillard/Bexon 1770-1783 (Anm. 13). Bd. 6 (1779), S. 1-12.

24 Siehe Barthes 1985 (Anm. 4), S. 27-29.

thologische Klassifikation zu verwenden. Wollte man die Beschreibung einer bestimmten Spezies nachschlagen, mußte man sie zunächst mit ihren Buchstaben- oder Zahlen-Symbolen auf den letzten Seiten eines jeden Bandes suchen und von dort dem Verweis auf eine Tafel folgen, in der die (von Brisson) aufgestellte Ordnung der Gattungen im Überblick dargestellt war, bevor man schließlich zur Beschreibung in einem der sechs voluminösen Bände gelangte. Fouchy, ständiger Sekretär der *Académie Royale des Sciences*, bemerkte 1759 über Brissons Arbeit: »Jede Beschreibung ist in gewisser Weise eigenständig und vom Rest unabhängig [...] Diese Einheitlichkeit bringt den wirklichen Vorteil mit sich, daß man sehr leicht eine Spezies mit der anderen vergleichen und auf einen Blick erkennen kann, worin sie sich unterscheiden.«[25] Der Text der Beschreibung erschien nicht als ein Fließtext, sondern strukturierte sich in einzelne leicht zu überblickende Abschnitte. Die Beschreibungen oder sprachlichen Repräsentationen des Vogels funktionierten also wie die materiellen Objekte selbst als voneinander unterscheidbare Einheiten. Naturhistorische Abhandlungen wie die von Brisson stellten nicht nur Diskurse *über* die Sammlung dar, sondern sie bildeten auch eine Ebene der Sammlung selbst. Selbst dort, wo angeblich dieselbe Art bezeichnet wurde, bezogen sich die Beschreibungen nicht auf dieselbe Welt und/ oder dasselbe System. Aber wie der *shifter* zwischen totem Vogel und Spezimen schuf die zwischen Spezimen und Beschreibung vermittelnde Sprache eine Übereinstimmung zwischen Brissons und Buffons Kolibris. Diese Sprache, die wiederum ihren sozialen Ursprung zu erkennen gab, findet sich in den Versuchen, über die Aneignung verschiedener Nomenklaturen einen Einzelnamen zu formen, der eine einzelne Spezies repräsentieren sollte. Die typischerweise am Ende oder Anfang einer Beschreibung angeführte Liste von Synonymen[26] diente dazu, die im Text formulierte Spezies in das System und in die soziale Welt (»Miniaturen« und »Amethyst«) einzubinden. Der Leser, der die natürliche Identität des Kolibris zu erfassen suchte, wurde somit auf Autoren und Texte verwiesen, nicht auf Natur.[27]

25 Jean-Paul Grandjean de Fouchy: Ornithologie. In: Histoire et mémoires de l'Académie Royale des Sciences 1759. Histoire. Paris 1765, S. 59.

26 Eine Liste von verschiedenen Namen/Benennungen für den an dieser Stelle des Textes beschriebenen Vogel.

27 Siehe Michael Lynch: Genetic information, material practices, and communicative action: notes on the production of PCR (im Druck). Ich danke Michael Lynch für die Überlassung seines Manuskriptes. Siehe auch Latour/Woolgar 1986 (Anm. 3), Kap. 3, 6.

Die Bilder oder Illustrationen waren keinesfalls transparente Repräsentationen der Natur oder der naturhistorischen Objekte. In ihnen kamen spezielle visuelle Konventionen zum Ausdruck, die den Leser/Betrachter in soziale und natürliche Welten einbezogen, die ihrerseits nach verschiedenen Regeln funktionierten. Außer den ursprünglich von Réaumur stammenden Objekten teilten Buffons und Brissons Ornithologien noch eine weitere Gemeinsamkeit: den Künstler und Graveur ihrer Werke, François-Nicolas Martinet. Eine genauere Untersuchung der Illustrationen zeigt jedoch, wie unterschiedlich Martinets Arbeit von den beiden Naturhistorikern benutzt wurde. Brissons Strategie war es, alle Spuren, die auf ihn verwiesen, ja selbst seine Signatur auf den Illustrationen, zu verwischen. Seine Darstellungsweise bewegte sich in einer Welt der Naturgeschichte, in der wissenschaftliche Expertise nur durch den Naturalisten und andere Beobachter erstellt wurde, nicht aber durch den Künstler. Indem Brisson versuchte, die Künstlichkeit der Illustration zu eliminieren, garantierte er das Funktionieren der Illustrationen als Representation der Natur. Die einzigen Individuen, die der korrekten Beobachtung für fähig gehalten wurden, waren Brisson selbst und eine Handvoll anderer glaubwürdiger Naturforscher: Zwei Sternchen im Text zum Bild zeigten an, daß Brisson das Spezimen selbst in Augenschein genommen hatte; ein Sternchen bedeutete, daß er zumindest ein Stück des Vogels gesehen hatte; alles übrige leitete sich aus anderen Quellen her. Wo die Zeichnungen von Martinet nicht »nach der Natur« angefertigt worden waren, beruhten sie auf Zeichnungen eines anderen Naturforschers, dessen Sachkenntnis eigens von Brisson unterstrichen wurde.[28] Diese Sternchen stellten eine halb bildliche, halb textliche Sprache dar, die die Beschreibungs-Objekte mit den Bild-Objekten zusammenführte, während sie zugleich eine Verteilung der wissenschaftlichen Kräfte vornahm.

Erheblich aufwendiger gestaltete sich die Herstellung der Bildtafeln für die *Histoire naturelle des Oiseaux*.[29] Anders als Brisson forderte Buffon für die Naturgeschichte der Vögel besondere Techniken der visuellen Darstellung. Sprache allein bildete kein vollständiges Gegenstück zu den Ausdrucksweisen des visuellen Codes. Beschreibungen der zahlreichen Arten und Varietäten von Vögeln

28 Brisson 1760 (Anm. 22), Bd. 1, S. XIX.

29 Noël Mayaud: Les éditions originales de l'Histoire naturelle des Oiseaux de Buffon. In: Alauda 11, 1939, S. 18-32.

»würden eine Unzahl von Wörtern voraussetzen und sehr umständliche Ausdrücke, um die Farben bei den Vögeln zu beschreiben. Es gibt noch nicht einmal Begriffe, in keiner Sprache, um ihre Nuancen und Tönungen, ihre Mischungen und ihren schimmernden Glanz auszudrücken; aber gleichwohl sind die Farben hier wesentliche Merkmale und oftmals die einzigen, anhand deren man einen Vogel erkennen und ihn von anderen unterscheiden kann.«[30]

Die visuelle Umschreibung war für Buffon also wesentlich wichtiger als für Brisson, ja das Bild und seine Darstellungsweise lieferten eine Beschreibung, die Sprache gar nicht leisten konnte. Anders als bei Brisson setzte Martinet bei Buffon seine Signatur auf die kolorierten Kupfertafeln der beiden Folio-Ausgaben der *Histoire naturelle des Oiseaux*. Nicht nur war es für Buffon keine Frage, auf die künstlerische Darstellung der Illustrationen hinzuweisen – er betonte sogar die Vielfalt der Künstler-Experten[31] und gab an, daß »mehr als achtzig Künstler und Handwerker fünf Jahre lang ständig mit dem Werk beschäftigt waren«.[32] Das war ein für die Zeit nicht unübliches Verfahren. Illustratoren naturgeschichtlicher Werke wurden ausgetauscht, da die Künstler in ihren Arbeiten genau festgelegten Darstellungskonventionen folgten: Exotische Vögel bildete man vor dem Hintergrund einer stilisierten Landschaft ab, wenn möglich mit Baumzweigen und Moos.[33]

30 Buffon/Guéneau de Montbeillard/Bexon 1770-1783 (Anm. 13), Bd. 1, S. VI.

31 In einem Brief vom November 1776 drängte Buffon Guéneau de Montbeillard zur Eile bei den Beschreibungen: »ich erhalte ständig Beschwerden von Leuten, die sich darüber ärgern, daß sie zwei oder dreimal jährlich kolorierte Tafeln erhalten, aber nichts zu lesen dazu«. Siehe Buffon: Correspondance générale, recueillie et annotée par H. Nadault de Buffon. Bd. 1. Geneva 1971, S. 326-327. Die Tafeln wurden den Subskribenten ab 1765 geliefert. Auch Brisson gab einen Atlas mit Farbtafeln zu seinem Werk in Auftrag, der aber nur noch in sehr wenigen Ausgaben erhalten ist. Siehe René Ronsil: Bibliographie ornithologique française. Bd. 1. Paris 1948.

32 Buffon/Guéneau de Montbeillard/Bexon 1770-1783 (Anm. 13), Bd. 1, S. VII.

33 Es war üblich, daß Illustratoren zuvor erschienene Drucke ohne große Veränderungen in eigene Werke übernahmen. Siehe Christine E. Jackson: Bird etchings: the illustrators and their books, 1655-1855. Ithaca, New York 1985, Kap. 1. Über die Erzeugung von Arten in botanischen Illustrationen siehe Maurizio Nieto: Presentación gráfica, desplazamiento y aprobación de la naturaleza en las expediciones botánicas del siglo XVIII. In: Asclepio 47, 1995, S. 91-107. Neben den hier beschriebenen Kriterien wiesen Buffons und Brissons Werke eine weitere gemeinsame Konvention auf, nämlich die Abbildung der Vignetten und Titelseiten, die von den Bildtafeln getrennt plaziert wurden, um ihre unterschiedliche Stellung zu

Beide Autoren waren darum bemüht, eine Übersetzungsmöglichkeit zwischen dem materiellen, naturhistorischen Objekt und dem abgebildeten Vogel zu schaffen; wo das Objekt nicht in Originalgröße dargestellt werden konnte, wurde ein Maßstab gegeben. In beiden Fällen handelte es sich zwar um ein und dieselbe Spezies, die jedoch unterschiedlich hergestellt wurde. Für Brisson spielte der Vogel als Ganzes keine Rolle bei Beschreibung und Klassifikation, er konnte sich auf isolierte Körperteile beziehen, um die Merkmale der Spezies herauszuarbeiten. Für Buffon dagegen bestand das Hauptziel der Naturgeschichte darin, eine Geschichte der Lebewesen, des lebendigen Tieres, zu schreiben. Die kolorierten Tafeln seiner Naturgeschichte der Vögel sollten einen lebendigen Augenblick konservieren, wobei der einzelne Vogel für das Leben der ganzen Spezies stand.[34] Er evozierte damit eine kognitive Beziehung zwischen Wort und Bild, um seine Strategie für die Repräsentation der Vogelspezimina zu legitimieren. Denn diese verfolgte das Ziel, eine »für die Augen vollkommenere und angenehmere Beschreibung zu liefern, als dies mit dem Text allein möglich wäre [...] In Wahrheit sind die Tafeln für dieses Werk hergestellt und das Werk für die Tafeln«.[35] Doch wurde an seiner *Histoire naturelle des Oiseaux* immer wieder kritisiert, daß sie auf die »richtigen« wissenschaftlichen Weisen der Beobachtung verzichtete.[36]

Wie gelangt man zum Wissen?

Bereits 1740 denunzierte Réaumur Buffon gegenüber Abbé Bignon, dem damals einflußreichsten Gelehrtenpatron. Bis zu seinem Tod wiederholte Réaumur unablässig, daß Buffons Naturgeschichte auf »Ansichten des Geistes« und nicht der Natur beruhe. Schließlich lancierte er 1756 durch

verdeutlichen. Hier erschienen die Vögel in einem ornamentalen Rahmen. Solche Bilder waren auch *shifters*, indem sie den Leser von der visuellen Sprache der Welt des erlesenen Geschmacks in die des wissenschaftlichen Systems einführten. Siehe Barthes 1989 (Anm. 4).

34 Nicolas Thomas: Colonialism's culture: anthropology, travel and government. Cambridge 1994, S. 81-83.

35 Buffon/Guéneau de Montbeillard/Bexon 1770-1783 (Anm. 13), Bd.1, S. IX-X.

36 Eine besonders verbreitete Kritik war, daß Buffon für die *Histoire naturelle des Oiseaux* auf die anatomischen Zeichnungen von Louis-Jean-Marie Daubenton, der mit ihm die zuvor erschienene *Histoire naturelle des Animaux* verfaßte, verzichtet hatte. Siehe Wolf Lepenies: Das Ende der Naturgeschichte. Wandel kultureller Selbstverständlichkeiten in den Wissenschaften des 18. und 19. Jahrhunderts. München 1976, S. 156-160.

einen seiner Protegés die Frage, ob Buffon und sein Koautor Daubenton überhaupt jemals »selbst Beobachtungen angestellt hätten«. Die Beziehung zwischen Sprache, Wirklichkeit und Bild wurde nun im Rahmen einer Debatte über die Art und Weise der wissenschaftlichen Beobachtung geführt. Aber nicht Buffon, sondern Denis Diderot war es, der das Problem aufnahm und weiter diskutierte.

Bereits zuvor hatten sich Diderot und Réaumur über einen neuartigen chirurgischen Eingriff zerstritten. Es handelte sich dabei um eine Operation, mit der einem blind geborenen Mädchen das Sehen ermöglicht wurde. Diderots Angriffe auf Réaumur, der ihm im Verlauf der Behandlung verweigert hatte, dem entscheidenden Moment, als das Mädchen zum ersten Mal sehen konnte, beizuwohnen, wurden 1749 in dem berühmt gewordenen *Lettre sur les Aveugles* veröffentlicht, einem Text, der ein Plädoyer für eine sensualistische Erkenntnistheorie mit einer Kritik an der Geheimhaltung von Experimenten verband.[37] Dieser Text brachte Diderot für vier Monate ins Gefängnis, wo er sich ausführlich mit den ersten drei Bänden von Buffons *Histoire naturelle* beschäftigte.

In den folgenden Jahren attackierte Diderot Réaumurs naturgeschichtliches Anliegen immer wieder. Réaumur widmete sich dem Minutiösen, dem Kleinen in der Natur, in dem festen Glauben, daß darin die Tüchtigkeit der Tiere und die dahinterliegende göttliche Gestaltungskraft zu finden seien. Doch Diderot äußerte sich voller Spott über die große Aufmerksamkeit, die Réaumur so unbedeutenden Lebewesen wie Insekten widmete. In seinen *Pensées sur l'interprétation de la nature* von 1754 schrieb er über diese »Hilfsarbeiter der Erfahrung« [*manœuvriers d'expérience*]: »Was wird die Nachwelt von uns denken, wenn wir ihr lediglich eine unvollständige Insektologie hinterlassen, eine gewaltige Geschichte mikroskopischer Tierchen und sonst nichts? Großen Genies gebühren große Gegenstände; kleinen Genies kleine.«[38] Im Artikel »Naturgeschichte« der *Encyclopédie* galt sein Anliegen der Irreduzibilität der realen Natur auf Wörter und Taxonomien: »Gewiß kann man in den Kabinetten der Naturgeschichte die ersten Begriffe dieser Wissenschaft erwerben, niemals jedoch wird man dort vollständige Kenntnis gewinnen, denn die lebendige und tätige Natur gibt es da nicht zu sehen ...«[39] Das Kabinett und seine Objekte stellten also nur ein Element in einer

37 Torlais 1961 (Anm. 11), S. 213-214, 239-252.

38 Torlais 1961 (Anm. 11), S. 253.

39 Denis Diderot/Jean le Rond D'Alembert: Encyclopédie ou Dictionnaire raisonnée des sciences, des arts et des métiers, par une société de gens de lettres. Bd. 8. Paris 1765, S. 229.

Wissensspirale dar, die sich aus Texten, Sammlungen und »wirklicher« Natur aufbaute. Ein Verweis zwischen den im Kabinett konservierten Objekten und den Abbildungen der Natur war aber nur auf der Ebene des »beobachtenden Blicks« möglich.[40]

Wenn aber dem Blick eine solche Bedeutung beigemessen wurde, dann mußten Differenzen über den erkenntnistheoretischen Status des Sehens eine entscheidende Rolle für die Legitimierung von *shifters* in der Naturgeschichtsschreibung, für die Rechtfertigung des Hin- und Herwechselns zwischen verschiedenen Repräsentationsweisen spielen.[41] Réaumur und sein Genfer Experimentalzirkel schrieben der Beobachtung eine überragende Rolle zu.[42] Auch Buffon bekräftigte deren Wichtigkeit, doch zog er völlig andere Schlüsse: In einem Gedankenexperiment erfand er einen Menschen, der zum ersten Mal eine Welt von »glänzenden Objekten« [*objets brillants*] erblickte. Wenn dieser erste Mensch nur die Augen schloß und wieder öffnete, konnte er abwechselnd die sichtbare Welt verschwinden und wieder erscheinen lassen. Die Schönheit der natürlichen Welt gewährte dabei einen »Überfluß von Eindrücken«; der Beobachter selbst würde sich als riesig wahrnehmen, die anderen Gegenstände erschienen ihm klein und mit dem bloßen Auge in Besitz zu nehmen. Furcht und Freude zugleich würden diese Wahrnehmungen auslösen.[43] Doch war diese tyrannische Verfügung über die Gegenstände durch das Auge ein Irrtum, einzig korrigierbar durch den Gebrauch des Tastsinns, der dem Beobachter seine unumschränkte Macht nahm und die Proportionen wiederherstellte.

In seinen Aufzeichnungen für die *Eléments de physiologie* ordnete Diderot Wörter und Zeichen dem Gedächtnis zu, Bilder jedoch der Vorstellungskraft. Im Hin- und Her zwischen Text, Bild und Spezimen

40 Foucault 1966 (Anm. 3).

41 Siehe hierzu auch Michael J. Morgan: Molyneux's question: vision, touch and the philosophy of perception. Cambridge 1977; Adrian D. S. Johns: Dolly's wax: the historical physiology of interpretation in early modern England. In: James Raven/Helen Small/Naomi Tadmor (Hg.): The practice and representation of reading in England. Cambridge 1996, S. 138-161; Anke te Heesen: Der Weltkasten. Die Geschichte einer Bildenzyklopädie aus dem 18. Jahrhundert. Göttingen 1997.

42 Dawson 1987 (Anm. 11), S. 91.

43 Georges-Louis Leclerc de Buffon: Histoire naturelle de l'homme. In: ders./Louis-Jean-Marie Daubenton: Histoire naturelle, générale et particulière, avec la description du cabinet du roy. Bd. 1. Paris 1749, Kap. 8. Vgl. dazu die tyrannische Verfügung des Sammlers über die Dinge in Jean Baudrillard: The system of collecting. In: John Elsner/Roger Cardinal (Hg.): The cultures of collecting. London 1994, S. 7-24; ders.: Le système des objets, Paris 1968.

vollzog sich Diderot zufolge zwischen Gedächtnis und Vorstellungskraft eine kognitive Verschiebung. Jede Wahrnehmung war zusammengesetzt, denn jedes Ding wurde im Verstand durch die Vorstellungskraft als eine Aufeinanderfolge von Feldern konstruiert. Das Objekt konnte nicht von vornherein als Ganzes betrachtet werden, sondern erst die Addition der verschiedenen Eindrücke ließ im Verstand eine Vorstellung entstehen. Diesem zusammengesetzten Eindruck wurde ein einzelner Name verliehen, der die Vielfältigkeit seiner Existenz auf der sensorischen Ebene verdeckte.[44] An diesem Punkt kam Diderot auf die Fehler der Réaumurschen Naturgeschichte zurück: »Wer mikroskopische Augen hat, wird auch eine mikroskopische Einbildungskraft haben. Selbst wenn er sehr präzise Vorstellungen von allen einzelnen Teilen hat, könnte er gleichwohl vom Ganzen sehr verschwommene haben.«[45]

Diderots Kritik an Réaumurs naturhistorischem Stil ging über die Behauptung hinaus, daß er die Aufmerksamkeit auf das Ephemere und Oberflächliche in der Natur lenke. Die Natur der Erkenntnis selbst stand auf dem Spiel. Konnte »Wissen« tatsächlich aus kleinteiligem, mühseligem Beobachten und Experimentieren hervorgehen? Oder war es die Fähigkeit, das Ganze zu erfassen, ein Vermögen, das die Übung der Vorstellungskraft verlangte? Wie Lepenies gezeigt hat, zielten viele der gegen Buffon gerichteten Angriffe genau auf die Rolle der Vorstellungskraft in seinen naturhistorischen Schriften.[46] Doch für Diderot verfehlte eine solche Kritik ihr Ziel. Es war vielmehr Réaumurs Naturgeschichte, der die Vorstellungskraft und damit das *Verständnis* ihres Gegenstandes – der Natur – fehlte.

Vögel in der galanten Gesellschaft

Nach Diderot waren »Menschen ohne Einbildungskraft hart [und] seelenblind«.[47] Daß Vögel für Diderot auf besonders eindringliche Weise Sensibilität verkörperten, wurde in seinen *Salons* deutlich. Darüber hinaus standen Vögel für Diderot und seine Zeitgenossen auch für die Beziehung zwischen Männlichkeit und Weiblichkeit. Die geschlechtsspezifischen Zuordnungen in der Praxis der Naturgeschichte können als Beispiel dafür dienen, wie die Bedeutung des naturhistorischen Zeichens (die durch die Naturforscher hergestellte Spezies) ein Ergebnis seiner

44 Denis Diderot: Eléments de physiologie. Paris 1964, S. 226-227.
45 Ebd., S. 251.
46 Lepenies 1976 (Anm. 37), S. 151-160.
47 Diderot 1964 (Anm. 44), S. 255.

Nutzung darstellt. Naturhistorische Zeichen fungierten als mobile Elemente in einer Ökonomie oder einem Netz, das die Naturforscher eng mit der schöngeistigen und galanten Kultur des 18. Jahrhunderts verwob.

Das Erscheinen der *Histoire naturelle des Oiseaux* fiel zeitlich zusammen mit einem wichtigen Ereignis in Buffons Gefühlsleben. Als er die Arbeit an der *Histoire naturelle des Oiseaux* aufnahm, litt seine Frau bereits an einer unheilbaren Krankheit. Nach ihrem Tod am 9. März 1769 beschrieb Buffon das Studium der Vögel zugleich als Rückzugsmöglichkeit und schöngeistige Unterhaltung:

> »Während zweier langer Jahre gab es keinen unglücklicheren Menschen als mich: einzig das Studieren bot mir einen Ausweg, und da mein Herz und mein Verstand viel zu krank waren, um mich an Schwieriges zu wagen, habe ich mir die Zeit mit dem Liebkosen der Vögel vertrieben; ich gedenke in diesem Winter den ersten Band ihrer Geschichte in Druck zu geben.«[48]

Die Schriften der Naturhistoriker über Vogelsammlungen und das Experimentieren mit Vögeln sind von einer Paradoxie bezüglich der Geschlechter durchzogen: Lebende Vögel wurden mit dem Weiblichen assoziiert und konnten Weiblichkeit sogar symbolisieren. Wie Leppert für Gemälde aus dem England des 18. Jahrhunderts nachweisen konnte, bestand eine Beziehung zwischen den Darstellungen von in Käfigen gehaltenen Vögeln und den eingeschränkten Bewegungsspielräumen der Frauen, die an das Haus und damit den Haushalt gebunden waren.[49] Tote Vögel hingegen waren Gegenstände männlichen Interesses; ihnen wurde mittels experimentell entwickelter Prozeduren ein zweites Leben als ausgestopftem Objekt verliehen. In der Nachbildung der Vogelhaftigkeit wurden sie wieder zum Leben erweckt.[50] Die meisten der in Brissons *Ornithologie* aufgeführten Sammler, die Specimina für Réaumurs Sammlung gestiftet hatten, waren männlichen Geschlechts. Im Gegensatz dazu war die Vogelhaltung im späten 18. Jahrhundert vorwiegend eine weibliche Beschäftigung. Frauen besaßen Papageien und Kanarienvögel und

48 Buffon 1971 (Anm. 31), S. 185.

49 Richard Leppert: Music and image: domesticity, ideology and socio-cultural formation in eighteenth-century England. Cambridge 1993, S. 183-198.

50 Siehe den Beitrag von Cristina Grasseni in diesem Band; auch Cristina Grasseni: Taxidermy as rhetoric of self-making: Charles Waterton (1782-1865), wandering naturalist. In: Studies in history and philosophy of biological and biomedical sciences 29, 1998, S. 269-294.

hielten Ziergeflügel. Tatsächlich war der Geflügelhof das weibliche Gegenstück zum naturhistorischen Kabinett; hier konnten die Damen der feinen Gesellschaft ihre Zeit damit zubringen, die Tüchtigkeit, den Fleiß und die Sitten ihrer gefiederten Schützlinge zu bestaunen.[51] Sowohl Buffon als auch Réaumur setzten sich über diese geschlechtstypischen Abgrenzungen hinweg und besetzten auch die weibliche Domäne der Beschäftigung mit lebenden Vögeln. Réaumur hielt bei seinem Haus einen Geflügelhof, nutzte ihn allerdings für Experimente. Buffon richtete auf seinem Château in Montbard eine Menagerie und ein Vogelhaus ein, um die Sitten der Tiere zu beobachten und ebenfalls Versuche durchzuführen; sie galten den Grenzen der Anpassungsfähigkeit der Vögel, was Futter und Aufzucht betraf. Nach der Eheschließung im Jahre 1752 kümmerte sich dann Madame de Buffon um das Vogelhaus.[52]

Das Vordringen der Naturgelehrten auf weibliches Terrain wurde durch Texte unterstützt, die sich zwar an Frauen richteten, ihnen aber zugleich einen unmißverständlichen Platz zuwiesen. In seiner *Art de faire eclorre*, einem ökonomischen Traktat über das Ausbrüten von Eiern, ging es Réaumur vor allem darum, Frauen in der Stadt das künstliche Bebrüten als alltägliche Tätigkeit nahezubringen.[53] Ungenutzte Kaminecken sollten als Brutkasten eingerichtet werden, und die Fußwärmer der Damen konnten zu nützlicheren Zwecken umgerüstet werden. Selbst Schoßhunde, die sich nicht mehr von der Stelle rühren konnten, weil sie zu fett geworden waren, konnten sich beim Bebrüten von Vogeleiern als nützlich erweisen. Réaumur selbst ging mit gutem Beispiel voran, indem er in seinem Haus ein kleines Badezimmer in eine Hühnerzuchtstation verwan-

51 Siehe z. B. Pierre-Joseph Buc'hoz: Traité économique et physique des oiseaux de basse-cour. Paris 1775; ders.: Amusemens des dames dans les oiseaux de volière, ou traité des oiseaux qui peuvent servir d'amusement au beau sexe. 2. Aufl. Paris 1785; Marguérite Daubenton: Zélie dans le désert. Genève 1793. Annik Pardailhé-Galabrun weist nach, daß im 18. Jahrhundert beim Tod eines Sammlers Vogeleier als Hinterlassenschaft aufgeführt wurden; auch hielt man in den Pariser Vorstädten Hühner. Siehe dies.: The birth of intimacy: privacy and domestic life in early modern Paris. Cambridge 1991, S. 89-163. Es gibt Hinweise darauf, daß noch zu Beginn des 18. Jahrhunderts die galanten Vogelzüchter eher männlichen Geschlechts waren; siehe J.-C. Hervieux de Chanteloup: Nouveau traité des serins de Canarie. 2. Aufl. Paris 1713.

52 Jacques Roger: Buffon: a life in natural history. Ithaca, New York 1997 (1989), S. 210-211.

53 Antoine-René Ferchault de Réaumur: Art de faire éclorre et d'élever en toute saison des oiseaux domestiques de toutes especes, soit par le moyen de la chaleur du fumier, soit par le moyen de celle du feu ordinaire. Paris 1749, Bd. 1, S. 12.

delte. Im häuslich organisierten Umgang mit den Objekten der Naturgeschichte war die gegenseitige Durchdringung von wissenschaftlichem, gehobenem und schöngeistigem Lebensstil nahezu vollständig. Bei Réaumurs Umbau der häuslichen Ökonomie zu einer Experimentierstätte wurden allerdings die Tätigkeitsbereiche (Planung und Arbeit) nach Geschlechtern aufgeteilt. Das autonome Experimentieren, wie Réaumur selbst es unternahm, war Männern vorbehalten. Die Damen konnten jedoch, ebenso wie Männer von niedrigerem sozialen Status, bei den Experimenten behilflich sein, indem sie vorliegende Resultate reproduzierten oder die Ausführung eines bereits konzipierten Versuchs überwachten. Seine eigenen Experimente hatte Réaumur von seinem Gärtner und von Nonnen aus der *communauté de l'Enfant Jésus* ausführen lassen.

Was an dieser geschlechtshierarchischen Aufgabenverteilung des Experimentiervorganges bedeutsam war, paßte zur Auffassung, die Réaumur von den Kräften der Natur vertrat. In einer ausführlichen Abhandlung zeigte er, wie die Aufgabe der Mutterhenne beim Brüten und bei der Aufzucht der Kücken besser erfüllt werden konnte: durch den Einsatz dressierter Kapaune und sogar durch mechanische Hilfsmittel, was in diesem Fall ein lammfellüberzogener Deckel war, der sich über dem Laufstall der Kücken drehte. Solche Ersatzobjekte rechtfertigte er mit der Behauptung, die Zuwendung der Mutter zu ihren Jungen sei ein den Tieren von der Vorsehung verliehener Instinkt zur Erhaltung ihrer Art. Jedoch gelinge es der Natur zuweilen nicht ganz, die göttlichen Anweisungen bis ins allerletzte auszuführen.

> »Um einzusehen, um wieviel besser es für [die Kücken] ist, von der wirklichen Mutter getrennt zu sein, braucht man sich nur daran zu erinnern, wie oft es dieser passiert, daß sie einige von ihnen sterben läßt, ob aus Ungeschick oder aus Unaufmerksamkeit – und das obwohl sie ihren Kleinen durchaus sehr zugeneigt ist: aber die Zufriedenheit darüber, daß sie da sind, läßt sie nicht umsichtiger werden, im Gegenteil, es scheint sie ganz blind zu machen«.[54]

Wo Frauen und Natur schlecht zusammenpaßten, konnte das unter der Führung des männlichen Experimentators überwunden werden, und ein rationaler (männlicher) Mechanismus ersetzte nicht nur die natürlichen Fähigkeiten von Frauen und Hennen, sondern übertraf diese sogar noch. So stand die Natur zu Gott im selben Verhältnis wie die Frauen und »nie-

54 Ebd., Bd. 2, S. 34.

deren Stände« zu Réaumur: Letzterer schuf, erstere führten aus. Obwohl nach außen hin eine Schrift über die ökonomischen und nährkundlichen Vorzüge von Eiern, war die *Art de faire eclorre* somit eine Abhandlung über die Macht der Natur und den Platz des Weiblichen in der natürlichen Ordnung.[55]

Aber der Vogel wurde auch als Metapher in den *histoires galantes* verwendet, einem Typus erotischer Erzählungen, der in der gehobenen Gesellschaft Mitte des 18. Jahrhunderts bekannt war. Réaumur verwendete das Stilmittel dieser Erzählform in seinen Erörterungen artenübergreifender geschlechtlicher Beziehungen von Vögeln, vor allem in dem spektakulären Fall, in dem sich eine Henne auf ein männliches Kaninchen eingelassen hatte.[56] Angesichts dessen schien manchen Lesern Buffons Darstellung der Vögel durchaus vereinbar mit dem Genre der *histoire galantes*. Doch gleich zu Beginn des ersten Bandes der *Histoire naturelle des Oiseaux* beschrieb er kritisch, wie die hitzige Natur der Vögel sie dazu brachte, sich bereitwilligst mit Nachbararten zu kreuzen, woraus »fruchtbare Mischlinge, nicht sterile Bastarde« hervorgingen. Damit bezog er sich auf die schon von Réaumur beschriebenen verlockenden Affären auf dem Bauernhof. Die ungezügelten Kreuzungen brachten »neue Zwischenarten« hervor, die die Aufgabe des Naturgelehrten komplizierter machten. Die erstaunliche Fruchtbarkeit der Hausvögel, die Réaumur noch als Kunstgriff der Vorsehung erklärt hatte, erhielt bei Buffon eine ethische Dimension. Vor allzu großem Entzücken angesichts im Haus gehaltener Vögel solle man sich hüten, warnte Buffon seine Leser, denn »bei ihnen finden sich die ersten Zeichen von Luxus und die Übel der Üppigkeit, *Trägheit und Sittenlosigkeit*«.[57] Dem stellte er die reine Keuschheit der in freier Natur lebenden Vogelfamilien gegenüber:

55 Siehe Harriet Ritvo: The animal estate: the English and other animals in the Victorian age. Cambridge, Massachusetts 1987.

56 Réaumur 1749 (Anm. 53), Bd. 2, S. 350-351. Nach Müller spiegelt Réaumurs Text dessen Lektüre von Maupertuis' *Vénus physique* (1746) wider. Siehe Gerhard H. Müller: Distinguer les uns des autres. Le concept de l'espèce chez Réaumur: pragmatisme et utilité. In: Scott Atran (Hg.): Histoire du concept d'espèce dans les sciences de la vie. Paris 1985, S. 61-77, S. 73; siehe auch Mary Terrall: Salon, academy and boudoir: generation and desire in Maupertuis' science of life. In: Isis 87, 1996, S. 217-229; Jean Rostand: Réaumur embryologiste et généticien. In: Grassé 1962 (Anm. 11); Roland Mortier: Note sur un passage du Rêve de D'Alembert: Réaumur et le problème de l'hybridisation. In: Grassé 1962 (Anm. 11); Elizabeth B. Gasking: Investigations into generation 1651-1828. London 1967, Kap. 6.

57 Buffon/Guéneau de Montbeillard/Bexon 1770-1783 (Anm. 13), Bd. 1, S. 53.

»Die Vögel führen uns daher alles vor Augen, was in einem ehrenwerten Haushalt geschieht; Liebe und sich anschließende Zuneigung, die sich ungeteilt auf den Familienkreis erstreckt und darin verbleibt. Wie man leicht einsieht, ist das alles der Notwendigkeit geschuldet, sich gemeinsam um Aufzucht und Pflege und die sonstigen Erfordernisse zu kümmern; und sieht man nicht ebenso, daß diese Notwendigkeit bei uns nur den zweiten Stand betrifft, die Männer des ersten Standes hingegen sich diesen Erfordernissen entziehen können, weswegen sich in den gehobenen Kreisen zwangsläufig Gleichgültigkeit und Untreue ausgebreitet haben?«[58]

Im Zentrum der natürlichen Beziehungen standen für Buffon Arbeitsamkeit und Freiheit. Sie garantierten die richtige moralische Begründung der Ehe und des häuslichen Lebens. Trägheit, Krankheit und Ehebruch waren das Los derer – seien es Vögel oder französische Adlige – die im Luxus lebten. Die Errichtung von moralischen und naturgeschichtlichen Kategorien diente normativen Zwecken, schuf dadurch aber zugleich Zwischenwesen mit subversiver Bedeutung.[59] Buffon beharrte darauf, daß jede Vogelsammlung von jeder Spezies auch die Weibchen enthalten sollte.[60] Er faßte die Weibchen als gesonderte Art auf, die eine

58 Ebd., S. 51; siehe auch Mauduyt de la Varenne 1782 (Anm. 19), S. 404.

59 Foucault 1966 (Anm. 3), Vorwort; Michel de Certeau: The practice of everyday life. Berkeley, California 1988. Die Subversion patriarchalischer Ontologien hat in der feministischen Theorie eine große Rolle gespielt; siehe z. B. Judith Butler: Gender trouble: feminism and the subversion of identity. New York/London 1990, Vorwort und Kap. 1; Sandra Harding: The instability of the analytical categories of feminist theory. In: dies./Jean F. O. Barr (Hg.): Sex and scientific inquiry. Chicago 1987, S. 283-302. Trotz Barthes' eigener späterer Distanzierung von einem allzu rigiden Festhalten an strukturalistischen Sprachmodellen zeigt Martinsson, daß er das Text-Subjekt nach wie vor als geschlechtsneutral positionierte. Ich ergreife hier die Partei Martinssons, indem ich auf die stark geschlechtshierarchische Natur der Tätigkeiten, zumindest in der naturhistorischen Literatur, hinweise. Siehe Yvonne Martinsson: Eroticism, ethics and reading. Angela Carter in dialogue with Roland Barthes. Stockholm 1996, Kap. 1, S. 50-67.

60 Dieser Anweisung wurde vom Baron de Faugères Folge geleistet, einem wichtigen Sammler, der Brissons System übernahm; aus den Beschreibungen im Katalog seiner Sammlung geht hervor, daß die Vogelweibchen teilweise zusammen mit Küken in mütterlichen Posen ausgestellt waren; siehe Baron de Faugères: Catalogue des oiseaux de la collection de Monsieur le baron de Faugeres, fait suivant le système de M. Brisson; avec les noms donnés aux mêmes oiseaux par différens auteurs. Paris 1781.

Bedrohung für die männlichen Taxonomien darstellte. »Vielleicht«, sinnierte Buffon, »liegt es nur an dem fehlenden festen Willen, daß die Weibchen sich unterordnen und Fremdannäherungen und Misch-Vereinigungen dulden«.[61] Kreuzungen zwischen den Arten mochten fruchtbar sein, aber »diese Vogelmischlinge« standen moralisch offenkundig nicht auf der gleichen Stufe wie die »reinen Arten«.[62] Mit solchen Konnotationen zeigten die Vögel die Gefahren auf, die bei Verletzung natürlicher und sozialer Ordnungen drohten.

In Buffons Schriften spiegelte sich die wachsende Kritik an den weiblichen und adligen Lebensweisen nach der Mitte des Jahrhunderts wider, die am deutlichsten von Jean-Jacques Rousseau geäußert wurde. Der gehobene Lebensstil raffiniert eingefädelter Affairen und Flirts war die Zielscheibe solcher Angriffe.[63] In der neuen Moralität der Empfindsamkeit sollten Frauen, die Vögel hielten, nicht einfach unschuldig das Werbungs- und Begattungsverhalten ihrer Schützlinge beobachten, jedenfalls nicht ohne einen moralischen Schutzschild von Tugend, Häuslichkeit und Niederhaltung der Leidenschaften. Mauduyt de la Varenne und Daudin reihten Buffons Erörterung der Sehfähigkeiten von Vögeln in das Bestreben der Naturphilosophen am Ende des Jahrhunderts ein, engere Beziehungen zwischen Sinnesempfindungen und Empfindsamkeit zu knüpfen.[64] Vögel standen in Gefahr, ihren Leidenschaften zu verfallen, weil der Sehsinn bei ihnen vorherrsche. Ähnlich wie Diderot es bereits für die menschliche Wahrnehmung beschrieben hatte, machte das die Vögel zu einseitigen Wesen, die flüchtige Begegnungen aneinanderreihten und erinnerungslos und ohne Urteilsvermögen leichtfertig und oberflächlich vor sich hin lebten. Die Erzählungen über Vögel lieferten auch weiteren Stoff zur geschlechtlichen Differenzierung des Körpers. In zeitgenössischen Darstellungen der weiblichen Physiologie wurden Frauen als von Gefühlen und Leidenschaften beherrschte Wesen dargestellt. Tatsächlich näherte sich die weibliche Natur derjenigen der

61 Buffon/Guéneau de Montbeillard/Bexon 1770-1783 (Anm. 13), Bd. 4, S. 15.

62 Ebd., S. 19.

63 Nadine Bérenguier: Unfortunate couples: adultery in four eighteenth-century French novels. In: 18th-century fiction 4, 1992, S. 331-350; Edward A. Tiryakian: Sexual anomie in prerevolutionary France. In: Consortium on Revolutionary Europe 1750-1850: Proceedings 1981, S. 31-50.

64 Mauduyt de la Varenne 1782 (Anm. 19), S. 361; François-Marie Daudin: Traité élémentaire et complet d'ornithologie, ou histoire naturelle des oiseaux. Bd. 1. Paris 1800, S. 306-313.

Vögel im naturhistorischen Kabinett an, und Adlige glichen ihrerseits den Frauen: flatterhaft, mit unbändigem Geschlechtstrieb, in knalligen Farben herausgeputzt und immer auf der Jagd nach Neuem.

Zeichen und Wissen

Naturhistoriker in der Mitte des 18. Jahrhunderts, unter ihnen Réaumur, Buffon und Diderot, modellierten naturhistorische Sammlungen und die *shifters*, die zwischen Spezimen, Bild und der wahrgenommenen äußeren Wirklichkeit der Natur vermittelten, auf sehr unterschiedliche Weise. Vom Ei bis zum leblosen Balg durchreiste der Vogel im Haus des Naturforschers sehr verschiedene Sphären und Tätigkeiten: Experiment, Sammlung, Ökonomie, Schmuck, Unterhaltung und Morallektion. Auf jeder dieser Ebenen konnte man sich auf ihn als Element bei der Gestaltung bestimmter Grenzziehungen beziehen: zwischen Experimentatoren und Gärtnern, zwischen Männern und Frauen, zwischen Tüchtigen und Tagedieben. Die Sammlung war der Schauplatz, an dem diese verschiedenen Zuordnungen aufeinanderstießen. Jede zur Repräsentation der naturhistorischen Objekte verwendete vermittelnde Sprache erlaubte die gleichzeitige Konnotation von naturhistorischen Systemen und sozialen/natürlichen Welten. Tatsächlich existierten diese sozialen und natürlichen Welten gleichsam nur in den Zwischenräumen zwischen dem Objekt und seiner Repräsentation, in der Konstruktions- und Verknüpfungstätigkeit, in der aus den einzelnen Elementen und dem System als Ganzem Bedeutung gezogen wurde.[65] So gesehen könnte ein semiologisches Modell die Historiographie der Sammlung neu überdenken lassen, indem sie zwingt, die Welt als Nebenprodukt der konstruierten Spezies zu sehen. Umgekehrt wird deutlich, daß auch das Zeichen (die konstruierte Spezies) ohne das Netz der moralischen Ökonomie der Wissensproduktion unvollständig bleibt.

Während der Besitz einer frühneuzeitlichen Sammlung immer auf eine soziale Elite hinwies, waren die Sammlungen selbst polysemisch; sie konnten verschiedene Bedeutungen tragen und verschiedene Welten konnotieren. Zu ihnen zählten Texte wie auch visuelle Darstellungen, weil nur so der Naturforscher die Behauptung untermauern konnte, daß der in seinem Kabinett ausgestellte Vogelkörper tatsächlich allgemeiner

65 Terry Eagleton: Literary theory: an introduction. Minneapolis/London 1983, S. 127-134.

Repräsentant einer natürlich vorkommenden Art war. In diesem Fall läßt sich die Sammlung nicht auf eine Ansammlung materieller Objekte reduzieren; die Beziehungen zwischen dem jeweiligen Spezimen und seiner Re-Präsentation in Wort oder Bild werden für die Rolle des naturgeschichtlichen Objekts als Typus immer wichtiger. Ich habe versucht zu zeigen, daß die zeichentragende Funktion der Spezies auf einer dreifachen Ebene operiert. Naturgeschichtliches Objekte / Beschreibungen / Bilder jedoch sind keine isolierten Einheiten, sondern funktionieren nur in Verknüpfung mit ihrem jeweiligen Signifikanten und Referenten: der Welt oder dem System. Letzteres braucht keine formale Systematik zu sein, sondern lediglich ein Kohärenzprinzip, das den Einheiten einer Sammlung einen Wert zumißt und ihre Vergleichbarkeit sicherstellt. Genau hier läßt uns die strukturalistische Semiologie im Stich, denn wir müssen die Beziehung zwischen dem System von Zeichen, das die Sammlung darstellt, und der Welt, zu der es vorgeblich Zugang verschafft, umkehren. Anscheinend geschieht es bei der Ausformung des Zeichens selbst, durch den Einsatz des *shifter*, daß beides zugleich, System und Welt, generiert wird. Darüber hinaus ist dieser Vorgang spannungsgeladen. Die *Verwendung* der Zeichen und die Kultur, in der diese Praxis der Naturgelehrten eingebettet war, konnten für das Zeichen und die mit ihm konnotierte Welt verschiedene Bedeutungen liefern. Die Verwendungsweisen wirkten zurück auf eine selbstbezügliche Debatte über die richtige Weise, das Zeichen herzustellen, und über die richtige Art, Naturgeschichte zu betreiben. Indem ich die Sammlung als ein Zeichensystem betrachte, das selbst ein Zeichen ist, habe ich versucht, ihre Funktion als Ort der Stabilisierung von Bedeutung in Einklang zu bringen mit ihrer Rolle beim Generieren von Bedeutungswandel. Obwohl eine Sammlung als Ort zur Herstellung von Bedeutung bezeichnet werden könnte, ist Bedeutung offenbar das Resultat von Gebrauch und Interpretation. Naturforscher schöpften neue Bedeutungen aus ›alten‹ Objekten, indem sie die Bedeutung von Vögeln ummodelten, die innerhalb und außerhalb der Sammlung existierten (etwa Hahn oder Kanarienvogel). Aber die Naturgelehrten versuchten auch neue Wesen in bereits existierende Systeme einzufügen. Diese neuen Objekte wie auch die neuen Bedeutungen konnten dann als Hebel zur Forderung nach Veränderungen in der gehobenen Gesellschaft verwendet werden. Die naturgeschichtliche Sammlung und ihr kultureller Ort funktionierten wie ein Rückkopplungssystem, indem sie sich ständig gegenseitig beeinflußten – genau wie der Interpretationsprozeß selbst.

Aus dem Englischen von Gerhard Herrgott und Anke te Heesen.

Anke te Heesen

Vom naturgeschichtlichen Investor zum Staatsdiener

Sammler und Sammlungen der Gesellschaft Naturforschender Freunde zu Berlin um 1800[1]

In der Werkstatt der Weisen finden wir die ganze Natur gleichsam in einem Punkt vereinigt.

Friedrich Heinrich Wilhelm Martini[2]

Die Weisen des 18. Jahrhunderts, das waren nach Friedrich Heinrich Wilhelm Martini, dem Gründer der Gesellschaft Naturforschender Freunde zu Berlin, die Gelehrten Réaumur, Buffon, Sloane, Daubenton und Linné, aber auch alle Freunde der Naturgeschichte, die eine Werkstatt besaßen. Als Werkstatt bezeichnete Martini ein Naturalienkabinett, ein in der Regel aus den Objekten der »drei Reiche der Natur« – dem Stein-, Pflanzen- und Tierreich – bestehende Sammlung. Was sich hier vereinigte, wurde zuvor konserviert und ausgestopft oder mit einem Rahmen versehen. Erst so konnten Naturalien dauerhaft präsentiert und in die Umgebung des Menschen gebracht werden.

Die Protokollbücher der Gesellschaft Naturforschender Freunde (gegr. 1773, im folgenden GNF genannt) und ihre Korrespondenz bilden zu dieser Kabinettkultur ein einzigartiges Quellenkonvolut, das das Aufspüren des Zusammenhangs zwischen Wissen und Objekt, zwischen naturgeschichtlicher Arbeit und Sammleralltag, zwischen Werkstatt und Weisen ermöglicht.[3] Die Aufzeichnungen helfen bei der Beantwortung

1 Eine erste Fassung dieses Textes entstand 1997 im Rahmen eines von der DFG geförderten Projektes am Forschungszentrum Europäische Aufklärung, Potsdam. Für die Bereitstellung des Primärmaterials und zahlreiche Hinweise danke ich Hannelore Landsberg und Sabine Hackethal vom Museum für Naturkunde, Berlin. Für ausführliche Lektüre und Anregungen bedanke ich mich bei William Clark, Sven Dierig, Bettina Gockel, Michael Hagner, Myles Jackson und Wolfgang Küttler.

2 Friedrich Heinrich Wilhelm Martini: Vom Nutzen und der Nothwendigkeit öffentlicher Naturalienkabinette für einen Staat. In: Mannigfaltigkeiten 2, 1771, S. 663-674, S. 669.

3 Überblicke und Einordnungen geben Ilse Jahn: Die Rolle der Gesellschaft Naturforschender Freunde zu Berlin im interdisziplinären Wissenschaftsaustausch des 19. Jahrhunderts. In: Sitzungsberichte der Gesellschaft Naturforschender Freunde

der Frage, warum der thüringische Prediger Johann Samuel Schröter 1776 von der Naturgeschichte als einem »Favoritstudium der Gelehrten und Ungelehrten« sprach, warum er das 18. Jahrhundert als ein »Kabinetseculum« bezeichnete, in dem der Besitz eines Naturalienkabinetts als erstrebenswert galt.[4] Gerade für die Stadt Berlin traf das in besonderem Maße zu. Über zweihundert Sammlungen lassen sich im 18. Jahrhundert für die Residenzstadt ausfindig machen, von denen die meisten in der bisherigen sammlungs- und wissenschaftshistorischen Forschung unberücksichtigt blieben.[5] In den Akten der GNF tauchen viele Personen auf,

zu Berlin, N. F. 31, 1991, S. 3-13; Hannelore Landsberg: Die Historische Bild- und Schriftgutabteilung des Museums für Naturkunde Berlin und ihre Bedeutung für die Geologie- und Mineralogiegeschichte. In: Berichte der Geologischen Bundesanstalt 35, 1996, S. 239-243. Der Rolle der Gesellschaft im 19. Jahrhundert hat sich Katrin Böhme gewidmet: Die Emanzipation der Botanik. Eine Wissenschaft im Spiegel der Gesellschaft Naturforschender Freunde zu Berlin 1851-1878. Berlin 1998. Geschichtliche Überblicke anläßlich verschiedener Festtage bieten neben Kurt Becker: Abriß einer Geschichte der Gesellschaft Naturforschender Freunde zu Berlin. In: Sitzungsberichte der Gesellschaft Naturforschender Freunde zu Berlin. Festschrift zum 200-jährigen Bestehen der Gesellschaft, N. F. 13, 1973, S. 19-21; Paul Matschie: Aus der Geschichte der Gesellschaft Naturforschender Freunde zu Berlin. In: Sitzungsberichte der Gesellschaft naturforschender Freunde zu Berlin 1-10, 1925, S. 6-12; Gustav Tornier: Rückblick auf die Anatomie und Zoologie. In: Sitzungsberichte der Gesellschaft naturforschender Freunde zu Berlin 1-10, 1925, S. 12-109. Über die Vorgeschichte der universitären Sammlungen im Zusammenhang mit der GNF siehe Rudolf Daber: Zur Frühgeschichte der wissenschaftlichen Sammlungen im Museum für Naturkunde an der Humboldt-Universität zu Berlin 1770-1810. In: Neue Museumskunde 13, 1970, S. 245-256; Günter Hoppe: Das Königliche Mineralienkabinett in Berlin. Vorläufer des Mineralogischen Museums der Berliner Universität. In: Neue Museumskunde 30, 1987, S. 295-307; Max Lenz: Geschichte der Königlichen Friedrich-Wilhelms-Universität zu Berlin. Bd. 3. Halle 1910; in neuester Zeit Horst Bredekamp/ Jochen Brüning / Cornelia Weber (Hg.): Theater der Natur und Kunst / Theatrum naturae et artis. Wunderkammern des Wissens an der Humboldt-Universität zu Berlin. Berlin 2000.

4 Johann Samuel Schröter: Abhandlungen über verschiedene Gegenstände der Naturgeschichte. Bd. 2. Halle 1776/1777, S. 48.

5 Wilhelm Ennenbach: Sammlungsgeschichtliche Betrachtungen zu einigen Kupferstichen D. N. Chodowieckis. Mit einem Verzeichnis zeitgenössischer Sammlungen in Berlin. In: Neue Museumskunde 23, 1980, S. 51-60. Die sammlungsgeschichtliche Forschung des 18. Jahrhunderts widmete bisher den Sammlungen von Privatpersonen und von bürgerlichen Vereinigungen oder Gesellschaften nur beschränkte Aufmerksamkeit; neben einzelnen Aufsätzen sind als Ausnahmen die Dissertationen von Claudia Valter: Studien zu bürgerlichen Kunst- und Natura-

die durch die Sammler ihr Brot verdienten: Verleger, die Inventare druckten; Naturalienhändler, die ihre Konchylien verkauften; Präparatoren, die zerfressene Vögel ausbesserten; Tischler, die einen Naturalienspind nach dem nächsten bauten. Das Sammeln von Naturalien im vorindustriellen 18. Jahrhundert war eine alltagsgebundene Praxis, die der Erforschung der Natur ebenso wie der Ausstellung der mühsam zusammengebrachten Naturalien gewidmet war, der Veröffentlichung neuester Erkenntnisse und ihrer zeitraubenden Verwaltung und Verzeichnung. Und diese Praxis bestand vor allem im Umgang mit den Objekten selbst: Auspacken, einordnen, beschreiben, verzeichnen, numerieren, reparieren – die Arbeit in der Werkstatt war vielfältig.

Die Gesellschaft und ihre Sammlung

1773 gründete der Arzt Friedrich Heinrich Wilhelm Martini die »Gesellschaft naturforschender Freunde zu Berlin«: »Es wurden daher durch ein Circulare […] Freunde und Sammler durch H. Rendant Siegfried eingeladen, den 9ten July a.c. bey mir zur ersten Conferenz beliebigst sich einzufinden.«[6] Ausdrücklich betonte Martini, daß es sich um eine Privatgesellschaft handle. Die »freundschaftliche und patriotische Vereinigung« von gleichgesinnten Männern stand von Beginn an im Vordergrund, wobei hauptsächlich der Mittelstand gemeint ist, weil man von den Personen, die an »Stand und Rang vorzügl. erfahren« sind, »selten die angenehmsten Folgen zu erwarten habe«.[7] Doch wurden mit der Zeit

liensammlungen des 17. und 18. Jahrhunderts in Deutschland. Phil. Diss. Techn. Hochschule Aachen, 1995; Stefan Siemer: Geselligkeit und Methode: Naturgeschichtliches Sammeln im 18. Jahrhundert. Phil. Diss. Universität Zürich, 2000; Christoph Becker: Vom Raritäten-Kabinett zur Sammlung als Institution. Sammeln und Ordnen im Zeitalter der Aufklärung. Egelsbach / Frankfurt a. M. / St. Peter Port 1996, sowie Ausstellungskataloge: Siehe Viktoria Schmidt-Linsenhoff / Kurt Wettengl (Hg.): Bürgerliche Sammlungen in Frankfurt. Frankfurt a. M. 1988; Hiltrud Kier / Frank Günter Zehnder (Hg.): Lust und Verlust. Kölner Sammler zwischen Trikolore und Preußenadler. Köln 1995.

6 Tagebücher der Gesellschaft Naturforschender Freunde zu Berlin, Tagebuch 1 (1773-1776), S. 4. Museum für Naturkunde, Humboldt-Universität zu Berlin, Historische Bild- und Schriftgutsammlungen, Bestand G.N.F. (im folgenden zitiert als: HBS). Zur Aufarbeitung des Archivbestandes der Gesellschaft in der HBS vgl. Katrin Böhme: Die Gesellschaft naturforschender Freunde und ihr »Archiv«. In: Sitzungsberichte der Gesellschaft Naturforschender Freunde zu Berlin, N.F. 38, 2000, S. 150-154.

7 HBS (Anm. 6), Tagebuch 1, S. 21.

zumindest als außerordentliche Mitglieder auch Adelige aufgenommen und ebenso war Frauen die Mitgliedschaft gestattet.[8] Die Vereinigung bestand aus zwölf ordentlichen Mitgliedern, die den Kern der Gesellschaft ausmachten. Hinzu kamen die außerordentlichen Mitglieder, »der Stamm, aus welchem die ordentlichen Mitglieder in Sterbefällen ergänzt« wurden, und schließlich die Ehrenmitglieder.[9] Als eine der Grundvoraussetzungen zur Mitgliedschaft galt, daß die zwölf ordentlichen Mitglieder nicht nur wahre Liebhaber der Natur sein müßten und »auch schon beträchtliche Kenntnisse von den Merkwürdigkeiten derselben besitzen, sondern auch selbst natürliche Seltenheiten oder optische und physische Instrumente, Präparata u.s.w. gesammlet haben, und ihre Sammlung nach Möglichkeit zu erweitern und unterrichtender zu machen gedenken.«[10]

Eine bereits vorhandene Sammlung war nicht nur Voraussetzung für die Mitgliedschaft, sondern der eigentliche Anlaß zur Gründung. Denn ein Liebhaber der Natur – so setzte Martini uneingeschränkt voraus – besitzt zwar eine Sammlung von Merkwürdigkeiten, doch sei es ihm »nicht möglich, in allen Fächern gleich stark zu sammlen«.[11] Deshalb bedürfe es eines Zusammenschlusses von Gleichgesinnten, um die »Naturgeschichte unserer Lande [...] fleißig zu studieren«, sich in Buch- und Naturaliensammlungen zu ergänzen und so ein »prächtiges allgemeines Naturalienkabinett und eine ansehnliche Bibliothek« zu vereinen.[12]

Und »Gleichgesinnte« gab es viele in Berlin. Ihre Kabinette wurden häufig besucht, Stadtführer wie Nicolais »Beschreibung der königlichen Residenzstädte Berlin und Potsdam« gaben Auskunft über ihren Bestand und die Lokalitäten. Doch über manche Kabinette gab es nur spärliche Informationen. Von einem Apotheker konnte man annehmen, daß er eine naturgeschichtliche Sammlung besaß, aber von einem Holzverwalter? Tatsächlich gehörten die Besitzer der Kabinette verschiedenen Berufsgruppen an: Prediger waren darunter genauso zu finden wie Bergfachleute, Geheimräte und Offiziere. Martinis Wunsch, die Sammler zu

8 Ebd., S. 164.

9 Dietrich Ludwig Gustav Karsten: Rede bei der Feier des 25jährigen Stiftungstages am 9ten Juli 1798. In: Der Gesellschaft Naturforschender Freunde zu Berlin Neue Schriften 2, 1799, S. XI-XXIII, S. XIX-XX.

10 Gesetze der Gesellschaft naturforschender Freunde zu Berlin. Berlin 1774, § 2.

11 Friedrich Heinrich Wilhelm Martini: Entstehungsgeschichte der Gesellschaft Naturforschender Freunde in Berlin. In: Beschäftigungen der Berlinischen Gesellschaft naturforschender Freunde 1, 1775, S. I-XXVI, S. VI.

12 Gesetze 1774 (Anm. 10), § 1; Martini 1775 (Anm. 11), S. VII-VIII.

vereinen und ein großes Kabinett zusammenzustellen, erscheint aus dieser Warte nur zu verständlich, zumal es in Berlin keine annähernd »vollständige« naturgeschichtliche Sammlung gab. Die Königliche Kunstkammer war zu sehr begrenzten Öffnungszeiten zu besichtigen, das Naturalienkabinett der Akademie der Wissenschaften den Mitgliedern vorbehalten, das Anatomische Kabinett diente zur Ausbildung der Mediziner, und das Mineralienkabinett des Bergwerks- und Hütten-Departements war für die Studenten reserviert. Erst mit der Gründung der Universität im Jahr 1810 entwickelte sich eine neue Museumskultur.[13] Zur Zeit Martinis aber, als das allgemeine Interesse an der Naturgeschichte auf seinem Höhepunkt anlangte, gab es keinen adäquaten Ort zum Studium und Austausch. Ein umfassendes Kabinett mit fixen Öffnungsstunden zu erstellen war auch nicht sein Plan. Ihm ging es vielmehr um einen Zusammenschluss von Freunden, die ihr intellektuelles und naturgeschichtliches Kapital in einen Topf werfen sollten.

Diese Idee wurde auch unabhängig von Martini in anderen Interessensgebieten aufgenommen. Zahlreiche Gesellschaften waren in der zweiten Hälfte des 18. Jahrhunderts entstanden. Sie reichten von gelehrten Sozietäten über Freimaurerlogen und Lesegesellschaften bis zu den patriotisch-gemeinnützigen Vereinigungen.[14] Als Medium der aufkom-

13 Ilse Jahn: Zur Vertretung der Zoologie und zur Entwicklung ihrer institutionellen Grundlagen an der Berliner Universität von ihrer Gründung bis 1920. In: Wissenschaftliche Zeitschrift der Humboldt-Universität zu Berlin, Math.-Naturwiss. Reihe 3/4, 1985, S. 260-280, S. 260-261.

14 Andere, der GNF vergleichbare Vereinigungen, deren Naturaliensammlungen oftmals ein ähnliches Schicksal erlebten, waren die Naturforschende Gesellschaft in Jena, die Hallische Naturforschende Gesellschaft, die Naturforschende Gesellschaft und die Oberlausitzische Gesellschaft der Wissenschaften in Görlitz. Siehe Paul Ziche/Peter Bornschlegell: Wissenschaftskultur in Briefen. F. A. C. Grens antiphlogistische Bekehrung, galvanische Experimentalprogramme und internationale Wissenschaftsbeziehungen in Briefen an die Jenaer »Naturforschende Gesellschaft«. In: N.T.M. 8, 2000, S. 149-169; Andreas Kleinert: Die Naturforschende Gesellschaft zu Halle. In: Acta Historica Leopoldina 36, 2001, im Druck; Wolfram Dunger (Hg.): Die Sammlungen des Staatlichen Museums für Naturkunde Görlitz. Anläßlich des 175. Jahrestages der Gründung der Naturforschenden Gesellschaft zu Görlitz. In: Abhandlungen und Berichte des Naturkundemuseums 59, 1986, Supplement, S. 1-72; Richard Jecht: 150 Jahre Oberlausitzische Gesellschaft der Wissenschaften 1779-1929. Görlitz 1929. Zu Sozietäten und naturgeschichtlichen oder physikalischen Gesellschaften der Aufklärungszeit von seiten der Sozialgeschichte vgl. Otto Dann (Hg.): Lesegesellschaften und bürgerliche Emanzipation. Ein europäischer Vergleich. München 1981; Richard van Dülmen: Die Gesellschaft der Aufklärer. Zur bürgerlichen Emanzipation und

menden bürgerlichen Selbstverständigung waren sie überkonfessionell und meist im nationalpatriotischen Bewußtsein gegründet. Gerade für die gelehrten Gesellschaften stellte Berlin 1700 mit Gründung der Akademie der Wissenschaften ein Zentrum dar. Die von Gottfried Wilhelm Leibniz entworfene Struktur der Akademie – zwölf ständige Mitglieder, hinzugezogene auswärtige Mitglieder, die nur durch ihre Korrespondenz an der Akademie teilnahmen, und schließlich die Ehrenmitglieder – wurde von der GNF in weiten Teilen übernommen (viele Mitglieder der GNF waren zugleich Mitglieder der Akademie). Doch die GNF zeichnete sich im Gegensatz zur Akademie durch den ausdrücklich betonten freundschaftlichen Zusammenschluß aus. Der Arzt Karl Asmund Rudolphi hob diesen Aspekt besonders hervor: »Der Gelehrte macht hier dem Menschen Platz; und es ist als wenn Brüder versammelt wären«.[15]

Seit dem 9. Juli 1773 versammelten sich die ordentlichen Mitglieder einmal in der Woche abwechselnd in privaten Wohnungen. Aus dem sorgfältig geführten Tagebuch ist zu ersehen, nach welchem Procedere die Sitzungen jeweils abliefen: Man trug die Briefe der auswärtigen Mitglieder vor, besprach Organisatorisches und las einen wissenschaftlichen Text. Schließlich reichte man Naturalien herum oder schaute sich das Kabinett des jeweiligen Studierzimmers genauer an. Während des ersten Treffens bei dem neuen Mitglied Finanzrat Müller »betrachtete [man, A.t.H.] mit einem lehrreichen Vergnügen die [...] Seltenheiten der Natur und Kunst, welche wir hier in einer guten Ordnung beysammen fanden [...] Die Zeit war zu kurz, uns in ein Detail bey der Betrachtung einzulaßen, so viel aber ist gewiß, daß in diesem Kabinette viel Stoff zur

aufklärerischen Kultur in Deutschland. Frankfurt a. M. 1986; Rudolf Vierhaus (Hg.): Deutsche patriotische und gemeinnützige Gesellschaften. München 1980; Holger Zaunstöcker: Sozietätslandschaft und Mitgliederstrukturen. Die mitteldeutschen Aufklärungsgesellschaften im 18. Jahrhundert. Tübingen 1999; aus wissenschaftsgeschichtlicher Sicht zusammenfassend James E. MacClellan: Science reorganized: scientific societies in the eighteenth century. New York 1985.

15 Karl Asmund Rudolphi: Bemerkungen aus dem Gebiet der Naturgeschichte, Medicin und Thierarzneykunde, auf einer Reise durch einen Theil von Deutschland, Holland und Frankreich, Teil 1. Berlin 1804, S. 51. Den Hinweis auf das Zitat verdanke ich Kai Torsten Kanz. Zur Interpretation der Bedeutung der Freundschaft siehe Katrin Böhme: Zwischen Freimaurerei und Naturgeschichte. Die Gesellschaft naturforschender Freunde zu Berlin im 18. Jahrhundert (im Druck: Berichte zur Wissenschaftsgeschichte). Böhme interpretiert die von Martini postulierte Freundschaft vor dem Hintergrund der Freimaurerei in Berlin und argumentiert, daß Gründung und Aufbau der Gesellschaft dem Muster der Logen folgten.

erwünschten Belehrung stecket.«[16] Man beäugte die Naturalienordnung des neugewonnenen Mitgliedes; Kabinett wie naturgeschichtliche Veröffentlichungen dienten als Ausweis des Naturgelehrten. Das verknüpfende Band waren die Sammlungen. Von Beginn an legte man fest, daß alle Mitglieder, sowohl die ordentlichen als auch die außerordentlichen und die Ehrenmitglieder, mit Schenkungen die Gesellschaft unterstützen sollten. Die häufigste Gabe bestand in Büchern und Naturalien.

Schon in den Anfangsjahren nahm der Umfang der Sammlung so rapide zu, daß ihre Betreuung und Ordnung einen erheblichen Zeitaufwand forderte. Dies wurde vor allem an der räumlichen und schriftlichen Organisation der Objekte deutlich: Martinis Studierzimmer war zu klein geworden, um die Kisten der Geschenke zu beherbergen, und es setzte ein ständiger Ortswechsel der expandierenden Sammlung ein,[17] der schließlich 1788 in dem vom König gestifteten gesellschaftseigenen Haus endete.[18] Und auch die Ordnungsmöbel nahmen zu. So mußten Tischler nach und nach Naturalienspinde anfertigen, die in der oberen Hälfte Aussparungen in den Türen aufwiesen, um dort später Glas einsetzen zu können. In den ersten beiden Jahren jedoch, als die Sammlung noch nicht sonderlich repräsentativ sein konnte, wurde in die Öffnungen einfaches Wachstuch geklebt. Erst nachdem neuerlich ein Schub wertvoller Stücke angekommen war, begann man mit dem Einbau von Glas. Zwei Schränke, einige Bücherregale und eine Kommode machten den Anfang.[19]

16 HBS (Anm. 6), Tagebuch 1, S. 185.

17 Ein Jahr nach Gründung mietete die Gesellschaft offiziell in Martinis Wohnung ein Zimmer »neben meinem Naturalienkabinett« für 16 Thaler jährliche Miete; siehe HBS (Anm. 6), Tagebuch 1, S. 111. 1776, zwei Jahre später, wurde die Sammlung in ein größeres Zimmer über Martinis Wohnung ausgelagert, das man zu feierlichen Anläßen als einen »Tempel der Natur« ausstattete. Kurz nach Martinis Tod 1778, mußte das Quartier wieder gewechselt werden. Man mietete nun zwei Zimmer an, bis man – nach einem weiteren Umzug – 1787 ein Gesuch um ein gesellschaftseigenes Haus an den König richtete.

18 HBS (Anm. 6), Tagebuch 5 (1784-1798), S. 340. Hier standen nun mehrere Zimmer für die Sammlung zur Verfügung. Es gab einen Versammlungsraum und schließlich auch eine gesellschaftseigene Wohnung, in der der jeweilige Aufseher des Kabinettes der Gesellschaft wohnte.

19 Ebd., Tagebuch 1, S. 120, 217. Wurde zunächst bei der Bestellung der Naturalienspinde und Bücherregale darauf geachtet, daß sie eine einheitliche Bauweise zeigten, erzeugte man einige Jahre später eine Einheitlichkeit des visuellen Eindrucks im gesellschaftlichen Raum durch einen »perlgrauen Anstrich« aller Möbel.

Auffallend ist, daß die Zusammenkünfte der Mitglieder auch nach der Einrichtung eines »gesellschaftlichen Zimmers« weiterhin in den Wohnungen der Mitglieder stattfanden. Selbst im gesellschaftlichen Haus wurden die Sitzungen »nur periodisch gehalten«, die Zimmer dienten vor allem zur »Aufbewahrung der Naturalien, Instrumente und Bibliothek«.[20] Es gab zu Beginn also zwei Lokalitäten und zwei Sammlungen: In den privat-häuslichen Studierzimmern war das Kabinett des jeweiligen Mitgliedes untergebracht und konnte dort besucht werden. Dies war der zentrale Raum, in dem die Gesellschaft sich traf und Besucher empfing. Der gesellschaftliche Raum diente dagegen als Lager, in dem ein zweites Kabinett aus den Schenkungen der auswärtigen Mitglieder und vereinzelten Ankäufen entstand. Diese zweite Sammlung konnte zwar auf Verlangen besichtigt werden, war aber nicht notwendigerweise Teil eines Besuches bei der GNF. Das von Martini zu Beginn angestrebte »große Kabinett« der Stadt bestand also vor allem in ideeller Hinsicht, nämlich durch die Zusammenkunft der Mitglieder, deren naturgeschichtlicher Besitz bekannt war und entsprechend erörtert wurde.

Die GNF-Mitglieder in Berlin rühmten sich der Gaben der europäischen Mitglieder und des großen Korrespondentennetzes und beriefen sich auf die Gelehrtengemeinschaft.[21] Die *res publica litteraria*, also die Utopie eines überregionalen Zusammenschlusses aller Gelehrten, wurde hier nach außen hin durch die Objekte und ihre Anzahl veranschaulicht. Nirgends war die Zahl der erhaltenen Briefe oder deren Inhalt hervorgehoben, dagegen bemaß man die »Vollkommenheit des Institutes« danach, wie viele Naturalien und Bücher die Korrespondenten in kürzester Zeit einsandten.[22] So wählte man etwa Pastor Johann Christian Meinecke aus Oberwiedenstädt zum Mitglied, weil er nicht nur ein Freund der Naturkunde war, sondern ein schönes Kabinett besaß, mit dem Hofrath Walch korrespondierte und bereits eine Naturalie eingeschickt hatte.[23] Geschenkte Naturalien wurden mit dem Hinweis versehen, daß sie »hinlänglich den Eifer unseres Freundes Rebelt«, die Gesellschaft zu befördern, bewiesen. Sie waren Ausdruck von Kennerschaft und naturgeschichtlicher Informiertheit. Der Prediger Hindenburg schrieb in

20 Karsten 1799 (Anm. 9), S. XIX.

21 Friedrich Heinrich Wilhelm Martini: Rede zum ersten Stiftungstag (1774). In: HBS (Anm. 6).

22 HBS (Anm. 6), Tagebuch 1, S. 242.

23 Ebd., S. 52. Gemeint ist der Gelehrte Johann Ernst Immanuel Walch, der an der Jenaer Universität lehrte und ein umfangreiches Naturalienkabinett besaß.

seiner Danksagung zur Aufnahme in die GNF 1773: »aber sagen sie zugleich allen, daß ich nur ein Liebhaber, nicht ein Kenner der Natur sey, wie werde ich die Absichten ihrer geneigten Annahme erfüllen können? Vielleicht mehr durch andere, als durch mich selbst. Vielleicht bloß durch Beyträge.«[24] Naturalien transportierten eine nicht explizit formulierte, aber allgemein angenommene Übereinkunft: Sie standen für Fleiß und Strebsamkeit, das Kabinett für die Akkumulation von Werten und Ordnung. Der von Martini anvisierte Naturforscher erlangte seine Respektabilität durch die Darstellung seiner Objekte.

Die Naturalien bildeten aber auch den Anlaß für Aufsätze. In den Veröffentlichungen der Gesellschaft wird deutlich, wie sehr die Texte ihren Ausgang von einzelnen Objekten aus den Kabinetten nahmen. »Unter verschiedenen Schlangen, welche ich vor einiger Zeit erhielt, fand ich eine, welche ich mit keiner, wenigstens im Linnéischen Systeme, bisher beschriebenen zu vereinigen weiß und daher für neu und der Beschreibung wert halte.«[25] Hier stand noch ganz die Systematik und die Beschreibung der äußeren Kennzeichen eines Naturobjektes im Vordergrund, und die Motivation der Beschreibungen speiste sich hauptsächlich daraus, eine Lücke zu schließen, sofern ein bestimmtes Objekt noch nicht erfaßt worden war.[26]

Die Naturalien repräsentierten die schenkende Person. So verwundert es nicht, wenn die Verwaltung der Objekte im wesentlichen der Erinnerung der Donatoren galt. Bei der Anlage der Verzeichnisse stand nicht der Aufbau einer systematischen Bibliotheks- oder Naturalienordnung im Vordergrund, sondern das Verzeichnen der Schenkenden.[27] Das Verzeichnis war daher aufgebaut wie ein Akzessionsjournal einer Bibliothek, in das die Bücher bei Ankunft ohne fachliche Einordnung eingetragen wurden. Zwar legte Martini schon einen Folioband als Naturalienverzeichnis an und begann darin die Konchylien, sein Spezialgebiet, nach

24 Ebd., S. 33, 115, 62-63.

25 Christian Ehrenfried Weigel: Beschreibung einer Schlange. In: Schriften der Berlinischen Gesellschaft naturforschender Freunde 3, 1782, S. 190.

26 Mit einer Beschreibung und Veröffentlichung von Naturalien konnte sich auch ein Holzverwalter, ein Page oder Pastor den Zutritt zur gelehrten Welt verschaffen. Die Betonung der »vaterländischen Naturalie« – wie Martini es formulierte – war auch darin begründet, daß sie leichter zugänglich war und deshalb von jedermann gesammelt werden konnte.

27 Die Ordnung und wahrscheinlich auch Aufstellung der Naturalien wurde zu Beginn nach allgemeinen Klassen (Vierfüßige Tiere, Vögel, Fische, Amphibien etc.) vorgenommen.

der Linnéschen Ordnung einzutragen, doch bricht diese Arbeit mit seinem Tode ab.[28] Das große Naturalienverzeichnis war über ein Anfangsstadium nicht hinausgekommen. Statt dessen waren selbst in den Registern zu den Tagebüchern die einzelnen Gaben der Spender nicht nur unter dem Namen des jeweiligen Schenkenden, sondern zusätzlich unter dem allgemeinen Titel »Bücher« bzw. »Naturalien« ein weiteres Mal festgehalten. Eine erste (und auch bis 1828 die letzte) öffentliche Bekanntmachung des Sammlungsinhaltes gab zwar unterschiedliche Klassen der gesammelten Bücher und Naturalien an, doch waren diese so aufgeführt, daß sie jederzeit Auskunft über die schon erreichte Anzahl der Objekte geben konnte.[29] Kein Objekt durfte ohne entsprechende Verzeichnung in das Sammlungsarchiv, und wie bei der Buchführung wurde jeder Ein- und Ausgang, jede Zirkulation der Objekte, auch unter den Mitgliedern verschriftlicht.

Die Naturalien waren der Anknüpfungspunkt für Kontakte und Kaufgelegenheiten. Bereits in den Statuten der Gesellschaft wurde als Bedingung festgehalten, daß ein Mitglied auch an der Bereicherung und Vervollständigung seiner Sammlung interessiert sein solle. Man organisierte eine aktive Suche und Komplettierung des jeweils eigenen Spezialgebiets. Die auswärtigen Korrespondenzen waren dabei nötig, um Kontakte zu Gelehrten, Händlern und Reisenden zu knüpfen und für die eigenen Interessen und diejenigen der Gesellschaft fruchtbar zu machen. Regelmäßig wurden Naturalienauktionen in den Sitzungen bekanntgegeben, um den Mitgliedern die besten Stücke oder zumindest aus eingehenden Naturaliengeschenken die Doubletten zu sichern.[30] Repräsentativ für diese Vermehrungsstrategie, die keineswegs zu einer Kollision zwischen Eigennutz und gesellschaftlichem Wohl führte, war der Brief, den der Kunstkammerverwalter Lorenz Spengler aus Kopenhagen 1774 einem Transport von Naturalien an Martini beilegte: »Es versteht sich

28 Siehe Verzeichniß des Naturalienkabinets der Gesellschaft Naturforschender Freunde 1773. In: HBS (Anm. 6). Martini war Verfasser mehrerer angesehener, konchyologischer Werke. Vgl. ders./Johann Hieronymus Chemnitz/Gotthilf Heinrich von Schubert/Johann Andreas Wagner: Neues systematisches Conchylien-Cabinet. Nürnberg 1769-1829.

29 Nachrichten von unsern Sammlungen, Teil 1: Verzeichniß der von 1774-77 abgesammleten Bibliothek der Gesellschaft Naturforschender Freunde zu Berlin; Teil 2: Verzeichniß des Gesellschaftlichen Naturalienkabinettes. In: Beschäftigungen der Berlinischen Gesellschaft naturforschender Freunde 3, 1777, S. 519-572.

30 HBS (Anm. 6), Tagebuch 1, S. 159; Tagebuch 2 (1776-1778), S. 84.

von selbst, daß sie als der Verf. eines großen Konchylienwerkes alle Arten u. Abänderungen u. zwar die besten u. vollständigsten Exemplare für sich selbst behalten u. besitzen müssen.«[31] Die Vervollständigung des eigenen Kabinettes war wichtiger als der Eingang der Naturalie in das Archiv der Gesellschaft.

Von Beginn an war der Umgang mit den beiden Kabinettformen unterschiedlich. Die gesellschaftseigenen Naturalien wurden vor allem verwaltet: Man verzeichnete und numerierte sie, stellte sie in einen Schrank und wachte über ihre Ordnung. Die Naturaliensammlungen der Mitglieder dagegen wurden zu Beginn der wöchentlichen Versammlungen eingehend betrachtet und ihr Wert (Vollständigkeit, Seltenheit, etc.) bemessen und diskutiert.[32] Wurden die wissenschaftlichen Aufsätze in den Protokollen ausführlich dokumentiert, so fand das Anschauen der Objekte darin nur wenig oder gar keine Erwähnung. Man besuchte den Herrn Ebel, und nach vollendeter Sitzung »belustigen sich die Mitglieder noch einige Zeit mit Betrachtung der [...] Hölzer und Steine«.[33] »Belustigen« meint hier die gängige »belehrende Anschauung«, d. i. die typisch aufklärerische Verknüpfung zwischen angenehmer Beschäftigung und Wissensvermehrung. Und hier befanden sich die »freundschaftlich verbundenen« Mitglieder in ihrem Element. Während das Verlesen von Briefen und Aufsätzen Ruhe und Reglement bedeuteten (damit die Sitzung nicht so tumultuös verliefe, orderte man schließlich für den Versammlungsleiter einen Hammer), konnte man bei der Betrachtung der Naturalien seinen eigenen Neigungen und Interessen nachgehen: »Nach geendigter Sitzung war jeder von den Mitgliedern eine Weile beschäftigt, sein Lieblingsfach im Blochschen Kabinet noch mit einiger Aufmerksamkeit durch zu sehen«.[34] Naturalien forderten die Geselligkeit geradezu heraus: Weil es nichts Besonderes mehr zu berichten gab, so zeigte Herr Siegfried »einige auf seiner vor 14 Tagen mit H. Rendant Ebel in verschiedenen Gegenden dieser Provinz unternommenen Reise vorgefundene Versteinerungen« und andere Objekte.[35]

31 Ebd., Tagebuch 1, S. 156.
32 Ebd., S. 183-185.
33 Ebd., S. 77, 99.
34 Ebd., S. 19.
35 Ebd., S. 55. Friedrich Wilhelm Siegfried, ordentliches Mitglied der Gesellschaft, war Königlicher Rendant der Churmärkischen Kammer-Baukasse; Johann Christian Ebel, auch ordentliches Mitglied, ein Königlicher Hofstaats Holzschreiber.

Nach einer weithin akzeptierten These von Krzysztof Pomian stellt Sammeln die Objekte fest.[36] Sie werden aus der ökonomischen Zirkulation genommen und verschwinden für Jahre. In Entsprechung dazu hat sich in der Sammlungsgeschichte das Bild des Sammlers als Anhäufer, als unzugänglicher Besitzer und eifersüchtiger Schatzhüter eingebürgert.[37] Doch die Mentalität des Sammlers ist keine anthropologische Konstante, sondern ein zeitgebundenes Phänomen, das einer je eigenen Untersuchung bedarf. Werden Objekte in jedem Fall aus einem Kreislauf genommen und nur noch präsentiert? Martinis Konzeption eines »freundschaftlichen Zusammenschlusses« erlaubt einen anderen Blick auf die Sammlungsgeschichte. Seine werbende Ankündigung für die Gesellschaft berücksichtigte den Schatzhüter im Sammler, doch sprach er auch den Händler an, indem er ein ökonomisches Vokabular benutzte, das jedem Mittelständler begreiflich war. Die gegenseitige freundschaftliche Zugänglichkeit der Kabinette war nach Martini für alle Seiten vorteilhaft: »Jeder genöße die natürlichen Reichthümer des andern, jeder zöge seine Vortheile vom Kapital seines Freundes, ohne daß der Eigenthümer einen Stüber vom Werthe seines Eigenthums verlöhre. Die Gesellschaft wucherte mit gemeinschaftlichen Gütern, das Interesse würde allgemein, und der Fond dazu fast unerschöpflich seyn.«[38] Für Martini kam es darauf an, zwölf ausgesuchte Sammlungen Berlins durch die Mitglieder zu vereinigen. »Die Mitglieder würden einer durch des andern Sammlungen reichen Stoff zu neuen Kenntnißen [...] finden und endlich das Vergnügen haben, durch ihre Beyträge zur Naturgeschichte, auch entfernten Liebhabern der Natur nützlich zu werden.«[39] Der Pastor Johann Hieronymus Chemnitz aus Kopenhagen brachte in einem Brief an Martini auf den Punkt: Wenn die Sammler weniger Eigensinn und mehr Gemeinschaftssinn besäßen, dann könnte man wirklich etwas Großes erreichen.[40]

Um was es sich dabei handeln sollte, hatte Martini bereits wenige Jahre vor Gründung der GNF in seiner Zeitschrift *Mannigfaltigkeiten* in einem Artikel beschrieben. Dort erklärte er den Nutzen und die

36 Krzysztof Pomian: Der Ursprung des Museums. Vom Sammeln. Berlin 1988, S. 16.

37 Siehe Werner Muensterberger: Collecting: an unruly passion. Princeton 1994.

38 Martini 1775 (Anm. 11), S. X-XI.

39 Friedrich Heinrich Wilhelm Martini: Von einigen Hindernißen in Beförderung der Naturgeschichte. In: Neue Mannigfaltigkeiten 1, 1773, S. 33-46, S. 40.

40 HBS (Anm. 6), Tagebuch 1, S. 22.

Nothwendigkeit eines großen Naturalienkabinetts für den Staat und sah darin die Grundlage zur Verbesserung der Sitten, zur Bildung von Gelehrten und zur Entwicklung des Geschmacks.[41] Doch sollte ein solches Kabinett auch als Sammelstelle eines Staates dienen, damit keine Merkwürdigkeiten außer Landes geschafft würden, die zur »Ehre eines Staates gereichen«.[42] Der Sammler müsse nicht sich allein, sondern »auch andern Vergnügen und Nutzen« stiften.[43] Diese Beschreibungen markierten die Sammlung als einen Besitz, der nicht bloß einem kleinen Kreis von Sammlern, sondern der Allgemeinheit zugänglich gemacht werden sollte.[44] Bezieht man diese Äußerungen Martinis auf die GNF, so waren zwar die Objekte aus einem ökonomischen Kreislauf genommen worden – sie standen nicht mehr zum Verkauf –, doch sie wurden innerhalb der GNF in eine ideelle Zirkulation überführt. Alle Mitglieder hatten Zugang zu den Naturalien, jeder konnte sich mit dem Besitz des anderen beschäftigen und die Objekte zu seiner eigenen Wissensvermehrung nutzen, und umgekehrt erhielt der Besitzer wertvolle Hinweise von seinen Kollegen. Jede hinzugewonnene Kenntnis erhöhte den Wert eines Objekts, so daß durch die allgemeine Verfügbarmachung oder Zirkulation der Naturalien ein beständiger Wertezuwachs erfolgte. Bei der ideellen Zirkulation der Naturalien wurden die nichtökonomischen Werte einer Naturalie – Kenntnis der Natur, Freundschaftsbezeugung und Vertrauen – durch die Beschäftigung und den Austausch vermehrt.

41 Martini 1771 (Anm. 2), S. 663-674, 679-690. Diese Schrift stellt eine Übersetzung des folgenden Textes dar: M. Madonetti: Discours sur l'utilité des Cabinets d'histoire naturelle dans un etat et principalement en Russie. St. Petersburg 1766. Martini fügte einen Vorspann und zahlreiche Anmerkungen hinzu und nimmt leichte Veränderungen in Hinsicht auf die deutschen Staaten vor.

42 Ebd., S. 689.

43 Martini 1773 (Anm. 39), S. 34. Ein eindrucksvolles Zeugnis ist hierfür die Grundverfassung der GNF aus dem Jahr 1789, wonach der Hauptzweck der Sammlungen in der Bestimmung für das Publikum bestehe und auch bestehen bleiben sollte. Siehe HBS (Anm. 6).

44 Das sieht nicht nur Martini so, sondern es handelt sich dabei um eine gängige Forderung der Zeit – nicht zuletzt aus politischen Gründen: Franz Paula von Schrank stellt die rhetorische Frage: »Und sollte nicht jeder Naturforscher vorzüglich die Produkte seines Vaterlandes untersuchen?« Ders.: Allgemeine Anleitung, die Naturgeschichte zu studiren. München 1783, S. 85-87. Und der Theologe Johann Samuel Schröter ist überzeugt, daß bereits jedes kleine Kabinett zu einer Kenntnis des Landes und seiner ökonomischen Ressourcen beitragen kann. Siehe ders. 1776/1777 (Anm. 3), S. 67. Zur Diskussion um Staats- oder Landeskabinette in dieser Zeit siehe den Beitrag von Ernst P. Hamm in diesem Band.

Das bestehende Verhältnis von Ökonomie und Staat spiegelt sich somit auch im Austausch und regionaler, idealer Gelehrtenrepublik wider. Martinis Vorstellung von der Verbreitung des Wissens orientierte sich an den Marktgesetzen der zweiten Hälfte des 18. Jahrhunderts. Was er auf die Kabinettkultur übertrug, war Vokabular und Anliegen der kameralistischen Wirtschaftspolitik, nämlich einer staatlichen Förderung und Kontrolle zum Besten der Bewohner eines Landes und zur Erhaltung der Sitten und Ordnung. Er folgte damit dem utilitaristischen Ideal: Ein Gegenstand oder eine Vereinigung konnte nützlich sein, indem sie ihren Zweck immer auch in Hinsicht auf die Erbringung von Freude und Wissen erfüllten. So konnte Eigennutz immer mit dem Gemeinnutz verbunden werden. »Daher führt das Streben nach dem eigenen ›wahren‹ Nutzen zum allgemeinen Wohlstand.«[45] Die Naturalien dienten also dem persönlichen Prestige und hatten gleichzeitig in ihrer Funktion als öffentliches Lehrmittel und Repräsentanten der Resourcen des Vaterlandes einen ideellen Mehrwert. Ein solcher Einsatz der Naturalien sicherte dem jeweiligen Eigentümer seinen Besitz und hob ihn in die Verantwortung eines naturgeschichtlichen Schatzmeisters und Investors. Um diese Funktion erfüllen zu können, mußte das eigene Kapital in die materiale und ideelle Zirkulation der »Gesellschaft Naturforschender Freunde« eingebracht werden. Das von Martini gedachte große Naturalienkabinett für den Staat ist deshalb nicht als ein räumliches Kabinett mit möglichst vollständigen Exponatreihen zu verstehen, sondern als ein enges Beziehungsnetz freundschaftlicher Verbindungen vieler Kabinetteigner einer Stadt und einer Region.

Revision und Veränderung der Gesellschaft

Die Gesellschaft Naturforschender Freunde wurde immer bekannter und größer. Bestand sie bis 1782 aus 254 Mitgliedern, so waren es 1792 bereits 345 und im Jahre 1802 449 Mitglieder.[46] 1794 wurde die 1000. Versammlung feierlich begangen. Seit dem Umzug in das vom König gespendete »Nicolaische Haus« wohnte eines der zwölf ordentlichen Mitglieder

45 Werner Schneiders (Hg.): Lexikon der Aufklärung. Deutschland und Europa. München 1995, S. 292.

46 Konrad Herter und Reinhard Bickerich: Die Mitglieder der Gesellschaft Naturforschender Freunde zu Berlin in den ersten 200 Jahren des Bestehens der Gesellschaft 1773-1972. In: Sitzungsberichte der Gesellschaft Naturforschender Freunde zu Berlin, N. F. 13, 1973, S. 59-157, S. 157.

darin und war mit der Aufsicht über die Sammlungen und dem gesellschaftlichen Besitz betraut. Mit Martinis Tod (1778) wurde der Posten des ständigen Sekretärs aufgelöst, und ein wechselndes Direktorat unter den Mitgliedern hatte nun die Aufgaben des Protokollierens, der Korrespondenz etc. zu erfüllen.[47]

Wurden noch unter Martini Verzeichnisse des Naturalienkabinetts (Wirbeltiere) und der Bibliothek veröffentlicht, unternahm man diesen Versuch in der Folge nur noch für die Bücher. Während der napoleonischen Besatzung 1806/08 nahm die Beteiligung an den Versammlungen merklich ab, danach veränderte sich die Mitgliederstruktur. Waren zu Beginn noch die »Liebhaber« (wie Pastor Meinecke oder der Finanzrat Müller) zugegen, so kamen später immer mehr Fachleute hinzu.[48] Ein markantes Datum bildete die Gründung der Berliner Universität 1810. Zu diesem Zeitpunkt begann eine rege Beteiligung der an der Universität lehrenden Forscher in der GNF.[49]

Die zentrale Bedeutung, die den Naturalien zu Beginn zugekommen war, hatten sie nun nicht mehr. Die gesellschaftseigene Sammlung wurde allmählich nur noch verwaltet. »Es wurde beschloßen wieder 700 Pappkästgen von verschiedener Größe in Spandau machen zu laßen welches H. Flörke besorgen wird. Es ist ein langer einfacher Tisch bestellt worden, um die Mineralien bey dem Ordnen darauf legen zu können.«[50] Die Naturobjekte mußten nicht nur geordnet werden – noch aufwendiger war ihre Verzeichnung. Die Naturalien konnten nicht wie die eingehenden Bücher nur nach *numerus currens* katalogisiert werden. Vielmehr ging es darum, sie jeweils in die bestehenden Ordnungen der Schränke einzulegen. Schnell wurde klar, daß es zuviel Mühe bedeuten würde, ähnlich wie bei den Büchern ein einziges Verzeichnis der Naturalien

47 Schnell stiegen der Besitz wie auch der Schriftverkehr der GNF so weit an, daß am 21.11.1780 zum ersten Mal eine Ämtertrennung in Archivar und Kabinett-Aufseher erfolgte. Wenig später reichten auch diese beiden Ämter neben dem Direktoratsposten nicht mehr aus, und es wurde zusätzlich ein Bibliothekarsamt eingeführt; siehe HBS (Anm. 6), Tagebuch 4 (1779-1784), S. 245, 415.

48 Ebd., Tagebuch 7 (1808-1817), S. 384.

49 Matschie 1925 (Anm. 3), S. 12. Sowohl 1773 als auch 1791 war Johann Elert Bode der einzige Hauptamtliche der Naturgeschichte (Königlicher Astronom) unter den Rendanten, Predigern, Sekretären des General-Postamtes oder Oberforstmeistern. 1806 kommen der Chemiker Martin Heinrich Klaproth, der Botaniker Carl Ludwig Willdenow und der Mineraloge Dietrich Ludwig Gustav Karsten hinzu, und der Kreis wird um Fachleute erweitert.

50 HBS (Anm. 6), Tagebuch 7, S. 249.

anzulegen. Es waren einzelne, kleine Verzeichnisse, die je nach Spezialisierung von verschiedenen Mitgliedern angefertigt oder gleich vom Absender der Objekte übernommen wurden. Zahlreiche Tagebucheintragungen belegen diese Arbeit.[51]

Wurden zuvor parallel Bücher- und Naturalienankäufe zur Komplettierung der umfangreichen Sammlungsgebiete getätigt, so fand der letzte von mir nachgewiesene Eintrag eines größeren, nicht ausdrücklich spezialisierten Naturalien-Ankaufes am 2.7.1793 statt.[52] Siegfried hatte auf einer Auktion der Sammlung eines der Mitglieder einen größeren Anteil an »Spirituosa und Naturalien« erworben.[53] Danach trat deutlicher die Spezialisierung auf das von den Mitgliedern favorisierte Mineralreich hervor.[54] Einen weiteren Hinweis auf die Mineralien als bevorzugten Sammlungsgegenstand gab Gronau am 22.1.1811 bei der Übergabe des Registers der Bibliothek, indem er bemerkte, was und mit welcher Ausführlichkeit in das Registerbuch einzutragen sei: Er benannte keine »Naturalien« mehr, sondern nur noch die Verzeichnung der »geschenkten Mineralien und Kunstsachen«.[55] Auch die letzten Eintragungen für »geschenkte Naturalien« notierte man um 1811.[56] Im darauffolgenden

51 Ebd., Tagebuch 1, S. 181, 242; Tagebuch 2, S. 31, 44; Tagebuch 4, S. 37, 396.

52 Es handelt sich bei der angegebenen Stelle um den letzten, durch das Register nachweisbaren Ankauf.

53 HBS (Anm. 6), Tagebuch 5, S. 571.

54 Ebd., Tagebuch 7, S. 249. Siegfried, mit der Aufsicht dès Kabinettes betraut, besaß selbst ein großes Mineralienkabinett.

55 Briefe Gronau, Beylage 22.1.1811. In: HBS (Anm. 6). Auf eine allgemeine Vernachlässigung der Sammlungen, wie Matschie 1925 (Anm. 3) es beschrieb, läßt ihre zeitweise Unordnung schließen: 1803 wurden Bücher entwendet, siehe HBS (Anm. 6), Tagebuch 6 (1799-1807), S. 254; man überlegte, ob nicht die ständig offen stehenden Mineralienschränke lieber geschlossen werden sollten, siehe ebd., Tagebuch 7, S. 57. Das Tagebuch verzeichnete für den 25.10.1812 eine Revision des gesellschaftlichen Kabinettes. Danach verstärkten sich die Aktivitäten um das Mineralienkabinett, siehe ebd., S. 249, 263, 265. Für eine Spezialisierung auf die Mineralien spricht auch, daß sich von den Verzeichnissen der eingesandten Teilsammlungen fast nur noch die Mineralienverzeichnisse erhalten haben, siehe S 1, Verzeichnisse der Mineraliensammlung. In: HBS (Anm. 6). Dabei handelt es sich um eine Sammlung verschiedener Mineralienverzeichnisse, die – zumeist mit dem dazugehörigen Transport an entsprechenden Objekten – der Gesellschaft zugeschickt worden waren.

56 Siehe Hauptregister über das Tagebuch der Gesellschaft Naturforschender Freunde zu Berlin. In: HBS (Anm. 6), ab 1812, Stichwort »Naturalien«. Danach wurden sie nur noch im Tagebuch aufgeführt, am Rand mit der Bezeichnung »Beylage« und entsprechender Nummer bezeichnet und in das Archiv abgelegt.

Register von 1824 findet sich unter diesem Stichwort keine Eintragung mehr. Schließlich verkaufte man 1817 »überflüssige Naturalien unseres Kabinetts der ausgestopften Vögel«.[57] Am 21.11.1815 verzeichnete das Tagebuch noch den schlechten Zustand des Herbariums der Gesellschaft, so daß Reinigung und »Herbeischaffung des nöthigen Papiers dringend nothwendig sei«. Drei Jahre später aber verkaufte man das Herbar an die Universität.[58] Kurz danach wurde auch die Insektensammlung veräußert. Man begründete dies damit, daß die Ausgaben der Bibliothek zu hoch seien und man Geld beschaffen müsse.[59]

Die Sammlungen der Mitglieder erhielten einen anderen Status. Immer noch betrachtete man Naturalien, diskutierte sie und tauschte sich aus. Doch die materiale und ideelle Zirkulation der Objekte stand nicht mehr im Mittelpunkt der Bestrebungen. Neben der reduzierten Berichterstattung in den Tagebüchern ist als eindeutiges Indiz für diese Bedeutungsverschiebung die Revision der gesellschaftlichen Statuten im Jahre 1810 zu werten. Der Paragraph, der als Eintrittsvoraussetzung in die GNF den Besitz einer Sammlung vorsah, entfiel gänzlich. Nunmehr wurde ausdrücklich angemerkt, daß die Bibliothek vermehrt werden solle und dazu Geld einzuzahlen sei: »Derselbe [das ordentliche Mitglied, A.t.H.] entrichte sodann einen beliebigen Beitrag zur Vermehrung des Fonds der Bibliothek«, von den Naturaliensammlungen war keine Rede mehr.[60]

Die veränderte Wertschätzung der Sammlung stellte keinen Einzelfall dar. Sich herausbildende Fachdisziplinen wie die Mineralogie oder die Zoologie sowie die Etablierung von eigenständigen Forschungsinstituten in Berlin zu Beginn des 19. Jahrhunderts stellten besondere Bedingungen, die ein klassisch-umfassendes Kabinett und sein privater Eigner nicht mehr erfüllen konnten. Zu groß war die Anzahl der bekannten Individuen und Arten in den einzelnen Bereichen geworden und zu spezialisiert die Anforderungen von Lehre und Forschung an eine Sammlung. Für den Zeitgenossen Georg Forster, der 1794 über das Anwachsen der Kenntnisse räsonnierte, existierten nur wenige Menschen, die das komplexe Wissen noch überblicken konnten, und auch in diesen Fällen handle es sich um ein »bloßes Gedächtnißwerk, welche die Urtheils- und Anschauungskräfte entnervt«. Der Liebhaber der Natur war für ihn jemand, dessen »Gedächtniß für die Namen vieler Schneckenhäuser und

57 Ebd., Tagebuch 8 (1818-1835), S. 23.

58 Ebd., Tagebuch 7, S. 384; Tagebuch 8, S. 13.

59 Ebd., Tagebuch 8, S. 78.

60 Gesetze der Gesellschaft naturforschender Freunde in Berlin. Berlin 1810, § 11.

Schmetterlinge genug Raum enthält«. Der Naturforscher hingegen müsse einen Blick für das Ganze der Natur haben, dürfe sich nicht auf einzelne Objekte beschränken, sondern solle sie immer in Beziehung zu dem Ganzen setzen.[61] Das Leben der Natur, die Entwicklung und das Zusammenwirken der verschiedenen Teile konnte die Naturalie aber nicht mehr darstellen. Die Verlagerung der Sammlungen innerhalb der GNF und der immer häufigere Spott über den Liebhaber vor dem Hintergrund der sich etablierenden Universitätsmuseen in Berlin geben eindeutige Indizien für die Annahme Wilhelm Otto Dietrichs: Nach ihm habe »die Konkurenz der Universitätssammlungen« die Sammlungen der GNF zum Stillstand gebracht.[62]

Die bereits bestehenden Sammlungen der Stadt Berlin sah Wilhelm von Humboldt als eine Grundlage der neu zu gründenden Universität. Schon während der napoleonischen Besatzung Berlins 1806/08 hoffte man auf ein nationales, geistiges und ökonomisches Erstarken der Länder, das von der Erziehung und Bildung der Jugend ausgehen sollte. In seinem Antrag auf die Errichtung einer Universität von 1809 formulierte Humboldt:

> »Der erste Gedanke an eine allgemeine und höhere Lehranstalt in Berlin entstand unstreitig aus der Betrachtung, dass es schon jetzt in Berlin ausser den beiden Akademien, einer grossen Bibliothek, Sternwarte, einem botanischen Garten und vielen Sammlungen eine vollständige medizinische Fakultät [...] gibt. Man fühlt, dass jede Trennung von Fakultäten der ächt wissenschaftlichen Bildung verderblich ist, dass Sammlungen und Institute [...] nur erst dann recht nützlich werden, wenn vollständiger wissenschaftlicher Unterricht mit ihnen verbunden wird, und dass endlich, um zu diesen Bruchstücken dasjenige hinzusetzen, was zu einer allgemeinen Anstalt gehört, nur um einen einzigen Schritt weiter zu gehen nöthig war.«[63]

61 Georg Forster: Ein Blick in das Ganze der Natur. In: Georg Forsters Werke. Bd. 8: Kleine Schriften zu Philosophie und Zeitgeschichte. Berlin 1991, S. 77-97, S. 77, 79, 82.

62 Wilhelm Otto Dietrich: Geschichte der Sammlungen des Geologisch-Paläontologischen Instituts und Museums der Humboldt-Universität zu Berlin. Ein Beitrag zur Paläontologiegeschichte. In: Berichte der Geologischen Gesellschaft in der DDR 5, 1960, S. 247-289, S. 251.

63 Wilhelm von Humboldt: Antrag auf Errichtung der Universität Berlin. In: ders.: Werke. Bd. 4: Schriften zur Politik und zum Bildungswesen. 2. Aufl. Darmstadt 1969, S. 114-115.

Die Funktion der Sammlungen wurde hier deutlich: ihre Objekte dienten als Unterrichts- und Anschauungsmaterial.

Daß dies auch in der von Wilhelm von Humboldt prognostizierten Form durchgeführt wurde, zeigte die erste Beschreibung des mit Gründung der Universität eingerichteten Zoologischen Museums von Hinrich Lichtenstein aus dem Jahr 1816.[64] Er plädierte für eine »Verbreitung naturhistorischer Kenntnisse durch unmittelbare Anschauung«, bei der zum Beispiel – anders als bei der GNF – Tiere nach den »äußern Merkmalen auch ohne unmittelbare Handhabung vollkommen erkennbar würden«.[65] Den Studierenden wurde eine Systematik anschaulich gemacht, ohne daß die Arbeit des mühsamen Bestimmens vorgenommen werden mußte, ja vielmehr das Bestimmen und damit auch die handgreifliche Arbeit an der Naturalie nicht das Ergebnis der Forschung zur Naturgeschichte sein durfte, sondern Voraussetzung.

Ähnlich wie die Sammlung der GNF beruhte auch die des Zoologischen Museums auf Geschenken von privaten Sammlern. Lichtenstein, Mitglied der GNF, beschrieb jedoch die Etiketten und Verzeichnung der Gegenstände des Museums bereits mit einer gänzlich anderen Gewichtung: Für ihn stand die geographische und nicht personale Herkunft der Tiere im Vordergrund. Dazu benutzte er verschiedenfarbige Etiketten:

> »Eine mit denselben Farben illuminierte Weltkarte hängt in einem der vorderen Sääle [*sic*] und giebt die Begrenzung an, in welcher jeder Welttheil gedacht wird. In dem untern Winkel der Etikette zur Linken steht dann noch der Name des Reichs, oder der Provinz, in welchen

64 Das Direktorat über das künftige Zoologische Museum wurde 1810 an den Entomologen Johann Karl Wilhelm Illiger übergeben, der im folgenden die entscheidenden Weichen für das Museum stellte. Eröffnet wurde es schließlich vier Jahre später, nun schon unter erheblicher Mitwirkung von dem Mediziner und Zoologen Lichtenstein, den man schließlich 1815 zu seinem »Aufseher« in der Nachfolge Illigers erwählte. Siehe Bruno Brauer: Das Zoologische Museum. In: Lenz 1910 (Anm. 3), S. 372-389; Heidi Muggelberg: Leben und Wirken Johann Karl Wilhelm Illigers (1775-1813) als Entomologe, Wirbeltierforscher und Gründer des Zoologischen Museums der Humboldt-Universität zu Berlin. In: Mitteilungen des Zoologischen Museums zu Berlin 51, 1975, S. 257-303; ebd. 52, 1976, S. 137-174; Erwin Stresemann: Hinrich Lichtenstein. Lebensbild des ersten Zoologen der Berliner Universität. In: Willi Göber/Friedrich Herneck (Hg.): Forschen und Wirken. Festschrift zur 150-Jahr-Feier der Humboldt-Universität zu Berlin 1810-1960. Bd. 1. Berlin 1960, S. 73-96.

65 Hinrich Martin Lichtenstein: Das zoologische Museum der Universität zu Berlin. Berlin 1816, S. 11-12.

> ein Tier zu Hause gehört und zur Rechten der Name des Gebers oder Verkäufers, nicht nur, um des ersten dankbar zu erwähnen, oder den letzten für mögliche Irrthümer verantwortlich zu machen, sondern auch, um die von berühmten Schriftstellern [...] herstammenden Stücke in der ganzen Wichtigkeit darzustellen, die sie als Originale weit verbreiteter Abbildungen für die Wissenschaft haben müssen.«[66]

Natürlich räumte er die Bedeutung der Donatoren ein, doch wichtiger war für ihn die Visualisierung der Weltteile. Wurden in der GNF die Naturalien mit einer Nummer versehen, die wiederum zu den Verzeichnissen und damit gleichberechtigt zu Naturaliengebern und zur Bestimmung des Exponates führte, setzte Lichtenstein den Primat der Geographie um. Die einzelne Person trat in den Hintergrund. Im Vordergrund stand die Benutzung der Naturalien zum Unterricht der Studierenden und zum Vorzeigen für die gelehrten Gesellschaften. So führte Lichtenstein auch die Mitglieder der GNF in den folgenden Jahren immer wieder durch das Museum. Hatte die Sorgfalt um das gesellschaftseigene Kabinett abgenommen, wurde dafür den gefüllten Zimmern des Museums um so mehr Beachtung geschenkt: »Der Hr. Prof. Lichtenstein unterhielt die Gesellschaft auf das angenehmste durch dic Vorzeigung des herrlichen Naturalien Cabinets der Universität«.[67]

In den Museen der Universität waren die Naturalien nicht mehr in einen Zirkulationsprozeß eingebunden, wie die GNF es ehedem praktiziert hatte. Das Naturobjekt war gänzlich gerahmt, keinerlei persönliche Indizien verwiesen auf ihren Besitzer. Es wurde verwaltet und in einen administrativen Apparat eingebunden, der eine persönliche Anteilnahme des Kurators verbot. Ging es bei Martini noch darum, das Eigentum eines jeden so geschickt einzusetzen, daß sowohl dem Eigentümer als auch dem gemeinschaftlichen Ganzen und dem Staate daraus Vorteile erwuchsen, so war die private Sammlung mit Beginn des 19. Jahrhunderts nicht mehr ohne weiteres mit dem Allgemeinwohl zu verbinden. Dies wurde sinnfällig an der Ausübung des Amtes des Aufsehers des Königlich Mineralogischen Kabinettes:[68] In der Neuen Berlinischen Monatsschrift

66 Ebd., S. 13-14.

67 HBS (Anm. 6), Tagebuch 7, S. 318.

68 Es entwickelte sich aus dem Königlichen Mineralienkabinett, das in Zusammenhang mit der Gründung der Berliner Bergakademie 1770 stand. Als dessen Direktor und Aufseher amtierte Dietrich Ludwig Gustav Karsten, ein Schüler Abraham Gottlob Werners aus Freiberg. Er war auch für das Direktorat des nachfolgenden

veröffentlichte das GNF-Mitglied Karsten einen Artikel über das Kabinett der Bergakademie und schrieb: »Der Aufseher hat [...], sobald ihm dies Königliche Institut anvertrauet ward, seine eigne Sammlung freiwillig weggegeben, um sich der Verschönerung und Ergänzung des Königl. Kabinettes ganz und ungetheilt zu widmen. Was er auf Reisen sammelt, oder von auswärtigen Korrespondenten geschickt erhält, wird alles der großen Anstalt zugetheilt, deren möglichste Vervollkommnung er als eine heilige Pflicht gegen die Wissenschaften betrachtet«.[69] Die Gründe dieser Entscheidung verdeutlichte die Diskussion um die Nachfolge Karstens. Christian Samuel Weiss wurde bei Antritt seiner Stelle 1810 nahegelegt, die eigene Sammlung der Universität zu verkaufen, damit dem Beispiel Karstens zu folgen und auch keine neue anzulegen. Man begründete dies einerseits damit, daß der Leiter der Sammlung sonst billig zu erwerbende Fossilien für sich nehmen würde. Andererseits falle jegliche Kontrolle über Entwendungen fort, da es für die mineralogische Sammlung noch keinen Katalog gebe.[70] Nunmehr stand an Stelle der aktiven Einbringung des Eigentums zum Wohle des Staates ein Amt mit festge-

Museums vorgesehen. Jedoch starb er 1810, und an seiner Stelle berief man den Professor der Physik Christian Samuel Weiss. Siehe Dietrich 1960 (Anm. 63); Günter Hoppe: Christian Samuel Weiss und das Berliner Mineralogische Museum. In: Wissenschaftliche Zeitschrift der Humboldt-Universität zu Berlin, Math.-Naturwiss. Reihe 31, 1982, S. 245-254; ders.: Dietrich Ludwig Gustav Karsten (1768 bis 1810), Mineraloge und Bergbeamter in Preußen. In: Hans Prescher (Hg.): Leben und Wirken deutscher Geologen im 18. und 19. Jahrhundert. Leipzig 1985, S. 71-91; Paul Krusch: Die Geschichte der Bergakademie zu Berlin von ihrer Gründung im Jahre 1770 bis zur Neueinrichtung im Jahre 1860. Berlin 1904.

69 Dietrich Ludwig Gustav Karsten: Das Mineralienkabinett des Königl. Bergwerks- und Hütten-Departements. In: Neue Berlinische Monatsschrift 10, 1803, S. 434-444, S. 442. »Diese Haltung Karstens begründete die bis heute bestehende Tradition [im Museum für Naturkunde, A.t.H.], daß die Aufseher bzw. Kustoden der Mineralsammlung keine eigene Sammlung besitzen dürfen«; siehe Hoppe 1985 (Anm. 68), S. 78.

70 Siehe Hoppe 1982 (Anm. 68), S. 246-247. Ähnliches gilt für Alexander von Humboldt, der seine auf Reisen zusammengebrachten Sammlungen ebenfalls nicht für sich behielt, sondern ausdrücklich an den Staat übergab; siehe Günter Hoppe/ Manfred Barthel: Der Beitrag Alexander von Humboldts zur Entwicklung der geowissenschaftlichen Sammlungen der Berliner Universität. In: Alexander von Humboldt-Ehrung in der DDR. Festakt und Wissenschaftliche Konferenz aus Anlaß des 125. Todestages Alexander von Humboldts. Berlin 1986, S. 99-104, S. 100.

legten Aufgaben.[71] Die Persönlichkeit im Amt war der Wissenschaft, allenfalls noch der Universität verpflichtet, aber nicht einer Person. Freundschaft, aber vor allem die Bereicherung der eigenen Sammlung war nun unvereinbar mit dem Staatsnutzen geworden. Immer noch ging es um das Projekt einer zentralen naturgeschichtlichen Sammlung im Staate, wie es Martini vorgeschwebt hatte und wie es die GNF praktizierte. Doch sollte dieser Zusammenschluß ausschließlich auf institutioneller Ebene erfolgen: Wilhelm von Humboldt betonte Wert und Verdienst der einzelnen Sammlungen und plante sie zu einem »organischen Ganzen« zu verbinden, »indem [jeder einzelne Teil, A.t.H.] eine angemessene Selbstständigkeit erhält, doch gemeinschaftlich mit den andern zum allgemeinen Endzweck mitwirke«.[72] Die Formulierung könnte fast von Martini stammen, doch während dieser den Zusammenschluß von interessierten Männern und damit die Zirkulation der Objekte vor Augen hatte, schwebte Humboldt vierzig Jahre später das einigende, nicht auf freundschaftliche Beziehungen, sondern Reglements gebaute Dach der Universität vor.

Die entscheidende Veränderung zwischen dem ersten Jahrzehnt der GNF und der Zeit um 1810 lag in der Organisation der Anteilnahme des einzelnen Bürgers am Projekt der universalen, belehrenden und öffentlichen Sammlung des Staates. Martini hatte noch die Hoffnung, in dem Zusammenschluß möglichst vieler privater Sammlungen ein umfassendes Kabinett in der Stadt und im Land zu gestalten, und entsprach damit dem Bürgerverständnis des 18. Jahrhunderts: Ein Bürger ist der, der Vermögen und eine »Teilhabe am Commercium« beweisen kann. Er erhält seine Ehrfähigkeit durch Besitz und vermag seine Tugenden in der Akkumulation von materiellen Werten darzustellen. In der zweiten Hälfte des 18. Jahrhunderts konnte der »staatsbürgerliche Patriotismus« auf diese Weise geweckt und bestätigt werden.[73] Nach der Vorstellung von Martini setzte der Mittelstand seinen (Naturalien-) Besitz ein, um dem öffentlichen Wohl zu dienen. Dagegen ermöglichten zu Beginn des 19. Jahr-

71 Zur Erziehung der akademischen Persona und damit dem Staatsdiener in Preußen vgl. William Clark: On the ministerial archive of academic acts. In: Science in context 9, 1996, S. 421-486; Friedrich Kittler: Das Subjekt als Beamter. In: Manfred Frank/Gérard Raulet/Willem van Reijen: Die Frage nach dem Subjekt. Frankfurt a. M. 1988, S. 401-420.

72 Humboldt 1969 (Anm. 63), S. 115.

73 Rudolf Vierhaus: Friedrich Nicolai und die Berliner Gesellschaft. In: ders.: Deutschland im 18. Jahrhundert. Politische Verfassung, soziales Gefüge, geistige Bewegungen. Göttingen 1987, S. 159.

hunderts nicht so sehr der Einsatz des eigenen Vermögens die Teilnahme am Staat, nicht die Teilhabe am *Commercium* durch einen Zusammenschluß in Freundschaft, sondern die Teilhabe an Bürokratie und Verwaltung, und damit Kenntnisse, Talente, Erfahrungen und Verdienste. Karsten und seinen Nachfolgern war eine eigene Sammlung nicht mehr erlaubt. Doch standen bei ihnen Fachkenntnisse, organisatorisches Geschick und Verwaltung der Sammlung im Vordergrund. Diese Veränderung war mit einem Mentalitätswandel des sammelnden Naturforschers assoziiert, in dem nicht mehr sein Vermögen, sein Wissen und sein Charisma einer Sammlung die Konturen verlieh. Vielmehr wurde diese nach allgemeinen Aspekten verwaltet und nahm als eine wichtige Einrichtung des Staates ihren Platz in Lehre und Forschung sowie beim Publikum ein. Karsten und die Mitglieder der GNF zu Beginn des 19. Jahrhunderts vereinte, daß eine zunehmende Loslösung der Personen von den Objekten stattfand. Weder ihre Selbstdarstellung noch ihr Wissen waren an ihre Zirkulation geknüpft. Der Kreislauf der Objekte, den Martini noch für den eigentlichen Ort gehalten hatte, wurde vom Staat übernommen und in einer zentralen Bildungseinrichtung festgestellt. Sie war die neue Werkstatt der Weisen: Wo zunächst Gelehrte, dann mittelständische Kabinetteigner und Freunde gefuhrwerkt hatten, arbeiteten nun die Staatsdiener.

Ernst P. Hamm

Goethes Sammlungen auspacken

Das Öffentliche und das Private im naturgeschichtlichen Sammeln[1]

Goethe hat viel geschrieben. Seine gesammelten Gedichte, seine wissenschaftlichen und literarischen Schriften, Tagebücher und Briefe machen über 130 Bände aus, dazu kommen noch mehrere Bände mit Schriften offizieller Art sowie die Briefe, die er vernichtete. Man kann sich leicht vorstellen, daß er kaum noch für etwas anderes Zeit hatte, als zu schreiben, und doch gelang es ihm irgendwie, noch mehr zu tun: zum Beispiel Dinge sammeln. 1775 kam er mit einigen Manuskripten und sonst wenig Wertvollem in seinem Gepäck in Weimar an; in den nächsten siebenundfünfzig Jahren gab er doppelt soviel aus, wie er gebraucht hätte, um als wohlhabender Landedelmann zu leben, und häufte über 9000 Drucke und Illustrationen, etwa 4500 Gemmen, etliche Gemälde und Plastiken, 8000 Bücher, 341 Kisten mit Manuskripten, ein Kabinett mit physikalischen Instrumenten sowie osteologische, botanische und mineralogische Sammlungen an.[2] Goethe war sich der Kostspieligkeit seiner Sammeltätigkeit ebenso wie seiner Bildung bewußt:

> »Man muß alt werden … und Geld genug haben, seine Erfahrungen bezahlen zu können. Jedes Bonmot, das ich sage, kostet mir eine Börse voll Gold; eine halbe Million meines Privatvermögens ist durch meine Hände gegangen, um das zu lernen, was ich jetzt weiß, nicht allein das ganze Vermögen meines Vaters, sondern auch mein Gehalt und mein bedeutendes literarisches Einkommen seit mehr als fünfzig Jahren.«[3]

1 Für finanzielle Unterstützung danke ich dem *Research Committee of the Atkinson Faculty of Liberal and Professional Studies, York University*, und dem *Social Sciences and Humanities Research Council*. Für die großzügige Hilfe während meines Besuches im Goethehaus und seiner Sammlungen im Jahr 1999 möchte ich Frau Gisela Maul vom Goethe-Nationalmuseum in Weimar danken.

2 Erich Trunz: Goethe als Sammler. In: ders.: Ein Tag aus Goethes Leben. Acht Studien zu Goethes Leben und Werk. München 1990, S. 72-100, bes. S. 72.

3 Goethe machte diese Bemerkung erst in späteren Jahren, am 13.2.1829. Johann Peter Eckermann: Gespräche mit Goethe in den letzten Jahren seines Lebens, 1823-1832. 3. Aufl. Berlin 1962, S. 452. Siehe auch Ernst Beutler: Das Goethesche Familienvermögen von 1687-1885. In: ders.: Essays um Goethe. 7. Aufl. Zürich 1980, S. 393-403, S. 402.

Seinen Angehörigen hinterließ Goethe deshalb abgesehen von unzähligen Gegenständen und Schriften nicht viel (auch wenn sie von den Tantiemen seiner Werke besser leben konnten als erwartet).

Goethes Sammlungen mußten Platz in seinem Haus finden. Das meiste davon war in vier Zimmern angehäuft: im Majolicazimmer, im großen Sammlungszimmer, im Deckenzimmer und in der Bibliothek; hinzu kam die mineralogische Sammlung, für die mit ihren annähernd 18.000 Stücken sogar ein eigenes Gebäude, der Gartenpavillon, eingerichtet wurde.[4] Heute belegen seine Sammlungen in Weimar das ganze Haus am Frauenplan (das über siebzehn Räume hat), das angeschlossene mittelgroße Museum (mit Lagerräumen), mehrere Räume im Schloß und im Goethe-Schiller-Archiv. Diese Räume und ihr Inhalt stellen nunmehr ein öffentlich zugängliches Monument ihrer Zeit, ihres Ortes und ihres Sammlers dar; aber sie sind nicht das einzige hinterlassene Monument, auch nicht das teuerste.[5] Über Jahrzehnte hatte Goethe die »Oberaufsicht« über die Bibliotheken sowie andere wissenschaftliche und künstlerische Institutionen in Weimar und Jena – eine Position, in der er große Summen der Staatskasse ausgab, um öffentliche Sammlungen aufzubauen.[6] Ein Teil davon ist die Steinsammlung.

Wahrscheinlich erregt Goethes mineralogische Sammlung bei Besuchern des Hauses am Frauenplan heute wenig Aufmerksamkeit. Der größte Teil der Steine lagert immer noch im Gartenpavillon in Schubladenschränken verschiedener Größe, die noch zu seinen Lebzeiten angefertigt wurden. Zusätzlich stehen vier Schränke im Haus, im Vorraum

4 Erich Trunz: Das Haus am Frauenplan in Goethes Alter. In: ders. (Anm. 2), S. 42-71.

5 Zur Zeit enthält die Reihe »Goethes Sammlungen zur Kunst, Literatur und Naturwissenschaft« die folgenden Kataloge: Hans Ruppert: Goethes Bibliothek, Katalog. Weimar 1958; Gerhard Femmel (Hg.): Corpus der Goethezeichnungen. Leipzig 1958-1973; Hans-Joachim Schreckenbach: Goethes Autographen-Sammlung. Weimar 1961; Gerhard Femmel/Gerald Heres: Die Gemmen aus Goethes Sammlung. Leipzig 1977; Hans Prescher: Goethes Sammlungen zur Mineralogie, Geologie und Paläontologie, Katalog. Berlin 1978; Gerhard Femmel: Goethes Grafiksammlung. Die Franzosen, Katalog und Zeugnisse. München 1980. Siehe auch Christian Schuchardt: Goethes Kunstsammlungen. Jena 1848-1849.

6 »Außerdem habe ich anderthalb Millionen zu großen Zwecken von Fürstlichen Personen ausgegeben sehen, denen ich nahe verbunden war und an deren Schritten, Gelingen und Mißlingen ich teilnahm.« In: Eckermann 1962 (Anm. 3), S. 452.

zum Arbeitszimmer.[7] Mit der Mineraliensammlung begann Goethe in den späten 1770er Jahren und führte sie bis zu seinem Tod 1832 fort. Angeblich hat es zu Goethes Lebzeiten nur zwei vergleichbare private mineralogische Sammlungen gegeben: die von Abraham Gottlob Werner, dem Direktor der Freiberger Bergakademie, und die von Adolf Traugott von Gersdorf aus Görlitz. Solche Sammlungen waren nicht zuletzt auch wertvoll: 1842 schätzte man die Goethesche auf 7000 Taler, was rund ein Drittel seines Nachlasses ausmachte.[8] Und doch ist sicher, daß Goethe die Mineralien nicht wegen ihres kommerziellen Werts zusammentrug.

Goethe war ein leidenschaftlicher Steinsammler. An Sophie von La Roche schrieb er 1780, Proben aus ihrer Gegend »würden [...] [ihm] einen Fest machen«.[9] Später kündigte er Herder begeistert an, daß er aus dem Harz mit schwerem Steingepäck zurückkehren werde. Gelegentlich mußte er sich auch zurückhalten, nicht zuviel mitzunehmen. 1785, nachdem er eine Woche in der von ihm verwalteten Silber-Kupfer-Mine in Ilmenau verbracht hatte, schrieb er an Charlotte von Stein, er habe sich nun fest vorgenommen, keine Steine mehr anzurühren, was er gleich zu Anfang seiner Italienreise 1786 erneut beteuerte: »Ein Stück war gar zu apetitlich, der Stein aber zu fest, und ich habe geschworen mich nicht auf dieser Reise mit Steinen zu schleppen.« Doch Goethe konnte nicht widerstehen. Folglich beschloß er, Auge und Begehren an kleinere Proben zu gewöhnen, damit er nicht so schwer schleppen müsse.[10] Sein Enthusiasmus für das Mineralreich übertrug sich auch auf den Weimarer Kreis, was ab 1780 zu einem regelrechten Sammelrausch führte. Herder soll daraufhin gewitzelt haben: »Da war der Mensch gar nichts, der Stein alles [...] Alles mineralogisierte; selbst die Damen fanden in den Steinen einen hohen Sinn, und legten sich Kabinette an [...]«[11] Die allgemeine

7 Gelegentlich stehen zwei einzelne Schränke nebeneinander, die durch einen oberen, gläsernen Aufsatz wie ein zusammenhängendes Schrankelement wirken. Folgt man der Konvention von Max Semper, der sie in seinem Manuskriptkatalog von 1912 als einen Schrank gezählt haben muß, gibt es insgesamt 18 Schränke. Zu Sempers Katalog und denen seiner Vorgänger siehe Prescher 1978 (Anm. 5), S. 13-19.

8 Prescher 1978 (Anm. 5), S. 14, 16.

9 Nachdruck der sogenannten »Weimarer Ausgabe«, Johann Wolfgang von Goethe: Goethes Werke. München 1987-1990 (1887-1919), Teil 4: Briefe, Bd. 4, S. 277-279, S. 278: Brief an Sophie von La Roche, 1.9.1780.

10 Ebd., Bd. 6, S. 353-355, S. 354: Brief an Johann Gottfried Herder, 6.9.1784; Bd. 7, S. 116-118, S. 117: Brief an Charlotte von Stein, 8.11.1785. Das vorhergehende Zitat s. ebd., Teil 3: Tagebücher, Bd. 1, S. 152, 190: Tagebuch, 5.9.1786, 13.9.1786.

11 Siehe Wolfgang Herwig (Hg.): Goethes Gespräche. Bd. 1. Stuttgart 1965, S. 224.

Begeisterung wurde allerdings nicht von allen geteilt. Charlotte von Stein äußerte sich abfällig: »So sind mirs durch ihn die gehässigen Knochen geworden and das öde Steinreich«; für sie war das Tun des Freundes rätselhaft: »Ich glaube, Goethe hat viele Freuden, ernste Freuden, welche die Welt nicht begreift.«[12] Die Herders, Johann Gottfried und Karoline, verweigerten sogar jedes Gespräch über Steine.[13] Nicht lange nach seiner Ankunft in Weimar (1787) befand Schiller, daß Goethe einen bedauerlichen Einfluß auf den Weimarer Kreis ausübe. Deren Mitglieder hätten sich ihren fünf Sinnen verschrieben, verachteten jegliche Spekulation und interessierten sich übermäßig für das Sammeln von Kräutern und das Mineralogisieren.[14] Ludwig Börne, der nie ein Blatt vor den Mund nahm, wenn es um Goethe ging, kommentierte: »Hätte er die Welt geschaffen, er hätte alle Steine in Schubfache gelegt, sie gehörig zu schematisieren«.[15] Dies war einem eigenen Gedanken Goethes nicht unähnlich, den er 1818 in einem Gedicht für seinen Enkel Walter beschrieb: »Steinchen um Steinchen verzettelt die Welt, / Wissende haben's zusammengestellt«.[16]

Aus ihrem Zusammenhang gerissen, ist eine mineralogische Sammlung nicht viel mehr als eine Anhäufung von Steinen in Schubfächern. Aber Goethe sammelte nicht nur leidenschaftlich – er sammelte auch mit Sinn und Verstand. Seine mineralogischen Sammlungen *auszupacken* heißt, ihre öffentliche Funktion und ihre private Bedeutung darzustellen. Die öffentliche Funktion ist gebunden an die Geschichte des Mineralogisierens in Mitteleuropa und ihre gesellschaftlich-epistemische Funktion. Die Praxis des Sammelns und seine Bedeutung veränderten sich dramatisch zwischen 1770 und 1830. Sammlungen machen nur allzuoft den Eindruck, als wären sie starr, vielleicht, weil sie individuelle Objekte in einem System fixieren, aber in der Praxis sind sie dynamisch, wachsen und wechseln ihr Gesicht.

Historiker schrecken oft davor zurück, sich über das Persönliche zu äußern, da es den negativen Beigeschmack des Psychologisierens trägt

12 Siehe Johann Wolfgang von Goethe: Die Schriften zur Naturwissenschaft. Weimar 1947-, Teil 2: Ergänzungen und Erläuterungen, Bd. 7, S. 327, 338.

13 Herwig 1965 (Anm. 11), S. 224.

14 Ebd., S. 397.

15 Zitiert in: Karl Robert Mandelkow (Hg.): Goethe im Urteil seiner Kritiker. München 1975-1984, Bd. 1, S. 505.

16 Wiegenlied dem jungen Mineralogen Walter von Goethe. Den 21 April 1818. In: Goethe 1987-1990 (Anm. 9), Teil 1: Schriften, Bd. 4, S. 47.

und eher Biographie als Geschichte zu sein scheint.[17] Das gleiche gilt für die Wissenschaftshistoriker, die der Rolle der Passionen in der Wissenschaft bisher nicht genügend Aufmerksamkeit geschenkt haben, als ob zwischen Vernunft und Leidenschaft eine scharfe Grenze bestünde. Aber genau solche Dichotomien wollte die Romantik überwinden. Um über Goethes Sammeln zu sprechen, muß auch über Goethe selbst gesprochen werden. Es ist schade, daß so viel die Rede von Wissenschaft ist und – abgesehen von Ausnahmen, die die Regel bestätigen – so wenig von den Leidenschaften, die die Wissenschaftler antreiben.[18]

In seinem Aufsatz von 1931, »Ich packe meine Bibliothek aus: eine Rede über das Sammeln«, bemerkt Walter Benjamin, daß das Sammeln letztlich eine hochgradig private Angelegenheit sei. Die wahren Sammler – und Benjamin zählte sich zu diesen – betonten nicht den funktionellen utilitären Wert von Sammlungen, sondern fühlten sich ihnen durch eine »rätselhafte« Besitz-Beziehung verbunden:

> »Es ist die tiefste Bezauberung des Sammlers, das einzelne in einen Bannkreis einzuschließen, in dem es, während der letzte Schauer – der Schauer des Erworbenwerdens – darüber hinläuft, erstarrt. Alles Erinnerte, Gedachte, Bewußte wird Sockel, Rahmen, Postament, Verschluß seines Besitztums. Zeitalter, Landschaft, Handwerk, Besitzer,

17 Für eine Verteidigung der Biographie vgl. Michael Shortland/Richard Yeo: Introduction. In: dies.: Telling lives in science: essays on scientific biography. Cambridge 1996, S. 1-44.

18 Für eine »history of wonder as a passion« siehe Lorraine Daston/Katherine Park: Wonders and the order of nature, 1150-1750. New York 1998, S. 15; Lorraine Daston: The moral economy of science. In: Osiris 10, 1995, S. 2-24; dies.: The factual sensibility. In: Isis 79, 1988, S. 452-467; Thomas Söderqvist: Existential projects and existential choice in science: science biography as an edifying genre. In: Shortland/Yeo 1996 (Anm. 17), S. 45-84, S. 64f. Zum Sammeln allgemein, vgl. Susan Stewart: On longing: narratives of the miniature, the gigantic, the souvenir, the collection. Baltimore 1984. Als ahistorische, psychoanalytisch inspirierte Abhandlungen vgl. z. B. Jean Baudrillard: The system of collecting. In: John Elsner/Roger Cardinal (Hg.): The cultures of collecting. London 1994, S. 7-24; Werner Muensterberger: Collecting, an unruly passion: psychological perspectives. Princeton 1994. Für eine Erörterung der (Kunst-)Sammelleidenschaft siehe Goethes Briefessay von 1799: Der Sammler und die Seinigen. In: ders. 1987-1990 (Anm. 9), Teil 1, Bd. 47, S. 119-207, S. 138-145. Kürzlich wurde die Ansicht vertreten, mit diesem Essay sei der Sammler als literarische Figur in die Weltliteratur eingeführt worden. Siehe Carrie Asman: Kunstkammer als Kommunikationspiel. Goethe inszeniert eine Sammlung. In: Goethe: Der Sammler und die Seinigen. Dresden 1997, S. 119-177, bes. S. 143-144.

von denen es stammt – sie alle rücken für den wahren Sammler in jedem einzelnen seiner Besitztümer zu einer magischen Enzyklopädie zusammen, deren Inbegriff das Schicksal seines Gegenstandes ist. Hier also, auf diesem engen Felde läßt sich mutmaßen, wie die großen Physiognomiker – und Sammler sind Physiognomiker der Dingwelt – zu Schicksalsdeutern werden. Man hat nur einen Sammler zu beobachten, wie er die Gegenstände seiner Vitrine handhabt. Kaum hält er sie in Händen, so scheint er inspiriert durch sie hindurch, in ihre Ferne zu schauen.«[19]

Die private Bedeutung und die öffentliche Funktion von Goethes mineralogischen Sammlungen widersprechen sich nicht. Doch um zu verstehen, was sie ihm bedeuteten, muß zuerst die Frage beantwortet werden, in welchem größeren Kontext sie zu sehen sind.

Öffentliche Zwecke: Namen und Traditionen

Die Faszination, die Sammlungen und das Mineralreich auf Goethe ausübten, rief zwar bei einigen Mitgliedern des Weimarer Kreises ein gewisses Erstaunen hervor, doch stellten seine mineralogischen Beschäftigungen nichts Zeituntypisches dar. Mineralogie spielte eine wichtige Rolle in der Naturgeschichte des 18. Jahrhunderts. In dieser Zeit entstanden in ganz Europa mineralogische Sammlungen.[20] Zudem hatte das

19 Walter Benjamin: Ich packe meine Bibliothek aus. Eine Rede über das Sammeln. In: ders.: Gesammelte Schriften. Bd. 4, Teil 1. Frankfurt a. M. 1972. S. 388-396, S. 389.

20 Giuseppe Olmi: From the marvellous to the commonplace: notes on natural history museums (16th-18th centuries). In: Renato Mazzolini (Hg.): Non-verbal communication in science prior to 1900. Firenze 1993, S. 235-278, S. 263. Siehe auch Rhoda Rappaport: When geologists were historians, 1665-1750. Ithaca 1997, S. 251. Eine berühmte mineralogische Sammlung besaß Johann Ernst Immanuel Walch in Jena, ein Philologe, der eines der herausragendsten Werke des 18. Jahrhunderts über Petrefakte nicht nur herausgab, sondern auch gleich mehrere Bände verfaßte: Georg Wolfgang Knorr: Sammlung von Merckwürdigkeiten der Natur und Alterthümern des Erdbodens, welche petrificierte Körper enthält. Nürnberg 1755-1773, auch ins Französische und Holländische übersetzt. Goethe besuchte Walchs Sammlung im Herbst 1778. Für eine allgemeine Darstellung der wissenschaftlichen Sammlungen Goethes siehe Dorothea Kuhn: Der Naturgegenstand als Vertreter der Schöpfung: Sammeln und Betrachten des jungen und des alten Goethe. In: Andreas Grote (Hg.): Macrocosmos in Microcosmo. Die Welt in der Stube. Zur Geschichte des Sammelns 1450 bis 1800. Opladen 1994.

Mineralreich – wenn auch nicht ganz so ausgeprägt wie die Botanik – seinen festen Platz in der höfischen Gesellschaft.[21] Besonders in den Regionen, die durch Bergbau geprägt waren – beispielsweise in Mitteleuropa (einschließlich Weimar), Schweden und Teilen von Italien –, gab es zahlreiche Steinsammlungen.[22] Zu der Zeit, als Goethe mit seinen mineralogischen Studien begann, gehörten Minen zu den bevorzugten Orten für die Beobachtung von Steinschichten und bildeten somit einen Ausgangspunkt für theoretische Erwägungen.[23] Deshalb ist seine mineralogische Sammeltätigkeit eigentlich nur im Kontext der Mineralogie, wie sie in der Bergakademie in Freiberg praktiziert wurde, richtig zu verstehen.

Sein ganzes Leben hindurch betonte Goethe, daß er kein Interesse an einer Sammlung seltener oder wertvoller Steine habe. Ihren eigentlichen Wert beschrieb er kühn in einem Brief an Johann Heinrich Merck: »Vom Harze werde ich nun balde die wichtigste Suite beisammen haben, die existieren kann. Von Gebürgsarten versteht sich; denn nach reichen und kostbaren Stufen lasse ich mich nicht gelüsten, es ist mir auch zu dem, was ich vorhabe, wenig an Kostbarkeiten gelegen.«[24] Fast ein halbes Jahrhundert später, nur wenige Tage vor seinem Tod, bestätigte Goethe in einem Brief, seltene Exemplare seien nicht das Ziel seines Sammelns.[25]

21 Krzysztof Pomian: Collectors and curiosities: Paris and Venice, 1500-1800. Cambridge 1990 (1987), S. 218. Dorothea Schlözer, wohl die erste in Deutschland promovierte Frau, ließ sich in Mineralogie prüfen. Siehe Bärbel Kern/Horst Kern: Madame Doctorin Schlözer. Ein Frauenleben in den Widersprüchen der Aufklärung. München 1988, S. 118. Für ein besonders prominentes Beispiel aus dem 19. Jahrhundert, vgl. Hugh Torrens: Mary Anning (1799-1847) of Lyme: »the greatest fossilist the world ever knew«. In: British journal for the history of science 28, 1995, S. 257-284.

22 Martin Guntau: The natural history of the earth. In: Nicholas Jardine/James A. Secord/Emma C. Spary (Hg.): Cultures of natural history. Cambridge, 1996, S. 211-229; Martin Rudwick: Minerals, strata and fossils. In: ebd., S. 266-286; Lisbet Koerner: Daedalus hyperboreus: Baltic natural history and mineralogy in the Enlightenment. In: William Clark/Jan Golinski/Simon Schaffer (Hg.): The sciences in enlightened Europe. Chicago, 1999, S. 389-422.

23 Ezzio Vaccari/Nicoletta Morello: Mining and knowledge of the earth. In: Gregory A. Good (Hg.): Sciences of the earth. New York 1998, S. 589-593; Ernst P. Hamm: Knowledge from underground. Leibniz mines the Enlightenment. In: Earth sciences history 16, 1997, S. 77-99. Die ausführlichste Darstellung zu Goethes Arbeit in Ilmenau liefert Kurt Steenbuck: Silber und Kupfer aus Ilmenau: ein Bergwerk unter Goethes Leitung; Hintergründe, Erwartungen, Enttäuschungen. Weimar 1995.

24 Goethe 1987-1990 (Anm. 9), Teil 4: Briefe, Bd. 6, S. 400-402, S. 401-402: Brief an Johann Heinrich Merck, 2.12.1784.

25 Ebd., Teil 4, Bd. 49, S. 275-277, S. 276: Brief an Carl Bernhard Cotta, 15.3.1832.

Die schönsten Sammlungen an Mineralien seien nicht die, die dem Auge oder Portemonnaie gefielen, sondern solche, die am lehrreichsten seien.[26] Ein Blick auf seine eigenen Sammlungen zeigt, wie ernst er es meinte.

Die vollständig erhaltenen mineralogischen Sammlungen stellen in ihrer generellen Systematik und auch in ihrer materialen Ordnung in den jeweiligen Schränken wahrscheinlich den Zustand zur Zeit von Goethes Tod dar. Die Schränke, die für die Aufbewahrung und nicht für die Präsentation der Stücke gebaut wurden, sind mit einer Ausnahme aus einfachem gestrichenen Holz gefertigt. Die Glasschaukästen, die auf manchen Schränken stehen, waren als ein Zugeständnis an die unwissende Neugierde derjenigen gedacht, die ein paar besonders schöne Stücke zu sehen wünschten; die wahren Schätze aber befanden sich in den Schränken.[27] Zur Einteilung der Steinwelt dienten vier große Kategorien: die systematische Mineraliensammlung, die systematische Gesteinssammlung, die systematische Fossiliensammlung und schließlich die Suitensammlungen. Mit Ausnahme der Fossilien bestanden die Kategorien schon 1783, als der erste Katalog (Katalog A) erstellt wurde.[28]

Goethes Einteilungen entsprachen der Wernerschen Klassifizierung. Im 18. Jahrhundert existierten zahlreiche Mineralienklassifizierungen: John Woodward, Carl von Linné, Johann Henckel, Torbern Bergman, Axel Frederic Cronstedt und Abraham Gottlob Werner entwickelten ähnliche mineralogische Klassifizierungssysteme. Werner unterteilte die Mineralien in vier große Gruppen: Erden und Steine, Salze, leicht entzündliche Stoffe (»brennliche Wesen«) und Metalle. Die früheste autorisierte Version seiner Mineralklassifikation wurde 1789 veröffentlicht, die erste unautorisierte Version, die Goethe besaß, bereits 1783.[29] Werners

26 Ebd., Teil 4, Bd. 23, S. 389-392, S. 391: Brief an August von Goethe, 27.6.1813.

27 Dasselbe trifft auf Goethes Bibliothek zu. Es handelt sich um ein kleines, mit Regalen gefülltes Zimmer, geeignet zur Aufbewahrung von Büchern, nicht, um sie zur Schau zu stellen oder zu lesen. Der Lektüreort der Bücher (oder von Mineralienproben) war das Arbeitszimmer.

28 Goethe erarbeitete diesen Katalog teilweise selbst. Katalog B wurde 1785 von Johann Carl Wilhelm Voigt zusammengestellt; zu diesem Zeitpunkt war die Sammlung schon auf sieben Schränke angewachsen. Die Fossilien erfaßte zum ersten Mal 1813 Goethes Sohn August im Katalog C, dessen Hauptteil Goethes Sekretär Johann August Friedrich John zusammenstellte. Alle drei Kataloge befinden sich als Manuskripte im Goethe- und Schiller-Archiv in Weimar. Siehe Prescher 1978 (Anm. 5), S. 14-20.

29 Christian August Siegfried Hoffmann: Mineralsystem des Herrn Inspektor Werners mit dessen Erlaubnis herausgegeben. In: Bergmännisches Journal 1, 1789,

eigentliche Innovation bestand darin, ein separates System für die Klassifizierung von Gesteinen oder, um es genauer auszudrücken, von Gebirgsarten zu entwickeln. Die Unterscheidung zwischen Mineralien und Gebirgsarten war nicht so künstlich, wie es vielleicht scheinen mag, da alle Gebirge aus Mineralien bestehen, aber nicht alle Mineralien Gebirge sind. Werner veröffentlichte seine berühmte *Kurze Klassifikation und Beschreibung der verschiedenen Gebirgsarten* erst 1786,[30] doch Goethe, mit dem Netzwerk der Freiberger Akademie verbunden, war der Text sowie die mineralogischen Klassifizierungen in groben Zügen schon Jahre vor der Veröffentlichung bekannt. Schon 1780 brachte Johann Carl Wilhelm Voigt, ein Absolvent der Freiberger Akademie und für Verwaltung des Bergwerks in Ilmenau vor Ort verantwortlich, Goethes Sammlung von Gebirgsarten in eine Art von Ordnung.[31] Die Suitensammlungen bestanden aus einer Serie von Gebirgsarten, die alle an einem bestimmten Ort – etwa im Harz – gefunden worden waren. Im damals üblichen Sprachgebrauch galten Sammlungen von Mineralien, Gesteinen, Suiten und Fossilien sämtlich als mineralogische Sammlungen. (Wenn nicht anders spezifiziert, wird auch hier der Begriff »mineralogisch« so verwandt.) Um die Bedeutung der Gebirgsarten in den Sammlungen richtig einzuschätzen, ist es wichtig, ihren Kontext, die jahrhundertealte Kultur und das Vokabular des Bergbaus in Sachsen und im Harz zu berücksichtigen.[32]

S. 369-398; C. F. W. Roth: Das Mineralreich nach dem Wernerischen System. Weimar 1783. Zu Goethes Besitz dieser Tabelle, siehe Goethe 1947- (Anm. 12), Teil 2, Bd. 7, S. 86. Für mineralogische Klassifizierungsschemata vgl. Rachel Laudan: From mineralogy to geology: the foundations of a science. Chicago 1987, S. 20-46.

30 Abraham Gottlob Werner: Kurze Klassifikation und Beschreibung der verschiedenen Gebirgsarten. In: Abhandlungen der Böhmischen Gesellschaft der Wissenschaften, 1786, S. 272-297. Neudruck in: ders.: Short classification and description of the various rocks. New York 1971.

31 Goethe 1987-1990 (Anm. 9), Teil 3, Bd. 1, S. 121-122: Tagebuch, 5.7.1780.

32 Für ein Verständnis dieser Tradition siehe Alexander M. Ospovats Kommentar in: Werner 1971 (Anm. 30), *passim*; Rudwick 1996 (Anm. 22); Vaccari/Morello 1998 (Anm. 23); Hamm 1997 (Anm. 23); Laudan 1987 (Anm. 29); Mott Greene: Geology in the nineteenth century. Ithaca 1982; Guntau 1996 (Anm. 22); ders.: Abraham Gottlob Werner. Leipzig 1984; ders.: Die Genesis der Geologie als Wissenschaft. Berlin 1984; Gabriel Gohau: Les Sciences de la terre aux XVIIe et XVIIIe siècles. Paris 1990; Bruno von Freyberg: Die geologische Erforschung Thüringens in älterer Zeit. Ein Beitrag zur Geschichte der Geologie bis zum Jahre 1843. Berlin 1932; Walther Fischer: Mineralogie in Sachsen von Agricola bis Werner: Die ältere Geschichte des Staatlichen Museums für Mineralogie und Geologie in Dresden. Dresden 1939.

Mit »Gebirge« wird üblicherweise eine Berggruppe oder -kette bezeichnet, doch im 18. Jahrhundert hatte dieses Wort eine weitgefaßte Bedeutung. Bergleute sprachen davon, im Gebirge zu sein, sobald sie sich nur unter Tage befanden; dort wiederum unterschieden sie verschiedene Arten von Gebirge vom Ausmaß der Ablagerung und vom Standort, und zwar abhängig davon, welche Methoden und Werkzeuge sie für den Stein benötigten.[33] Diese Bedeutung von Gebirge wurde teilweise von Mineralogen übernommen. 1761 definierte Georg Christian Füchsel das Gebirge als eine Formation mit derselben Position oder Schicht, aus derselben Materie und ähnlichen Ursprungs.[34] Werner übernahm diese Definition und stellte sie ins Zentrum seiner *Kurzen Klassifikation*. Zuerst unterschied er vier Arten von Gebirge: uranfängliche, Flötz, vulkanische und aufgeschwemmte; später fügte er noch als fünfte das Übergangsgebirge zwischen dem Uranfänglichen- und Flötzgebirge hinzu.

Goethe and Werner werden oft als Neptunisten bezeichnet, aber diese Bezeichnung ist nicht besonders hilfreich. Der Begriff »Neptunismus« wird gemeinhin mit der Ansicht assoziiert, daß die wichtigsten Formationen der Erdkruste im Wasser entstanden oder durch Wasser geformt wurden. Es handelt sich dabei aber nicht so sehr um eine bestimmte Theorie als vielmehr um einen Begriff für eine Reihe von Annahmen über den Ursprung und die Klassifizierung von Gesteinen, insbesondere von Basalten. Nach dem *Oxford English Dictionary* war es Richard Kirwan, der diesen Begriff im Jahre 1790 zum ersten Mal benutzte. Ein Nachweis für den deutschen Sprachraum läßt sich schwieriger führen (Grimms *Wörterbuch* führt keine Fremdwörter auf), doch schon 1789 war bei Goethe von Neptuniern die Rede.[35] Heutige Historiker benutzen das Wort oft in Kombination mit »Vulkanismus«, so als würden diese Begriffe zwei sich gegenseitig ausschließende Theorien repräsentieren. Doch bilden sie nur dann ein Gegensatzpaar, wenn man sie auf die Entstehung bestimmter Gesteine anwendet, etwa auf den Basalt. Richtig ist, daß beide Begriffe sich aus einer älteren Terminologie entwickelten,

33 Siehe den Kommentar von Ospovat in: Werner 1971 (Anm. 30), S. 97.

34 Georg Christian Füchsel: Historia terrae et maris ex historia Thuringae, per montium descriptionem eruta. In: Acta Academiae Electoralis Moguntiae scientarium utilium, Erfurt 2, 1761, S. 45-208, bes. § 4. Ich danke Bert Hansen für die Überlassung seiner Übersetzung des Textes.

35 Johann Wolfgang von Goethe: Vergleichs Vorschläge die Vulkanier und Neptunier über die Entstehung des Basalts zu vereinigen. In: ders. 1947- (Anm. 12), Teil 1: Texte, Bd. 11, S. 37-38.

die die zwei im 18. Jahrhundert üblichen Arten der chemischen Analyse meint: die »nasse« und die »trockene« Art, das heißt Lösung des Stoffes oder seine Verbrennung.[36] Nicolas Desmarest wie auch Déodat de Dolomieu versuchten zwar nachzuweisen, daß Basalte auf trockene Art (vulkanisch) entstehen, doch waren beide nichtsdestotrotz davon überzeugt, daß fast die gesamte Erdoberfläche auf die nasse Art entstanden sei.[37] Ähnlich sahen das auch Goethes Kollegen Voigt, Barthélemy Faujas de St. Fond, Jean-Étienne Guettard und Johann Jakob Ferber. Deshalb sei seine Bezeichnung als »Neptunist« zurückgestellt; lohnenswerter ist es, sich der Bezeichnung Bergmann zuzuwenden.

Das deutsche Wort Bergmann hat eine umfassendere Bedeutung als das englische Wort *miner*. Die Goethezeit kannte verschiedene Arten von Bergmännern: solche, die mit der Feder arbeiteten (Bergschreiber), solche, die als Aufseher tätig waren (Bergmeister), solche, die Verwaltungsaufgaben erfüllten (Bergrat), und diejenigen, die am allermeisten arbeiteten, die einfachen Bergleute.[38] Genaugenommen bot sich keiner dieser Titel für Goethe an, doch mindestens zwei davon trafen auf Werner zu. Beide Männer betrieben eine Art von Mineralogie, die sich aus einer jahrhundertealten Tradition des Bergbaus in Mitteleuropa und Schweden entwickelt hatte. Man sollte sie deshalb als Mineralogen bezeichnen, statt die spezialisierteren Begriffe Geognostiker, Geologe, Bergwerksverwalter etc. zu benutzen. Mineralogie war im 18. Jahrhundert in Deutschland ein weit verbreiteter Begriff, der verschiedene Praktiken, die der Erforschung der Erde gewidmet waren, einschloß. Den Bergbau lernte Goethe bei seiner ersten offiziellen Anstellung am Weimarer

36 Sogenannte »Taschenlabore« machten es möglich, »nasse« und »trockene« Analysen im Feld durchzuführen. Gustav von Engestrom: Treatise on the Pocket Laboratory. In: Axel Frederic von Cronstedt: an essay towards a system of mineralogy. 2. Aufl. London 1788.

37 Nicolas Desmarest: Mémoire sur l'origine & la nature du basalte à grandes colonnes polygones, determinées par l'histoire naturelle de cette pierre, observée en Auvergne. In: Mémoires de l'Academie royale des sciences pour l'année 1771, 1774, S. 705-777; Deodat de Dolomieu: Sur la question de l'origine du basalte. In: Observations sur la physique, sur l'histoire naturelle et sur les arts 37, 1790, S. 193-202, S. 194; Kenneth L. Taylor: Deodat de Dolomieu. In: Charles C. Gillispie (Hg.): Dictionary of scientific biography. Bd. 4. New York 1971. S. 149-153, bes. S. 152.

38 Zum Begriff Bergmann siehe Herbert C. Hoover und Lou H. Hoover in: Georgius Agricola: De re metallica (1556). New York 1950, S. 77-78, Fußnote 1.

Hof kennen, als er mit der Wiedereröffnung der Silber-Kupfer-Mine in Ilmenau betraut wurde. Während dieser Zeit kam er mit einer Gruppe von Mineralogen zusammen, die Absolventen der 1765 gegründeten Freiberger Bergakademie waren. Dazu zählten Friedrich Wilhelm Heinrich von Trebra (der erste Absolvent überhaupt) und Johann Carl Wilhelm Voigt, der als Vorbereitung für seine Position als Weimarer Bergrat vom Herzogtum dorthin gesandt worden war. Die Tradition der Freiberger Mineralogie war eng mit dem Bergbau verbunden.[39] Spekulative Theorien der Erde, wie zum Beispiel die von Thomas Burnet, schätzte man nicht, und großangelegte Theorien wie die Buffons wurden mit Skepsis betrachtet: »Man verlangte nicht mehr neue Ideen, sondern Thatsachen.«[40] 1780 hatte Goethe sich diese Ansicht zumindest teilweise zu eigen gemacht: »Ich habe jetzt die allgemeinsten Ideen und gewiß einen reinen Begriff, wie alles auf einander steht und liegt, ohne Prätension auszuführen, wie es auf einander gekommen ist.«[41] Die beschreibende Wissenschaft, die Goethe praktizierte, war als Abteilung der Mineralogie, als Geognosie, bekannt, ganz im Gegensatz zur Geologie, die mit spekulativem Theoretisieren assoziiert wurde.

Tatsachen und Fakten sind nur selten eindeutig. Im Bergbau spielten Vermessungen und Markscheiden eine bedeutende Rolle, und es war besonders den Bergleuten daran gelegen die Position von Mineralien und Formationen zu bestimmen. Eine Sammlung von Gebirgsarten könnte analog zu einer mineralogischen Karte geordnet werden, um ein besseres Verständnis, um einen, wie Goethe sagen würde, »anschauenden Begriff« einer bestimmten Sektion der Erdkruste zu vermitteln. Sammlungen von Gesteinsformationen aus bestimmten Gegenden waren deshalb Sammlungen der Natur im Kleinen, und Goethe besaß viele solcher Suiten aus verschiedenen Gegenden.[42] Um diese Sammlungen aber zu interpretieren und in ein Verhältnis zur Natur im Großen zu setzen, bedurfte es aller möglichen Schlußfolgerungen, wobei Annahmen über die Ursprünge der Erde dabei eher vermieden werden sollten. Gesteinssammlungen mußten deshalb auf bestimmte Orte konzentriert werden, weil eine einzelne Gesteinsprobe etwas anderes darstellt als ein Spezimen aus dem Tier-

39 Hamm 1997 (Anm. 23).

40 Karl A. von Zittel: Geschichte der Geologie und Paläontologie bis Ende des 19. Jahrhunderts. München 1899, S. 76.

41 Goethe 1987-1990 (Anm. 9), Teil 4, Bd. 4, S. 306-312, S. 311: Brief an Johann Heinrich Merck, 11.10.1780.

42 Darunter solche aus dem Harz, Thüringen, Böhmen und anderen Orten; bereits 1785 besaß er 17 solcher Suitensammlungen, Prescher 1978 (Anm. 5), S. 15.

oder Pflanzenreich. Leibniz, der viel Zeit und Energie auf die Minen im Harz verwandt hatte, war dieses Problem bereits ein Jahrhundert vor Werner vertraut:

> »Bien des gens amassent des Cabinets, où il y a des mineraux, mais à moins que d'avoir des observations exacte du lieu d'où ils ont esté tirés, et de toutes les circonstances, ces collections donnent plus de plaisir aux yeux que des lumieres à la raison. Car une plante ou un animal est un tout achevé, au lieux que les Mineraux sont ordinairement des pieces detachées, qu'on ne scauroit bien considerer dans leur tout.«[43]

Leibniz hatte weniger eine Naturgeschichte als eine »Natur-Geographie« im Sinn, die die Orte und Verteilung der Mineralienvorkommen berücksichtigte, deren Proben man wiederum in Schränken aufbewahren konnte.[44] Wenn ein Gebirge als eine Gesteinsspezies galt, dann war eine Sammlung von Gebirgsarten eine Sammlung von Proben dieser Spezies. Die chemischen Bestandteile eines Gesteins zu kennen war nicht ausreichend, um seinen Platz in der Natur auszumachen. Georg Christoph Lichtenberg wies darauf hin, daß eine wichtige Beziehung zwischen Natur im Großen und Natur im Schrank bestünde, daß Gesteine sowohl chemisch als auch geographisch studiert werden müßten: »So wie der Geognostische Charakter der *Steinarten* schlechterdings nicht bloß von den Bestandteilen herzunehmen ist, sondern aus der Natur im *Großen* zu entlehnen ist, so sollte man überhaupt mehr auf die Natur im Großen Rücksicht nehmen.«[45] Betrachtungen über die Natur im Großen waren auch entscheidend für Goethes Gesteinssammlungen. Dabei war der Prozeß des Sammelns im Feld eine wichtige Möglichkeit, etwas über die Natur zu erfahren. Ganz ähnlich notierte Walter Benjamin, daß er beim Sammeln von Büchern etwas über die Zivilisation lernte: »Wie viele Städte haben sich mir nicht in den Märschen erschlossen, mit denen ich auf Eroberung von Büchern ausging.«[46]

43 Gottfried Wilhelm Leibniz: Protogaea (1749). Toulouse 1993, S. 179-183, S. 182: Brief an Foucher, Mai 1687.

44 Hamm 1997 (Anm. 23).

45 Georg Christoph Lichtenberg: Sudelbücher, J 1498. In: ders.: Schriften und Briefe. Bd. 2. München 1971, S. 277.

46 Benjamin 1972 (Anm. 19), S. 391.

Bei Sammlungen geht es nicht nur um das Finden von Dingen und eine Bezugnahme zwischen Außen und Innen, es geht auch um die Benennung der Dinge und die Standardisierung dieser Benennungen. Goethe war sich dieses Problems bewußt und glaubte, die Standardisierung sei durch die Wernerschen Methoden zu erreichen. In seiner Schrift *Von den äußerlichen Kennzeichen der Fossilien* präsentierte Werner eine sehr ausgefeilte Methode zur Beschreibung von Mineralien, die Sehsinn, Geschmack, Tastsinn, Geruchssinn und sogar das Gehör (der Klang, den die Gesteine machten, wenn man sie anschlug) mit einbezog. Durch diese sinnengeleitete Technik wurde der Körper des Mineralogen gleichsam zu einem Identifizierungsinstrument im Felde.[47] Standardisierte Beschreibungen waren ein Weg zur Vereinheitlichung der Namen von Dingen. Die »poetisch-figürliche« Sprache der Bergleute hatte zwar ihren eigenen Charme, aber Goethe fand, sie führe zu Verwechslungen, da sie sich von Ort zu Ort unterscheide. Er glaubte, diese Sprache durch die Freiberger Nomenklatur zu überwinden, die Voigt ihn seit 1780 lehrte.[48] In seinem Aufsatz über Granit von 1785 weist Goethe auf dieses Problem hin und betont die Notwendigkeit genauester Unterscheidungen: Die Italiener verwechselten immer noch Lava mit »kleinkörnigtem Granit«; die Franzosen würden Gneis »blättrigten Granit« nennen, »ja sogar wir Deutsche die wir sonst in dergleichen Dingen so gewissenhaft sind, haben noch vor kurzem das Toteliegende, eine zusammengebackene Steinart aus Quarz und Hornsteinarten und meist unter den Schieferflözen, ferner die raue Wacke des Harzes, ein jüngeres Gemisch von Quarz und Schieferteilen, mit dem Granit verwechselt.«[49]

47 Abraham Gottlob Werner: Von den äußerlichen Kennzeichen der Fossilien. Leipzig 1774. Werners System der Identifizierung von Mineralien sollte nicht, wie es bis heute manchmal noch vorkommt, mit seinem System der Klassifizierung von Mineralien verwechselt werden.

48 Goethe 1987-1990 (Anm. 9), Teil 4, Bd. 5, S. 20-28, S. 25: Brief an Herzog Ernst II, 27.12.1780; siehe auch ebd., Bd. 4, S. 306-313, S. 310: Brief an Johann Heinrich Merck, 11.10.1780.

49 Goethe 1947- (Anm. 12), Teil 1, Bd. 11, S. 10-14, S. 14. Dieser titellose Aufsatz wird oft »Über den Granit« genannt, nach Rudolf Steiner, der ihm diesen Namen in der sogenannten »Weimarer Ausgabe« gab. Siehe Goethe 1987-1990 (Anm. 9), Teil 2: Naturwissenschaftliche Schriften, Bd. 9, S. 171-177. Die Herausgeber von Goethe 1947- (Anm. 12), die sogenannte »Leopoldina Ausgabe«, nennen ihn »Granit II«. Obwohl Steiner meint, Goethe habe »Granit II« am 18.1.1784 diktiert, wurde der Text wahrscheinlich 1785 geschrieben. Siehe Goethe 1987-1990 (Anm. 9), Teil 2, Bd. 9, S. 312.

Wird Goethe auch oft als wissenschaftlicher Außenseiter betrachtet (eine Ansicht, die durch seine Angriffe auf Newtons Farbenlehre noch verstärkt wurde), so war er in der Mineralogie, zumindest gegen Anfang und Mitte seiner Laufbahn, ein *Insider*, eng mit den neuesten Forschungen aus einem der wichtigsten Zentren dieser Wissenschaft verbunden. Wie andere Mineralogen auch erweiterte Goethe seine Sammlungen durch Tausch und Kauf. Seine Korrespondenz ist durchzogen von Bitten um Gesteinsproben, Mineralien und Fossilien. Viele seiner Stücke jedoch sammelte er auf seinen zahlreichen Reisen. Manchmal, wie im Fall seiner berühmten Harzreisen, wurden sie zu regelrechten geognostischen Exkursionen, die ihn nicht allein zur Vervollständigung der Sammlungen führten. 1784, auf seiner dritten Reise durch den Harz, schrieb er an Herder, er sei auf der Suche nach den schwer einzuordnenden Gesteinen, die »das Kreuz« der Klassifizierer seien: »Die kleinsten Abweichungen, und Schattirungen die eine Gesteinart der andern näher bringen und die das Kreuz der Systematiker und Sammler sind weil sie nicht wissen wohin sie sie legen sollen, habe ich sorgfältig aufgesucht und habe sie durch Glück gefunden.«[50] Mehr als 28 Jahre später benutzte er dieselbe Sprache, vielleicht ein subtiles Wortspiel, als er von einem Harzer Granit schrieb, es sei »das Kreuz« der Mineralogen im Jenaer Museum.[51]

Die wichtigste Sammlung von Gebirgsarten, die es geben konnte, war eine Sammlung, die die Übergänge in der Entwicklung der Erdkruste deutlich machte. Während seiner zweiten Harzreise (1783) entdeckte Goethe zusammen mit Trebra einen »Doppelgesteinarten Granit mit aufgesetzten, eingewachsenen, dunkelblauen, fast schwarzen, sehr harten (jaspisartigen) Tongestein«. Trebra beschrieb diesen Fund im Detail und auch die Risiken seines »waghalsigen« Freundes Goethe, der eine Felswand hinaufgeklettert war, um den bedeutungsvollen Punkt zu berühren, an dem der Granit sich mit dem Schiefer verband.[52] Die 29

50 Goethe 1987-1990 (Anm. 9), Teil 4, Bd. 6, S. 353-355, S. 354: Brief an Johann Gottfried Herder, 6.9.1784. Steine selbst zu finden war die beste Art, welche zu sammeln. »Von allen Arten sich Bücher zu verschaffen, wird als die rühmlichste betrachtet, sie selbst zu schreiben.« Benjamin 1972 (Anm. 19), S. 390.

51 Goethe 1987-1990 (Anm. 9), Teil 4, Bd. 51, S. 331-332, S. 332: Brief an Christian Gottlob Voigt, 9.11.1812.

52 Gespräch von Trebra. In: Goethe 1947- (Anm. 12), Teil 2, Bd. 7, S. 321. Siehe Goethes Bemerkungen zu ähnlichen Steinen in: ebd., S. 66. Bei seiner 1785er Harzreise sammelte er mehrere Gesteinsproben von »Granit mit ansitzendem grauwackähnlichen Gestein« aus dem Rehberger Graben, siehe Tafel 1, Nr. 13a-17.

Granitproben, die er auf seiner dritten Harzreise sammelte (vgl. Tafel 1), wiesen Variationen in den relativen Proportionen der Bestandteile von Granit (Quarz, Glimmer und Feldspat) auf. Bei einigen der Proben bemerkte Goethe, daß der Feldspat erodiert war, bei anderen stellte er fest, daß Hornblende den Platz von Glimmer eingenommen hatte, und in wieder anderen Fällen sah er Übergänge zum Quarz. Diese Faszination war dem chemischen Verständnis vom Zustandekommen der Gesteinsformationen geschuldet: Man nahm an, daß die Gesteine der Erdkruste sich ursprünglich aus dem chemisch aufgeladenen Wasser des Urmeers kristallisiert und kondensiert hatten. Wiesen die Steine nun Übergänge, Veränderungen oder ähnliches auf, so sah man darin Hinweise auf frühgeschichtliche Veränderungen in der Erdkruste. Trebra, Horace Bénédict de Saussure und vor allem Werner erwarteten Beweise für solche Übergänge:

> »Einige der ersten [Gebirgsarten], nämlich der uranfänglichen, gehen auch ganz allmählig in Flötzgebirgsarten über. Nach den Entstehungsarten dieser Gebirgsarten, die sich in dem ungeheuren Zeitraume der Existenz unserer Erde wohl meist unvermerklich eine in die andere umänderten, ist es auch nicht anders möglich, als daß solche Uebergänge bey diesen Gesteinarten statt finden müssen.«[53]

Eine Sammlung war nicht nur ein Führer durch die Natur im Großen, sie war auch eine Art, die Geschichte der Erde zu lesen. Der Sammlungsschrank, so oft als statisch und ahistorisch mißverstanden, konnte als eine der Brücken zwischen Naturgeschichte und Geschichtlichkeit der Natur dienen.[54]

53 Werner 1786 (Anm. 30), S. 274. Obwohl dies mehrere Jahre nach Goethes Suche nach Übergangsgesteinen geschrieben wurde, ist es wahrscheinlich, daß Werner diese Ideen in Vorlesungen geäußert hatte, die Voigt gehört hatte und dann Goethe berichtete.

54 Siehe auch John Lyon/Phillip R. Sloan (Hg.): From natural history to the history of nature: readings from Buffon and his critics. Notre Dame 1981; Wolf Lepenies: Das Ende der Naturgeschichte: Wandel kultureller Selbstverständlichkeiten in den Wissenschaften des 18. und 19. Jahrhunderts. München 1976.

Öffentliche Zwecke: gesellschaftlich-epistemisch

Man kann sich des Eindrucks nicht erwehren, daß Sammlungen etwas Peinliches für die Wissenschaften am Anfang des 21. Jahrhunderts darstellen.[55] Sie werden heute für bedeutsam genug gehalten, daß man sie aufbewahrt, doch wenn es sich um nicht besonders schöne oder aus sonstigen Gründen bemerkenswerte Exemplare handelt, verbannt man sie in die Keller der Universitätsinstitute. Benjamin glaubte, die Blütezeit des privaten Sammlers gehöre der Vergangenheit an. Öffentliche Sammlungen, Museen und Bibliotheken gälten als weniger gesellschaftlich anstößig und wissenschaftlich wertvoller als Privatsammlungen. Rückblickend konstatierte er: »Erst mit der Dunkelheit beginnt die Eule der Minerva ihren Flug. Erst im Aussterben wird der Sammler begriffen.«[56] Der Sammler, den Benjamin zu begreifen suchte, war der Sammler des 19. Jahrhunderts. Doch verschiedene Eigenschaften und Obsessionen waren schon im 18. Jahrhundert vorhanden. Dazu zählte vor allem die Anstrengung um die richtige Benennung und Klassifizierung.[57] Was man den gesellschaftlich-epistemischen Zweck von Goethes Sammeln nennen könnte, hatte seine Wurzeln in der Aufklärung. Sammlungen des 18. Jahrhunderts, wie die von Goethe und Werner, waren üblicherweise privat, aber nicht ausschließlich, denn sie befanden sich oft auf dem Weg zum Museum. Bevor das Haus am Frauenplan zu einer solchen Institution wurde, hütete Goethe seine Sammlungsräume ebenso eifersüchtig wie das Arbeitszimmer. Nur enge Freunde durften sie betreten (nicht einmal für den König von Bayern wurde eine Ausnahme gemacht), und es gab ein »Donnerwetter«, als der Kanzler Friedrich von Müller (ein Mann, den er seinen Freund nannte) einmal ohne Erlaubnis das Majolicazimmer betrat.[58] Ernsthaften Forschern hingegen standen Goethes mineralogische Sammlungen zur Verfügung. Johann Carl Wilhelm Voigt versicherte Lesern seiner *Mineralogischen Reisen durch das Herzogthum Weimar und Eisenach*, daß ein kompletter Satz der von ihm beschriebenen Gesteine sich in Goethes Besitz befinde und der Dichter es jeder sachkundigen Person erlaubte, sie zu betrachten.[59]

55 In einer kürzlich erschienenen zweibändigen historischen Enzyklopädie der Erdwissenschaften gibt es nicht einmal einen Eintrag zum Stichwort Sammlungen. Good 1998 (Anm. 23).

56 Benjamin 1972 (Anm. 19), S. 395.

57 Michel Foucault: Die Ordnung der Dinge. Eine Archäologie der Wissenschaften. Frankfurt a. M. 1974 (1966).

58 Trunz 1990 (Anm. 2), S. 63, 51.

59 Johann Carl Wilhelm Voigt: Mineralogische Reisen durch das Herzogthum Weimar und Eisenach. Bd. 1. Dessau 1782, S. 151.

In der Freiberger mineralogischen Tradition war eine Sammlung ein unerläßliches Instrument für den Unterricht und die Standardisierung der Terminologie. Darum wissend, war Goethe sich darüber im klaren, daß private Sammlungen, obgleich nützlich, durchaus ihre Grenzen besaßen. Nur eine wirklich umfangreiche Kollektion konnte als ein Index der Bezeichnungen genutzt werden; und nur so konnte unter Umständen das Durcheinander überwunden werden, das durch die verschiedenen Namen für dieselben Dinge verursacht und das sich durch die terminologischen Idiosynkrasien in den verschiedenen Sprachen noch verschärfte; ein Problem, das Goethe bereits in seinem Aufsatz über Granit angesprochen hatte. Der Weimarer Dekan und Mineraloge Johann Samuel Schröter beklagte, daß praktisch jeder mineralogische Autor eigene Namen für Steine und eine eigene Terminologie und Klassifizierung benutze oder einfach jegliche Klassifizierung vermied.[60] Schröters achtbändiges polyglottes, alphabetisch geordnetes Wörterbuch (Deutsch, Latein, Französisch und Holländisch) beendete das Durcheinander nicht. Das Wörterbuch von Franz Ambrosius Reuss suchte mangelnde Ausführlichkeit – nur ein Band für Deutsch, Latein, Französisch, Italienisch, Schwedisch, Dänisch, Englisch, Russisch und Ungarisch – durch Übernahme der Wernerschen Nomenklatur und Klassifizierung zu kompensieren.[61] Solche Werke lieferten selten, was sie versprachen. Was Goethe vorschwebte, war nicht eine Bibliothek voller Wörterbücher, sondern eine Sammlung der Sammlungen, in der die Namen standardisiert und Proben kalibriert werden konnten, in der sich Beobachtungen aus der ganzen Welt zusammenbringen ließen.

Goethes Plan für die Anlage einer mineralogischen Sammlung stammt von 1784. Im gleichen Jahr entwickelte Trebra einen Vorschlag »für die Gründung einer Gesellschaft von Männern, die Erfahrungen und Beobachtungen zur besseren Kenntnis des Erdkörpers beibringen sollen, die an einen Mittelpunkt gesammelt, geordnet werden und allen Mitglieder zugänglich sind.« Eine empirisch begründete Theorie der Erde erforderte eine Art von Weltkarte der Gebirgsarten, eine Aufgabe, die weit über die Möglichkeiten eines einzelnen hinausging. Trebra stellte sich, um Bruno Latours Begriff zu verwenden, ein *Berechnungszentrum* für das Sammeln und Ordnen von Beobachtungen aus der ganzen Welt vor. In einem solchen Zentrum sollte »ein Ideal in einem Ganzen oder in Stücken von dem

60 Johann Samuel Schröter: Lithologisches Real- und Verballexikon. Bd. 1. Frankfurt a. M. 1772, S. X.

61 Franz Ambrosius Reuss: Neues mineralogisches Wörterbuch, oder Lexicon Mineralogicum. Hof 1798.

inneren Bau der Erde, ein Modell und in Zeichnungen entwickelt werden, woran immer verbessert, geändert und vervollkommnet werden kann«.[62] Entgegen der naheliegenden Möglichkeit, Freiberg zu diesem Ort zu küren, schlug Trebra Weimar oder Jena vor. Dabei mag der Gedanke eine Rolle gespielt haben, Herzog Carl August von Weimar als Gönner zu gewinnen, und Goethe könnte ebenso gedacht haben. Später schrieb Trebra Goethe die Idee zu einer mineralogischen Gesellschaft zu.[63]

Der Plan wurde verworfen, andere Pläne im Rahmen von Goethes Verwaltungsarbeit umgesetzt. In der Zeit von 1777 bis 1785 war Goethes Verantwortung in der Weimarer Regierung so gewachsen, daß er für einen Großteil der Geschäfte des Herzogtums zuständig war. Nach seiner Rückkehr aus Italien im Jahr 1788 konzentrierte sich seine administrative Arbeit hauptsächlich auf die kulturellen und wissenschaftlichen Institutionen. 1791 wurde ihm die Leitung des Weimarer Theaters übertragen; 1797 erhielten er und Christian Gottlob Voigt die »Oberaufsicht« über die herzoglichen Bibliotheken in Weimar und Jena; 1804 übernahmen sie gemeinsam die »Oberaufsicht« über alle naturwissenschaftlichen Museen in Jena – dazu gehörten die mineralogischen und zoologischen Kabinette sowie die physikalisch-chemischen Sammlungen. Für Goethe waren diese Pflichten »von den frühesten Zeiten her meine liebste Angelegenheit gewesen«.[64] Obwohl er an seinen eigenen Sammlungen sehr hing, zog der Administrator Goethe doch öffentliche Sammlungen den privaten vor. Als Beispiel mag die »Societät für die gesammte Mineralogie zu Jena«

62 Siehe Friedrich Wilhelm Heinrich von Trebra, unveröffentlichtes Manuskript, ohne Titel. In: Goethe 1947- (Anm. 12), Teil 2, Bd. 7, S. 127-130, Zitat S. 130. Dies war nicht die erste Idee für eine Sammlungs-Schaltstelle. Vor allem gegen Ende des Jahrhunderts wurden Forderungen nach Landeskabinetten und umfassenden Sammlungen laut, siehe auch den Beitrag von te Heesen in diesem Band. Zu den *Berechnungszentren* siehe Bruno Latour: Science in action. Cambridge, Mass. 1987, S. 215-257.

63 Friedrich Wilhelm Heinrich von Trebra: Erfahrungen vom Innern der Gebirge. Dessau 1785. Auch wenn Trebra Goethe nicht mit Namen nennt, so bezieht er sich doch auf ihn als »einen längst bekannten entschiedenen Freund des Schönen«, in: ebd., S. X. Vielleicht beschrieb Goethe diesen Plan zum ersten Mal während ihrer gemeinsamen Harzreise 1783.

64 Bericht an Herzog Carl August, März 1815. In: Goethe: Sämtliche Werke. Bd. 27: Amtliche Schriften. Frankfurt a. M. 1999, S. 959-968, S. 960. Für einen Überblick über Goethes Verwaltungsarbeit siehe den Kommentar von Irmtraut Schmid/Gerhard Schmid in: ebd., S. 1025-1177. Vgl. auch Hans Tümmler: Goethe in Staat und Politik. Köln 1964; ders.: Goethe der Kollege. Sein Leben und Wirken mit Christian Gottlob Voigt. Köln 1970; ders.: Das klassische Weimar und das große Zeitgeschehen. Köln 1975.

dienen, gegründet 1797 von Johann Georg Lenz. Grundstock dieser Sammlung war die von Johann Ernst Immanuel Walch aus Jena geerbte Sammlung. Wie in dieser Zeit üblich, vergab die Gesellschaft auch Ehrendiplome an berühmte oder vermögende Gelehrte, von denen man erwarten konnte, daß sie das Ansehen der Gesellschaft mehrten und Naturalien, Bücher oder Geld spendeten. Eines der Ehrendiplome wurde an den russischen Fürsten und Diplomaten Dimitri Alexejewitsch Gallitzin verliehen, den man kurz danach auch zum ersten Präsidenten der Sozietät bestimmte. Erwartungsgemäß stiftete der Fürst seine bedeutende Sammlung. Kurz darauf starb er, und Goethe nahm seinen Platz als Präsident ein, Trebra die Vizepräsidentschaft.[65] 1817 sorgte Goethe dafür, daß ein Diplom an den italienischen Geologen Giovanni Battista Brocchi verliehen wurde, und natürlich bat er ihn um eine Sammlung, die dessen neueste Veröffentlichung illustrieren sollte. Er rechtfertigte diese Bitte damit, daß das Jenaer Museum versuche, Gebirgssequenzen aus mehreren Ländern zu sammeln, um vergleichende Studien zu ermöglichen.[66] Trebras und Goethes Ziele von 1784 waren nicht vergessen worden: Schenkungen und Vermächtnisse ließen die Sammlungen wachsen. Solche erfolgreichen Erwerbungsstrategien waren auch für Benjamin elementar:

> »so ist eigentlich Erbschaft die triftigste Art und Weise zu einer Sammlung zu kommen. Denn die Haltung des Sammlers seinen Besitztümern gegenüber stammt aus dem Gefühl der Verpflichtung des Besitzenden gegen seinen Besitz. Sie ist also im höchsten Sinne die Haltung des Erben. Den vornehmsten Titel einer Sammlung wird darum immer ihre Vererbbarkeit bilden.«[67]

Für Goethe allerdings besaß die private Sammlung nicht jene nostalgische Patina, die Benjamin ihr zwischen den Zeilen zuschrieb. Goethe lebte in einer Ära, in der private Sammlungen den öffentlichen weichen

65 Johanna Salomon: Die Sozietät für die gesammte Mineralogie zu Jena unter Goethe und Johann Georg Lenz. Köln 1990. Die Societät wurde am 8. Dezember 1797 gegründet; Goethe schrieb fälschlicherweise, es wäre 1798 gewesen. Siehe Goethe: Mineralogische Gesellschaft (1805). In: ders. 1947- (Anm. 12), Teil I, Bd. 11, S. 53-54.

66 Goethe 1987-1990 (Anm. 9), Teil 4, Bd. 28, S. 341-348, S. 347-348: Brief an Gaëtano Cattaneo, 20.12.1817. Cattaneo war der Mittelsmann, der das Diplom Brocchi übergab und in Goethes Namen um die Mineralien bat. Bei dem fraglichen Buch handelte es sich um Giovanni Battista Brocchi: Mineralogische Abhandlung über das Thal von Fassa in Tirol. Dresden 1817 (1811).

67 Benjamin 1972 (Anm. 19), S. 395.

mußten, und in seiner administrativen Funktion mußte er letzteren den Vorzug geben. Ungefähr zeitgleich mit ihrer Gründung im Jahre 1803 versuchte Goethe die »Societät für die gesammte Mineralogie zu Jena« in eine staatliche Gesellschaft umzuwandeln und die Sammlung in die herzoglichen Museen im Jenaer Schloß zu überführen. Obwohl Goethe die Verantwortung über die neue »Herzogliche Societät für die gesammte Mineralogie zu Jena« erhielt, behielt Lenz die Leitung des Museums. Goethe unternahm den gleichen Versuch für die »Naturforschende Gesellschaft«, doch obwohl die Gesellschaft nicht aufgelöst und ein Großteil ihrer Sammlungen in den Jenaer Museen aufbewahrt wurde, stagnierte ihre Sammlung und man beutete sie schließlich für andere Kabinette aus.[68]

Die Schritte zur Konsolidierung und Zentralisierung der Sammlungen in Jena waren Teil von Goethes Plan, die durch den Weggang einiger prominenter Professoren geschwächte Universität wieder zu stabilisieren. Zu dieser Zeit nahm ein Professor, wenn er seine Universität verließ, gewöhnlich seine Sammlung mit, wie zum Beispiel 1803 der Jenaer Anatom Justus Christian Loder. Der Verlust mehrerer Professoren konnte für eine Universitätssammlung deshalb katastrophal sein. Um diesem Problem zu begegnen, wurden unabhängige Sammlungen zu Lehr- und Forschungszwecken aufgebaut, was – wie sich herausstellte – weder ihre Benutzung noch ihre adäquate Behandlung als Universitätsbesitz durch die Professoren sicherstellte. In einem Bericht aus dem Jahr 1817 über die Jenaer Museen lobte Goethe die zoologischen und osteologischen Sammlungen. Ihre Instrukteure konnten hier Objekte ausleihen, den Studenten in der von ihnen gewählten Ordnung vorlegen und zugleich dafür sorgen, daß am Ende des Unterrichts die Objekte wieder an ihren Platz in die Schränke zurückgelegt wurden. Doch die Grenze zwischen privat und öffentlich war nicht klar definiert: Selbst diese wohlgeordneten Schränke wurden von einigen Professoren geradezu in Besitz genommen, da sie es ablehnten, ihre Schlüssel für die Schränke abzugeben. Somit beeinträchtigten die professoralen Sitten die freie Forschung,[69] und es mußte ein Weg gefunden werden, die Professoren zu umgehen.[70]

68 Schmid/Schmid 1999 (Anm. 64), S. 1062-1069.

69 Siehe Johann Wolfgang von Goethe: Museen zu Jena. Übersicht des Bisherigen und Gegenwärtigen, nebst Vorschlägen für die nächste Zeit (1817). In: Goethe 1987-1990 (Anm. 9), Teil 1, Bd. 53, S. 291-304.

70 Als die Jenaer Ärzte behaupteten, sie könnten die Schlüssel für einen zum Ausbau der Jenaer Bibliothek benötigten Raum nicht finden, ließ Goethe die Wand, die die Bibliothek von der medizinischen Fakultät trennte, durchbrechen. In: Eckermann 1962 (Anm. 3), S. 543-544.

Sollten die Professoren ihre Oberhoheit über die Sammlungen abgeben und diese damit für die Studenten geöffnet werden, so verstand Goethe sie aber nicht als »öffentlich« im Sinne eines breiteren Publikums. Wie die privaten Sammlungen wollte er auch die öffentlichen nicht zur Schau stellen.[71] Goethe war entsetzt, als Lenz vorschlug, eine neue Sammlung von Gebirgsarten im Jenaer Museen in Vitrinen aufzubewahren. Solche Vitrinen, meinte Goethe, verschwendeten nur Platz und seien viel unpraktischer als die traditionellen Schränke mit Schubladen. Glas sei nützlich »für die gaffende Menge, der man was vorgaukeln will«. Aber es sei »ein bloßer Wahn«, zu denken, daß eine solche Sammlung in einem kurzen Moment mit »dem leiblichen Auge« erfaßt werden könne. Erst das innere Auge, also das sorgfältige Arrangement und die Kenntnis der Gesteine erlaube eine solche Gebirgsserie zu verstehen. Der Katalog, nicht das Glas, war die Art, Dinge zu finden.[72]

Sammlungen hatten eine epistemische Funktion, sie waren ein Lager für nützliches Wissen. Für Goethe bedeutete Wissen vor allem *im Zusammenhang* zu verstehen. Eine Gebirgsart in einem Schrank erklärte sich nicht von selbst, sondern nur mit Hilfe ihrer Nachbarobjekte. Deshalb war es wichtig, möglichst umfassende, zentrale Sammlungen (und nicht nur für die Mineralogie) anzulegen. Informierte Zeitgenossen zollten der Universität genau dafür Beifall: »Die Bibliothek ist wohl geordnet und gut bedient [...] Der botanische Garten ist der erste in Deutschland [...] Das Mineraliencabinet ist eines der reichsten in Deutschland«.[73]

71 Goethes Interesse an Sammlungen beschränkte sich nicht auf Jena. 1814, nach den Napoleonischen Kriegen, bereiste er das Rhein-Main-Gebiet, um sich über den Zustand der Kunstsammlungen zu informieren. Auch kommentierte er wissenschaftliche Sammlungen, lobte solche, die wohlgeordnet waren, und machte Verbesserungsvorschläge für solche, die einer Neuordnung bedurften. Seine Äußerungen waren vom Geist der Nützlichkeit durchdrungen, und er erkannte den Wert der Konsolidierung von Sammlungen nicht nur für Universitäten, sondern auch für Krankenhäuser, besonders in dicht besiedelten Städten wie seine Heimatstadt Frankfurt. Siehe dazu Goethe: Kunst und Altherthum am Rhein und Main. In: ders. 1987-1990 (Anm. 9), Teil 1, Bd. 34 (1), S. 69-200, S. 123-141.

72 Goethe 1987-1990 (Anm. 9), Teil 4, Bd. 27, S. 87-92, S. 88, 90, 91: Brief an Christian Gottlob Voigt, 13.7.1816. Zum Vergleich: Benutzer der Göttinger Universitätsbibliothek lobten diese ebenso für ihre Bestände wie für ihren Katalog, in dem als einem der ersten die Bücher nach Themen und nicht alphabetisch nach Autoren sortiert waren. Es war ein Katalog, mit dem man Bücher finden können sollte.

73 Derselbe Kritiker merkt an, *die* Professoren seien das Herz der Universitäten, die sich um die Universitäten kümmern würden, gleichgültig, wie schlecht diese sie

Die Umwandlung privater Sammlungen in öffentliche war nicht ohne die Veränderung der gesellschaftlichen Rolle der Professoren möglich. Ob einem etwas gehört oder nicht, verändert die Beziehung zu einem Objekt. Goethe war sich darüber im klaren, daß die wissenschaftlichen, öffentlichen Ziele der Sammlungen nicht ohne genaue Beachtung persönlicher Überlegungen erreicht werden konnten. »Jedes Geschäft wird eigentlich durch ethische Hebel bewegt, da sie alle von Menschen geführt werden.«[74] Die Sammlungen konnten nicht verändert werden, ohne daß damit gesellschaftliche Verhältnisse geändert würden. Öffentliche Sammlungen hatten gesellschaftliche und epistemische Funktionen. Professoren mußten gezwungen werden, ihre Verpflichtungen anzuerkennen und ihre Schlüssel aufzugeben. Die Welt des Professors als privater Fachmann war im Niedergang; genauso wie die Welt privater Amateure Platz machte für öffentliche Experten.[75]

Private Zwecke

Eine private Sammlung, gewachsen über Jahre und Jahrzehnte, hat eine bestimmte Bedeutung für ihren Besitzer. Henrich Steffens, der norwegisch-dänisch-deutsche Naturphilosoph und Geologe, meinte, »daß die Sammlerlust der Naturforscher im hohen Alter fast als ein Specificum für die Lebensverlängerung betrachtet werden kann«.[76] Die friedliche Beschäftigung mit in produktiveren Tagen gesammelten Stücken könne die Gegenwart des alten Sammlers erhellen. Steffens dachte dabei an Goethe. Mit Hilfe von Eckermanns *Gesprächen* (die Steffens fälschlicherweise als »Tagebuch« bezeichnete) stellte er sich vor, wie der greise

behandele. Anonyme Kritik von Hermann Friedrich Kilian: Die Universitäten in Deutschland. In: Isis 1829, Teil 5, S. 458-470. Siehe auch das Lob des Kritikers für Göttingen und die dortigen Kataloge. Der Kritiker könnte der Herausgeber der Zeitschrift Lorenz Oken gewesen sein, der seine Stelle in Jena aufgab, bevor Goethe Schritte zu seiner Entlassung einleiten konnte.

74 Goethe 1987-1990 (Anm. 9), Teil 1, Bd. 53, S. 299.

75 Zur Spannung zwischen privater und öffentlicher Sammlung siehe Paula Findlen: Possessing nature: museums, collecting and scientific culture in early modern Italy. Berkeley 1994, S. 393-407, bes. S. 395. Erörterungen privater naturkundlicher Kabinette konzentrieren sich meist auf die Zeit vor 1800, z. B. Olmi 1993 (Anm. 20); Pomian 1990 (Anm. 21); Grote 1994 (Anm. 20).

76 Henrich Steffens: Was ich erlebte. Aus der Erinnerung niedergeschrieben (1840-1844). Bd. 4. Stuttgart-Bad Cannstatt 1996, S. 72.

Goethe die »großartigen Ruinen seines bedeutenden Lebens« – seine Sammlungen – durchwanderte, als suche er nach verlorengegangenen Gedanken und Plänen seines Lebens.[77] Benjamin macht eine ähnliche Bemerkung: nicht der Sammler erwecke seine Sammlungen zum Leben, »er selber ist es, der in ihnen wohnt«.[78] Dies bestätigt auch Goethe in seinem lyrischen Aufsatz über Granit:

> »Ja man gönne mir, der ich durch die Abwechslungen der menschlichen Gesinnungen, durch die schnellen Bewegungen derselben in mir selbst und in andern manches gelitten habe und leide, die erhabene Ruhe, die jene einsame stumme Nähe der großen leise sprechenden Natur gewährt, und wer davon eine Ahndung hat folge mir.«[79]

Die elegante Leidenschaft dieses nur wenige Seiten umfassenden Aufsatzes schlägt einen Bogen von der Welt des Altertums zur Gegenwart, vom vulkanischen Chaos zur Stille des nackten Granitgipfels, vom veränderlichen menschlichen Herzen zur Verschiedenheit der Granitbezeichnungen. Hinter der rhapsodischen Prosa spannt sich ein dichtes Netz von Anspielungen auf die Harzreisen, die neuesten mineralogischen Debatten und auf seine Sammlungen; es ist ein Zusammenspiel von Dichtung, Wissenschaft und Autobiographie. Doch wurde es zu seinen Lebzeiten nicht veröffentlicht; es war nicht einmal in seinen Plänen für die posthume Ausgabe der Werke vorgesehen. Es ist ausgeschlossen, daß dies ein Versehen war – Goethe setzte alles daran, um sicherzustellen, daß Inhalt und Struktur der »Ausgabe letzter Hand« seinen Wünschen entsprachen.

Seit der Erfindung der Druckerpresse werfen unpublizierte Werke immer wieder Fragen auf. Gewiß sollten sie nicht als Synonym für Unfertiges genommen werden, und das Unfertige kann nicht als unwichtig gelten. Bisweilen fällt es auch schwer, über zarte Dinge zu schreiben. In einem Brief über die Kristallisation äußerte Goethe: »Es sind zu zarte Sachen, und die Bestimmung der Worte und Ausdrücke verlangt große Genauigkeit die in Schriften kaum, in Briefen nie erhalten werden kann.«[80] 1815 schickte er einem Freund zwei »Talismane« aus kristallisiertem Granit, »die ersten uns bekannten Gebilde der entstehenden Welt

77 Ebd., S. 73-74.
78 Benjamin 1972 (Anm. 19), S. 396.
79 Goethe 1947- (Anm. 12), Teil 1, Bd. 11, S. 11-12.
80 Goethe 1987-1990 (Anm. 9), Teil 4, Bd. 8, S. 345-347, S. 345-346: Brief an Philipp Seidel, 9.2.1788.

[...] Begreifen wird sie niemand«.[81] In »Granit II« spricht die Natur leise; in einem Aphorismus, der wahrscheinlich Jahrzehnte später geschrieben wurde, sind die Steine vollkommen verstummt: »Steine sind stumme Lehrer, sie machen den Beobachter stumm, und das Beste was man von ihnen lernt ist nicht mitzuteilen.«[82] Einige solcher kontinuierlichen Äußerungen über die Stille stammen aus Goethes Alterszeit und reflektieren seine Verachtung für die katastrophische Geologie Leopold von Buchs und Alexander von Humboldts. (Tatsächlich machte Goethe die eingangs zitierte Bemerkung über die Kosten seiner Sammlungen und seine lebenslange Bildung im Zusammenhang einer Unterhaltung, in der er gerade Buchs Theorie erratischer Blöcke attackiert hatte.[83]) Die Uneinsehbarkeit der Frühgeschichte ließ Goethe sehr skeptisch gegenüber weitausholenden Behauptungen einer neuen Wissenschaft der Erde sein. Aber eine Natur, die nicht vollkommen zugänglich war, war zugleich nicht ohne Reiz. Selbst als Junge wußte Serenus Zeitblom, der Erzähler von Thomas Manns *Doktor Faustus*, »daß die außerhumane Natur von Grund aus illiterat ist«, und genau das machte die »Unheimlichkeit« der Natur aus.[84] Für Goethe hatte Granit etwas Unheimliches.

1784, während er Gesteinsproben im Harz sammelte, bemerkte Goethe in einer Reihe von Briefen an Charlotte von Stein, daß er im Begriff sei, einen »ariadnischen Faden« zu finden, der ihn durch das Labyrinth führen werde. Das Labyrinth war die Struktur von Granit, der wie ein Durcheinander aus Rissen und formlosen Haufen erschien. In der Tat war Goethe überzeugt, im Granit des Brocken eine große, geordnete kristalline Struktur gefunden zu haben. Gleich nach seiner Reise schrieb er: »Die Zeichen der Natur sind groß und schön und ich behaupte, daß sie allesamt lesbar sind.«[85]

Das nur scheinbare Durcheinander der Natur galt ihm als ein Trost für das Durcheinander in seinem Leben. Goethe war 1775 in Weimar angekommen. Überlastet von Verwaltungsarbeit, war seine literarische Arbeit

81 Ebd., Teil 4, Bd. 26, S. 193-196, S. 194: Brief an Sulpiz Boisserée, 21.12.1815.

82 Goethe 1947- (Anm. 12), Teil 1, Bd. 11, S. 351.

83 Leopold von Buch: Ueber die Ursachen der Verbreitung grosser Alpengeschiebe (1811). In: Abhandlungen der physikalischen Klasse der Akademie der Wissenschaften aus den Jahren 1804-1811. Berlin, 1815, S. 161-186.

84 Thomas Mann: Doktor Faustus. Das Leben des deutschen Tonsetzers Adrian Leverkühn, erzählt von einem Freunde. Stockholm 1947, S. 30.

85 Goethe 1987-1990 (Anm. 9), Teil 4, Bd. 6, S. 343: Brief an Charlotte von Stein, 22.8.1784. Für eine bildhaftere Interpretation als die hier gegebene siehe Hans Blumenberg: Die Lesbarkeit der Welt. 2. Aufl. Frankfurt a. M. 1983, S. 214-237.

alsbald ins Stocken geraten. Es gab Charlotte, die er liebte, die aber mit einem anderen verheiratet war. Sie war Hüterin, Führerin, Pflegerin und Muse und der Anker, der ihn sicherte. Tausende von Briefen, die er während seines ersten Weimarer Jahrzehnts an sie richtete, beweisen, daß von allen Arten der Liebe die unvollzogene die verzehrendste sein kann, eine Krankheit, von der Goethe nicht geheilt werden wollte.[86] Kein Jahr später schrieb er seinem Freund Carl Ludwig von Knebel: »Die Consequenz der Natur tröstet schön über die Inconsequenz des Menschen.« Ein Gedanke, den er zweiundzwanzig Jahre später in seinen Notizen für einen Vortrag bei der »Mittwochsgesellschaft« vor den Damen des Hofes wiederholte.[87] Die Suche nach einer externen natürlichen Ordnung war mit seinem inneren Aufruhr verbunden, und das Studium der Bildung der Erde war Teil von Goethes Bildung.

Wenn Goethe öffentliche Sammlungen den privaten vorzog, so galt das nicht für seine eigenen. Sie waren vor allem als sein eigenes Monument wichtig, das er in den letzten Jahrzehnten seines Lebens so sorgfältig konstruierte. Alle seine Papiere und Sammlungen, sorgfältig geordnet, hinterließ er seinen Erben, die das Ganze an die Stadt Weimar weitergaben, wo es zusammengehalten werden sollte und heute den Grundstock für das Goethe-Museum darstellt. Seine Sammlungen waren also Teil der Identität, die er für sich aufgebaut hatte, Teil seiner Bildung. Sie konnten auch als Zeichen für die wichtigen Momente seines Lebens dienen.

Goethes Freundschaft mit Schiller ist so berühmt wie mißverstanden. Der Mythos der Olympier der deutschen Klassik erhob diese Freundschaft im Zeitalter des deutschen Reichs zur eigentlichen Verkörperung des »Landes der Dichter und Denker«. Bei all den wunderbaren literarischen Früchten, die daraus hervorgingen, war diese Freundschaft doch mehr von gegenseitigem intellektuellen Respekt gekennzeichnet als von echter Wärme. Es gab in dieser Beziehung keinen Platz für die Intimität des »du«.[88] Wie anders war da die Freundschaft zwischen Goethe und Trebra. 1812 schickte Trebra Goethe zwei polierte Tafeln des Steins, den sie 1783 im Harz gefunden hatten. Es handelte sich um einen Stein, der

86 Goethe 1987-1990 (Anm. 9), Teil 4, Bd. 6, S. 347-352, S. 350: Brief an Charlotte von Stein, 28.-31.8.1784.

87 Ebd., Bd. 7, S. 36-37, S. 36: Brief an Carl Ludwig Knebel, 2.4.1785; Zitat aus den Vortragsnotizen in: Goethe 1947- (Anm. 12), Teil 1, Bd. 11, S. 123.

88 Für eine hervorragende Erörterung dieser angespannten Freundschaft, siehe Hans Mayer: Goethe, ein Versuch über den Erfolg. Leipzig 1987, S. 51-59.

den Übergang zwischen Gebirgsarten sichtbar machte und der außerordentlich schwierig zu klassifizieren war. In Goethes Dankesschreiben findet sich eine Passage, die an seinen Aufsatz über Granit erinnert:

> »Die mir zugedachte [polierte Platte, E.H.] soll als ein herrliches Monument unserer Liebe und Freundschaft niedergelegt bleiben; unserer wechselseitigen Neigung, die eben so beständig und dauerhaft ist, als die Neigung zur Natur, als die stille Leidenschaft, ihre Rätsel anzuschauen und der Wunsch, durch unsern eignen selbst rätselhaften Geist ihren Mysterien etwas abzugewinnen.«[89]

Ein Stein war also für Goethe zugleich Teil einer Sammlung, Erinnerung an eine Freundschaft und Aufforderung, die Rätsel der Natur und des Ichs zu bestaunen. Unter allen Steinen war der Brocken der bedeutsamste: Ort der Walpurgisnacht in *Faust I*, war er der höchste Punkt im Harz und der berühmteste aller deutschen Berge. Mit seinem Granitgipfel stand er exemplarisch für Goethes gradualistische, nichtrevolutionäre Ansichten zur Erdkruste, genauso wie für seine Ansichten zu Gesellschaft und Politik, ausgedrückt in der »Hochgebirg«-Szene im vierten Akt von *Faust II*. Fertiggestellt 1831, war das buchstäblich der letzte Teil seines Lebenswerks. Aber der Brocken spielte schon ein halbes Jahrhundert zuvor eine bedeutende Rolle, nämlich bei seiner ersten und wichtigsten Harzreise, einer wirklichen Herzreise im Winter. Er unternahm diese Reise im Dezember 1777, um etwas über Bergwerke zu erfahren, den Brocken zu ersteigen und zu entscheiden, ob seine Zukunft in Weimar lag.[90] Diese Reise und die Bergbesteigung wurden in der »Harzreise im Winter«, eines seiner gnomischsten Gedichte, beschrieben. Der folgende

89 Goethe 1987-1990 (Anm. 9), Teil 4, Bd. 23, S. 119-121, S. 119-120: Brief an Friedrich Heinrich Wilhelm von Trebra, 27.10.1812. Siehe auch Walther Herrmann: Goethe und Trebra. Freundschaft und Austausch zwischen Weimar und Freiberg. Berlin 1955.

90 Für das hochinteressante und komplexe Argument, daß diese Reise vor allem Goethes Suche nach einem Zeichen diente, ob seine Zukunft in Weimar liegen würde, siehe Albrecht Schöne: Götterzeichen. In: ders.: Götterzeichen. Liebeszauber, Satanskult. München 1982. Wolf von Engelhardt hat gegen Schöne argumentiert, daß die Reise vor allem Informationen über den Bergbau erbringen sollte; siehe ders.: Goethes Harzreise im Winter 1777. In: Goethe Jahrbuch 104, 1988, S. 192-211. Klar ist jedoch, daß Goethes früheste und intensive Beschäftigung mit der unterirdischen, mineralogischen Welt mit seiner Suche nach seiner Berufung zusammenfiel.

Auszug stammt aus der frühesten Version des Gedichts, »Auf dem Harz im Dezember 1777«:

»Mit der dämmernden Fackel
Leuchtest du ihm
Durch die Furten bey Nacht,
Ueber die grundlosen Wege
Auf oeden Gefilden,
Mit dem tausendfarbigen Morgen
Lachst du in's Herz ihm,
Mit dem beizenden Sturm
Trägst du ihn hoch empor.
Winterströme stürzen vom Felsen
In seine Psalmen,
Und Altar des lieblichsten Dancks
Wird ihm des gefürchteten Gipfels
Schneebehangner Scheitel
Den mit Geisterreihen
Kränzten ahndende Völcker.

Du stehst unerforscht die Geweide
Geheimnißvoll offenbar
Ueber der erstaunten Welt,
Und schaust aus Wolcken
Auf ihre Reiche und Herrlichkeit
Die du aus den Adern deiner Brüder
Neben dir wässerst.«[91]

Es war dieser Gipfel, auf dem der Physiognomiker der Erde entschied, sein Schicksal läge in Weimar, und es war, sieben Jahre später, ebenfalls im Harz, wo er die wichtigste Gebirgsartensuite sammelte, »die existieren kann« – eine Sammlung, die Variationen und Übergänge einzelner Dinge sichtbar macht. Das vollständige Gedicht, eine Variation und Transformation der hier zitierten Version, ist in Goethes wichtigster Sammlung zu finden: in seinen Gesammelten Werken.

Aus dem Englischen von Wilhelm Werthern.

91 Nicht alles kann in einer Sammlung gefunden werden. Diese erste Version des Gedichtes verfaßte Goethe 1777. Das Originalmanuskript ging verloren, jedoch rekonstruierte Albrecht Schöne diese Version des Gedichtes aus Goethes Notizen, veröffentlicht in Schöne 1982 (Anm. 90), S. 20-22.

Tafel 1

Folge der Gebürgsarten des Harzes 1785

Granit.

1. Von den bloßstehenden Felsen auf dem großen Brocken, von der Verwitterung stark angegriffen. V. Trebra. pag. 79.
2. Unter dem Turf auf dem Brocken. Der Feldspat ist auf der Oberfläche zu einem Porzellanton aufgelöst. V. T. ibid.
3. Auf dem Wege vom Brocken nach den Arendsklinter Klippen. Der Feldspat ist fleischfarb.
4. Von den Arendsklinter Klippen.

4a. Ebendaher die Mischung verändert.

5. Mit grünem und schwarzem Schörl. Bei Schierke am Fuß des Brockens.
6. Aus dem Okertale.

6a. Vom Treppenstein im Okertale. An einer Seite mit einem quarzhaften Überzuge.

7. Vom Roßtrapp. Der Feldspat weiß ins Isabellfarbne.

7a. Schwarzer Strahschörl, der um den Roßtrapp in Granitgängen gefunden wird.

7b. Quarz mit ansitzendem Schörl von einem entblößten Gange hinter dem Roßtrapp, auf der Grenze mit dem Schiefer.

8. Vom Roßtrapp, mit gelblichen Flecken, die von einer eisenartigen Verwittrung herzukommen scheinen.
9. Ebendaher. Der Glimmer ist fast ganz der Feldspat in einigem Grade verwittert.
10. Ebendaher. Die äußere Fläche ist von der Verwittrung angegriffen und stark rot.

10a. Ebendaher. Dergleichen. Durchaus rot.

11. Ebendaher. Eine Abändrung des Granits wo Hornblende die Stelle des Glimmers vertritt.

11a. Ebendaher. Dergleichen etwas verändert.

12. Vom Rehberger Graben ohnweit Andreasberg.

Tafel 1: »Folge der Gebürgsarten des Harzes 1785«. Die Angaben »V. Treba.« und »V.T.« beziehen sich auf Friedrich Wilhelm Heinrich von Treba: Erfahrungen vom Innern der Gebirge. Dessau 1785.

13. Vom Adenberge, Granit mit ansitzendem grauwackigen Gestein.
13a. Vom Rehberger Graben Granit mit ansitzendem grauwackähnlichen Gestein.
14. Ebendaher. Sehr feinkörniger Granit mit ansitzendem tonigen Quarzgestein.
15. Dergleichen von daher.
16. Ebendaher von zweierlei Farbe und Gemenge.
17. Ebendaher. Grünlich.
18. Hinter dem Roßtrapp gegen die Grenze mit dem Schiefer.
19. Zunächst am Schiefer durch das Wasser ins Rötliche verändert
20. Quarziger Übergang. Von eben dem Orte.
21. Quarz mit Schiefer gemischt eben daher.
22. Merkwürdiges Gestein aus dem Budetal der Suseberg schief gegenüber, das ich mir weder zum Granit, noch zum Porphyr zu rechnen getraue, und für welches ich den Namen Granulit, wegen der in solchen befindlichen rundlichen Quarzkörner in Vorschlag bringe. Es ist äußerst fest.

Cristina Grasseni

Ein Unbeschriebener

Der wandernde Naturforscher Charles Waterton[1]

Eine der bekanntesten taxidermischen Kreationen des englischen Naturalisten Charles Waterton war der *Unbeschriebene*, ein von ihm geschaffenes und zur Ausstellung gedachtes Wesen, das in keine Taxonomie der Zeit paßte. Es handelte sich um eine taxidermische »Exzentrizität«, die ich im folgenden aus anthropologischer Warte betrachten möchte. Dabei werde ich Taxidermie als eine eloquente Praxis auffassen, als Bestandteil eines gesellschaftlichen *Habitus*, innerhalb dessen Waterton seine naturgeschichtlichen Aktivitäten organisierte.[2] Seine Einstellung zur Tierökonomie und seine Konstruktion einer *natürlichen Neugier* sollen in Beziehung zu seinem Selbstverständnis als katholischem Aristokraten gesetzt werden, um damit die englische Naturgeschichte im frühen 19. Jahrhundert und insbesondere die Bedeutung der Religion für die Wissenschaft in einer Weise zu analysieren, die sich neueren Ansätzen der Wissenschaftsgeschichte anschließt.[3]

1 Folgenden Personen und Kollegen möchte ich für ihre hilfreichen und inspirierenden Kommentare danken: Michael Bravo, Claudia Castaneda, Nick Jardine, Gordon McOuat, Simon Schaffer, Lyn Schumaker und Jim Secord.

2 Pierre Bourdieu: Die feinen Unterschiede. Kritik der gesellschaftlichen Urteilskraft. Frankfurt a. M. 1984 (1979), S. 686-690. (Aus dem folgenden wird klar, daß ich in meiner Untersuchung von Watertons Exzentrizität Bourdieus *Habitus* nicht streng als »strukturierende Struktur« und »strukturierte Struktur« anwenden werde; vgl. ebd., S. 279.)

3 Siehe Jack Morrell/Arnold Thackeray: Gentlemen of science: early years of the British Association for the Advancement of Science. Oxford 1981; Boyd Hilton: The age of atonement: the influence of evangelicalism on social and economic thought. Oxford 1988; Adrian Desmond: Archetypes and ancestors: palaeontology in Victorian London, 1850-1875. Chicago 1982; ders.: The making of institutional zoology in London 1822-1836. In: History of science 23, 1985, S. 223-250; ders.: The politics of evolution: morphology, medicine and reform in radical London. Chicago 1989; David Philip Miller/Peter Hanns Reill (Hg.): Visions of empire: voyages, botany, and representations of nature. Cambridge 1996; Dorinda Outram: Science and political ideology, 1790-1848. In: Robert C. Olby/Geoffroy N. Cantor/John R. R. Christie / Martin J. S. Hodge (Hg.): Companion to the history of modern science. London 1990; Roger Cooter: The cultural meaning of popular science: phrenology and the organization of consent in nineteenth-

Ausgangspunkt meiner Verknüpfung der verschiedenen Tätigkeiten Watertons als Sammler, Präparator, Reisender und Vogelbeobachter ist ein übergeordnetes Verständnis von *Praxis*. Die Auswirkungen dieser Praxis auf die gesellschaftliche Kartierung des unangepaßten, exzentrischen Naturforschers werden mit Hilfe einer anthropologischen Deutung von Watertons »Rhetorik der Selbstschaffung«[4] dargestellt. Wenn Bourdieus These stimmt, daß soziale Identität durch Differenz definiert und konturiert wird, sollte man bedenken, daß Differenz indexikalisch ist: Sie nimmt unterschiedliche Schattierungen an und paßt sich den verschiedenen Kategorisierungen und sozialen Taxonomien eines jeweiligen Umfelds an.[5] Ich lese Exzentrizität als eine Übung in gesellschaftlicher Klassifizierung und als eine Form reflektierter Praxis, die innerhalb bestimmter gesellschaftlicher und religiöser Zuordnungen Spielräume für eine flexible Handhabung der eigenen Fähigkeiten und Identität offenläßt.

Naturkundliche *Neugierde* hat in verschiedenen gesellschaftlichen und religiösen Gruppen unterschiedliche Funktionen. Zu ihrer Differenzierung bedarf es einer »politischen Epistemologie, um zu fragen, welche Rollen für die Autoritäten naturkundlichen Wissens entwickelt wurden, und um die Bedingungen zu erkennen, unter denen Spezialisten als glaubwürdig galten«. Wenn »der simplifizierende Gegensatz zwischen unschuldiger Forschung und wirksamer gesellschaftlicher Autorität durch ein subtileres Bild der Wirkmacht von Wissensträgern, Techniken und Praxis bei der Formierung politischer Systeme ersetzt« wird,[6] was folgt dann daraus für die gesellschaftlichen Kompetenzen eines abweichenden Katholiken mit einem Interesse für Naturgeschichte? Wie ist er einzuordnen im Kontext des Dreiecks von *Tory Banksians*, liberalen anglikanischen Reformisten, und abweichenden *declinists*?[7] Von Berufs

century Britain. Cambridge 1984; James A. Secord: Controversy in Victorian geology. Princeton 1986; ders.: The Geological Survey of Great Britain as a research tool, 1839-1855. In: History of science 24, 1986, S. 223-275; Nicolaas Rupke: Richard Owen: Victorian naturalist. New Haven/London 1994, S. 43-105.

4 Siehe Debbora Battaglia (Hg.): Rhetorics of self-making. Berkeley 1996.

5 Bourdieu 1984 (Anm. 2), S. 279.

6 Simon Schaffer: Visions of empire: afterword. In: Miller/Reill 1996 (Anm. 3), S. 335-352, S. 340, 336.

7 Ohne auf das komplexe Wissenschaftssystem in der Zeit Watertons eingehen zu können, sei eine kurze Erklärung der letztgenannten drei Begriffe angefügt: Sie kennzeichnen verschiedene Strategien dessen, wie man im England des frühen 19. Jahrhunderts Wissenschaft betreiben und verstehen konnte. Diejenigen, die von Sir Joseph Banks, Präsident der *Royal Society* bis zu seinem Tode 1820, unterstützt wurden und zu den *Torys* gehörten, dominierten die führenden Institutionen und vereinten wissenschaftliche und politische Macht. Die liberalen angli-

Abb. 1: Portrait von Charles Waterton, Ölgemälde von Charles Willson Peale, Philadelphia, 1824.

wegen konservativ und orthodox, nahm Waterton hinsichtlich seiner gesellschaftlichen Zurückgezogenheit die Position eines Abweichlers ein. War seine Unbefangenheit und Gewandtheit in der Welt der Natur eine Kompensation für seine angebliche Unbeholfenheit in gesellschaftlichen Situationen? Ist »Exzentrizität« möglicherweise eine andere Art von Praxis?

Exzentrisch und einsam

Charles Waterton (1782-1865) gehörte einer alten, katholischen Aristokratenfamilie an, die auf Walton Hall in der Nähe von Wakefield ihren Sitz hatte (vgl. Abb. 1). Nach seiner Ausbildung am jesuitischen Stonyhurst College in Lancashire ließ er sich in Britisch-Guyana (damals Demerare) nieder, wo er von 1804 bis 1813 den dortigen Familienbesitz verwaltete. Im Jahr 1812 führte ihn seine erste, viermonatige Expedition bis an die Grenze von Portugiesisch-Guyana (heute Brasilien). 1816 verbrachte er weitere sechs Monate im Urwald, beobachtete vor allem Vögel und perfektionierte die taxidermische Technik, die sein Markenzeichen werden sollte. Dieser Reise folgte eine elfmonatige Wanderung ebendort im Jahr 1820, bei der er Beobachtungen und zahlreiche Tierbalge sammelte. Seine letzte Reise unternahm er 1824 in die Vereinigten Staaten und weiter nach Demerare, das er schließlich im Dezember 1824 verließ. Er kehrte nach Walton Hall zurück, um einen ausgedehnten Park und eine umfangreiche Sammlung anzulegen.

Dem ersten Biographen, Richard Hobson, folgend, wurde Waterton zumeist als ein Mann dargestellt, der nicht recht in seine Zeit paßte und wie ein zurückgezogener Philosoph in seiner eigenen Welt lebte.[8] Edith Sitwell etwa, die berühmte englische Essayistin des 19. Jahrhunderts, beschrieb ihn wie folgt:

kanischen Reformer kritisierten diese Vorherrschaft und suchten die Gründung neuer, von *Tory*-Interessen unbelasteter Einrichtungen voranzutreiben. Viele Wissenschaftler dieser Zeit vermochten wegen ihres Glaubens keinen Schwur auf die protestantische Kirche abzulegen, zugleich war dies aber die einzige Möglichkeit, Zugang zu den Universitäten in Oxford und Cambridge zu erhalten. An diesen Qualifikationsmöglichkeiten nicht partizipierend, konnten sie weder Regierungspositionen noch einflußreiche Stellen einnehmen. Diese sogenannten Nonkonformisten oder Abweichler verbanden sich wiederum mit den *declinisten* (wie Charles Babbage), denjenigen also, die die Wissenschaft im Verfall begriffen sahen. Siehe Charles Babbage: Reflections on the decline of science in England and on some of its causes. London 1830.

8 Richard Hobson: Charles Waterton: his home, habits, and handiwork. Reminis-

> »Er war ein großer Herr, einer aus der langen Reihe von Edelleuten ohne Titel, und er bewies den Stolz und den Glanz, der Menschen seinesgleichen ein Leben lang in jeder ihrer Handlungen eigen ist. [...] Er war ein Exzentriker, wie alle wahrhaft großen Herren, womit ich meine, daß sie nichts taten, um sich den Konventionen oder der Feigheit der Menge zu fügen.«[9]

Auch die wohlmeinenden Verteidiger des Gutsbesitzers charakterisierten ihn als Sonderling.[10] J. G. Wood hob seine moralische Ader sowie die katholischen Wurzeln seiner Überspanntheiten hervor, indem er ihn als viktorianische Version des heiligen Franziskus darstellte: Er sprach mit den Vögeln, hatte keine Angst vor Giftschlangen und lief monatelang barfuß im Tropenwald herum.[11] Seiner modernen Biographin Julia Blackburn zufolge war Waterton ein Vorläufer der Naturschutzbewegung.[12] Als Gründer des ersten Vogelschutzgebietes in Großbritannien erscheint er als ökologisch denkender Tierforscher, den nicht die Vorstellung einer maskulinen Romantik, sondern die Leidenschaft für die Beobachtung der Vögel in die Wildnis gezogen hatte. Brian W. Edginton, sein jüngster Biograph, beschreibt ihn als

> »einen ziemlich mittelmäßigen Naturforscher, aber als einen der ganz großen Exzentriker aller Zeiten. [...] Er lebte in einem Zeitalter der Hüte. Also trug Waterton seinen Hut als Zeichen völliger Mißachtung

cence of an intimate and most confiding personal association for nearly thirty years. London/Leeds 1866. Vgl. James Simson: Charles Waterton: a biographical sketch. Edinburgh 1880; Richard Aldington: Four English portraits 1801-1851. London 1948; ders.: The strange life of Charles Waterton. London 1949; Philip Gosse: The squire of Walton Hall: the life of Charles Waterton. London 1940; Gilbert Phelps: Squire Waterton. Wakefield 1976; Lynn Barber: The heyday of natural history 1820-1870. London 1980; Brian W. Edginton: Charles Waterton: a biography. Cambridge 1996.

9 Edith Sitwell: Englische Exzentriker. Eine Galerie höchst merkwürdiger und bemerkenswerter Damen und Herren. Berlin 1991 (1933), S. 145.

10 Siehe John G. Woods Vorwort zu Charles Waterton: Wanderings in South America, the North-West of the United States, and the Antilles, in the years 1812, 1816, 1820, and 1824. 5. Aufl. London 1879; Norman Moores Vorwort zu Charles Waterton: Essays on natural history, chiefly ornithology. 4. Aufl. London/New York 1871; Norman Moore: Charles Waterton. In: Sidney Lee (Hg.): Dictionary of national biography, Bd. 59. London 1889; Julia Blackburn: Charles Waterton 1782-1865: traveller and conservationist. London 1989.

11 Waterton 1879 (Anm. 10), S. 25-26.

12 Siehe Blackburn 1989 (Anm. 10), S. 129-130.

> des gesellschaftlichen Rangs. Es war auch die Zeit der Backenbärte. Also rasierte er sich. Man pflegte die Haare lang zu tragen. Also hielt er sie kurz. Dr. Harley aus Harley Street sagte, er sehe aus wie jemand, der gerade aus dem Gefängnis entlassen worden sei. Das hätte ihm gefallen.«[13]

Wie aber machte sich Watertons Exzentrizität in der Naturkunde bemerkbar? Zunächst einmal fallen seine unorthodoxen Strategien im Umgang mit der naturforschenden Leserschaft auf. Sein wohl berühmtestes Buch nannte er poetisch *Wanderings* (»Wanderungen«) und nicht – wie unter Naturforschern gebräuchlich – »Reisen«.[14] Auch der Inhalt entsprach nicht gerade den üblichen Konventionen, wenn er ganz auf Beobachtungen und Erfahrungen anderer Reiseberichte verzichtete. Die *Wanderings* enthalten kurze, hauptsächlich autobiographische Anekdoten von lebensgefährlichen Abenteuern. So schilderte er beispielsweise, wie er einen Kaiman aus dem Wasser fischte, um auf ihm zu reiten, oder wie er eine Boa constrictor lebend fing, um ihre Haut nicht durch Schüsse oder Pfeile zu zerstören.[15] Und obwohl er über eine umfangreiche Sammlung naturhistorischer Objekte aller Art verfügte, taxidermische Techniken entwickelte und persönliche Kenntnis von exotischen und in Europa unbekannten Spezies besaß, also mit einem Wissen versehen war, das ihn für naturforschende Institutionen interessant machte, beschränkte Waterton sich auf populärwissenschaftliche Beiträge. Zwischen 1831 und 1836 schrieb er regelmäßig für Loudons *Magazine of Natural History*, wo er seine Kontroversen mit Naturforschern wie William Swainson, John Audubon, Professor James Rennie, Professor Robert Jameson und Reverend Francis Orpen Morris austrug.[16]

13 Edginton 1996 (Anm. 8), S. 2-3, 6.

14 Charles Waterton: Wanderings in South America, the North-West of the United States, and the Antilles, in the years 1812, 1816, 1820, and 1824. With original instructions for the perfect preparation of birds, &c. for cabinets of natural history. London 1825.

15 Im Gegensatz zu William Swainson, der die Ergebnisse seiner Reisen nach Brasilien (1817-1818) für seine *Zoological illustrations* (1820-1823) benutzte; Robert Schomburgk soll sich sogar für sein Buch *A description of British Guyana* (1840) auf die *Wanderings* gestützt haben, ohne auf sie hinzuweisen; vgl. Moores Kommentar zu Waterton 1871 (Anm. 10), S. 49.

16 Charles Waterton: Essays on natural history, chiefly ornithology. Erste Folge, London 1838; zweite Folge, London 1844; dritte Folge, London 1857. Watertons *Essays* sind in der von Norman Moore besorgten Ausgabe vereint; siehe Waterton 1871 (Anm. 10). Waterton führte eine Auseinandersetzung mit John Audubon

Unorthodox war nicht nur seine Art, zu publizieren, sondern auch die Weise, wie er den Landsitz der Familie gestaltete. 1821, nachdem er von seiner dritten Reise zurückgekehrt war, begann Waterton mit dem Bau einer fast drei Meter hohen Mauer um sein Landgut und verwandelte es in ein regelrechtes Naturreservat, in dem er Vögel und andere Tiere beobachtete. Waterton kontrollierte streng die Grenzen zwischen diesem künstlichen Reservat und der äußeren Welt: Hunde und Ratten jagte er hinaus, Wiesel ließ er zu, und er kaufte sogar Igel für sechs Pence das Stück. Sein Park war nicht als zoologischer Garten gedacht. Belehrung oder gar Erholungswert waren für ihn nur zweitrangig, auch wenn er Besucher und sogar Angler kurzzeitig hineinließ. Nur er selbst, der sich als Bestandteil des Parks verstand, konnte die Vorteile dieses Lebens würdigen und auskosten. 1821 plante er sogar die Züchtung von Vögeln aus Guyana, doch verweigerte der Zoll in Liverpool die Freigabe der Vogeleier. Allein der Versuch weist jedoch darauf hin, daß er seine Erfahrungen aus dem Tropenwald in den Park von Walton Hall zu transferieren suchte.

Zweifellos war Waterton eine außergewöhnliche Persönlichkeit. Aber das Bild eines exzentrischen Einsiedlers, der im geschützten Raum seines Landguts auf den Bäumen herumkletterte und sich mit den Vögeln einließ, bedarf der Korrektur. Vielmehr formte er seine Persönlichkeit mit

über die Frage, ob Aasgeier das Aas mit den Augen oder durch den Geruch finden; vgl. Charles Waterton: On the faculty of scent in the vulture. In: Magazine of natural history 5, 1832, S. 233-242. Swainson hatte Audubons Arbeit *Birds of America* (1827-1838) freundlich besprochen und auch Werbung dafür gemacht, dagegen tat er Waterton als »Amateur« und als »unwissenschaftlichen aber sehr gut beobachtenden« Naturforscher ab; siehe William Swainson: On the natural history and classification of birds. London 1836, S. 211; ders.: Taxidermy, bibliography, and biography. London 1840, S. 368. In: Dionysius Lardner (Hg.): The cabinet cyclopaedia, London 1830-1849. Waterton griff Rennie an, nachdem er in Rennies Ausgabe von George Montagus *Ornithological dictionary* (1831) als »exzentrische Krähe« bezeichnet worden war; vgl. Charles Waterton: Remarks on Professor Rennie's edition of Montagu's »Ornithological dictionary«. In: Magazine of natural history 4, 1831, S. 516-520. 1835 griff Waterton in zwei offenen Briefen Jameson, den Gründer der *Edinburgh Wernerian Society*, wegen seiner Unterstützung von Audubon an; siehe Edginton 1996 (Anm. 8), S. 128-129. 1835 stritt er sich mit Morris über die Fettdrüsen der Wasseramsel in John Claudius Loudons *Magazine of natural history*; vgl. Charles Waterton: Notes on the habits of the kingfisher. In: Magazine of natural history 8, 1835, S. 251-255; Francis Orpen Morris: Notices of the affinities, habits and certain localities of the dipper (Cinculus aquaticus). In: Magazine of natural history 8, 1835, S. 374-376.

Hilfe des Parks und seiner taxidermischen Erfindungen. Watertons vermeintliche Exzentrizität verstehe ich in diesem Zusammenhang als eine gezielte Selbstinszenierung. Mir geht es also nicht um einen weltfremden Naturforscher, sondern um einen Mann, der seine Tatkraft aktiv ein- und umsetzte. Wie Anne Larsen herausstellt, »erlebte die Naturgeschichte in England zwischen 1800 und 1840 ein explosives Wachstum, und zwar sowohl in personeller Hinsicht als auch in der rasanten Entwicklung der technischen Möglichkeiten und entsprechenden Spezialisierung. Theorien und Methoden der Klassifizierung schwirrten umher, beladen mit verschiedensten sozialen Freund- und Feindschaften, mit Gründlichkeit, Dauer und Erfolg.«[17] Vor diesem Hintergrund kann man Watertons Auffassung der Naturgeschichte und seinen Umgang mit Tieren und naturhistorischen Objekten als eine der zahlreichen, im England des 19. Jahrhunderts möglichen Verhaltensfacetten betrachten. Politisch und gesellschaftlich war Waterton einer der letzten Exponenten des katholischen, jakobitisch ausgerichteten Landadels. Abgesehen von den Kontroversen der 1830er Jahre mit einigen Naturforschern bewahrte er sich seine lebenslange Unabhängigkeit. Im Mai 1813 lehnte er das Angebot Lord Bathursts (damals Sekretär der Kolonien) ab, eine Expedition nach Madagaskar zu leiten. Obgleich persönlich bekannt mit dem mächtigen Präsidenten der *Royal Society*, Sir Joseph Banks, ignorierte Waterton dessen Aufforderung, sich am »botanischen Netzwerk« für die Kew Gardens zu beteiligen.[18] Auch später verweigerte er Ehreneinladungen verschiedener naturforschender Gesellschaften,[19] und selbst der Ausleihe einiger seiner naturhistorischen Objekte 1851 an Richard Owen für die Ausstellung im Crystal Palace stimmte er nicht zu.

Watertons Fernbleiben von der Gesellschaft der Naturforscher verdeutlicht die Kluft zwischen ihm und den »karrieristischen« Naturforschern im frühen 19. Jahrhundert, die sich an gelehrte Gesellschaften oder Institutionen banden und staatliche Unterstützung, etwa durch das *British Museum* oder die Banksschen Expeditionen, in Anspruch nahmen. Zwar teilte Waterton in seinen *Wanderings* die Ansichten seiner

17 Anne Larsen: Not since Noah: the English scientific zoologists and the craft of collecting, 1800-1840. Phil. Diss. Princeton University, 1993, S. 288.

18 Waterton 1838 (Anm. 16), S. LXVI; Banks an Waterton, 10.3.1816, zitiert in Blackburn 1989 (Anm. 10), S. 70. Zum Netzwerk um Kew Gardens, siehe Lucile H. Brockway: Science and colonial expansion: the role of the British royal botanic gardens. New York 1979, S. 88-92.

19 Zum Beispiel der *Yorkshire Philosophical Society* im Jahr 1831; vgl. Blackburn 1989 (Anm. 10), S. 126.

naturforschenden Kollegen über die Nutzbarmachung der Kolonien,[20] und auch sein Interesse an den »Verbesserungen«, die die zivilisierende Hand einer »aufgeklärten« Regierung in die Kolonien bringen konnte, hätte gut in Banks' »botanisches Netzwerk« gepaßt, doch hielt er sich konsequent von der Unterstützung und Gönnerschaft durch Banks fern. Zudem legte er immer wieder ein ausgesprochen eigenwilliges Verhalten an den Tag. Er paßte sich auf seinen Reisen den Lebensweisen der Ureinwohner des Tropenwalds an, indem er barfuß ging, keine Kopfbedekkung trug und so unter denselben Bedingungen reiste wie seine sechs indianischen Träger und sein schwarzer Sklave. Dies war ein unerhörtes, ja beispielloses Benehmen für einen Reisenden aus Europa und stand im krassen Gegensatz zum Reisestil derjenigen Naturforscher, die sich als Emissäre der imperialen Mächte verstanden: Diese hatten Dutzende von Trägern, ein ganzes Camp als Begleitung, und reisten – buchstäblich – auf dem Rücken der Indianer.[21]

Julia Blackburn betont, daß die Expedition nach Demerare eher einer privaten Wallfahrt glich – es war eine Reise ins Innere des Dschungels und ins Innere der eigenen Persönlichkeit zugleich. Unter den extremen Reisebedingungen gelangte Waterton bisweilen an die Grenze von Leben und Tod, doch »in den Augen der Welt sollte die Expedition nur mutig und tollkühn aussehen, ohne nennenswerte Erfolge zu zeitigen«.[22] »Tollkühn« – so beschrieb auch Waterton seine Reise in den *Wanderings*, seinen Aufzeichnungen, die eine zentrale Rolle in seiner Selbststilisierung einnahmen. Sie boten nicht nur autobiographische Aspekte und Erzählfragmente aus seinem Reiseleben, sondern konstruierten zugleich die öffentliche Figur des Reisenden Waterton. Sie markierten einen *Rite de Passage* und nahmen die Landschaft in Besitz, aus der Waterton als Ethnograph des Tierreichs hervorkam, »ein Eingeweihter der Ornithologie«, geführt von »Treue und Einfachheit«, ein Hüter der Geheimnisse des Urwalds: »Erklimme mit mir die erhabensten Bäume, erkunde die düsteren Sümpfe, folge den wilden Tieren über Berg und Tal, kehre in die Lehmhütten zurück, folge den Windungen von Bach und Küste und

20 Mary Louise Pratt: Imperial eyes: travel writing and transculturation. London 1992; David Philip Miller: Between hostile camps: Sir Humphrey Davy's presidency of the Royal Society of London, 1820-1827. In: British journal for the history of science 16, 1983, S. 1-47, S. 2.

21 Michael Taussig: Shamanism, colonialism, and the wild man: a study in terror and healing. Chicago/London 1986, S. 287-335.

22 Blackburn 1989 (Anm. 10), S. 38-50.

wage es, dich auf der Suche nach dem tierkundlichen Wissen in den ungeheuren Abgrund hinabzulassen.«[23]

Waterton konstruierte sich selbst, den Feldforscher-Erzähler, als einen Vermittler, ein Orakel der »Unterwelt« des tierkundlichen Wissens, zu dem nur er einen einsamen und einmaligen Zugang erhalten hatte. Seine Beschreibungsweise, voll von naturkundlichen Neuigkeiten und emotionsgeladen, verstärkte das Problem seiner Glaubwürdigkeit: Reiseberichten war ohnehin »kaum zu trauen. Deshalb wurde es wichtig, die Glaubwürdigkeit des Erzählers zu beweisen, und zwar unabhängig vom Inhalt des Reiseberichts. Dies traf vor allem für Abbildungen unbekannter Tiere oder unentdeckter Pflanzen zu, wo unterschiedliche gesellschaftliche Vertrauenssysteme zu unterschiedlichen Konventionen der Darstellung und Verbreitung führten.«[24]

Waterton überschritt absichtlich den Verhaltenskodex, des Gentleman wie des Naturforschers. Er ignorierte korrekte Verhaltensweisen, kletterte auf Bäume und verschmähte angemessene Kleidung, zu gesellschaftlichen Anlässen trug er Hut bzw. Stonyhurst-Uniform. Schließlich verweigerte er angemessene Tätigkeiten, indem er die Vogelbeobachtung der Jagd vorzog und selbst Instandhaltungsarbeiten in seinem Reservat erledigte.[25] Kurzum, Waterton benutzte seinen guten Ruf, um gegen bestimmte Konventionen zu verstoßen. Ein englischer Landbesitzer, Adeliger und Gentleman dieser Zeit besaß aufgrund seines Standes moralische Integrität. Wenn für die aufsteigende Mittelklasse im frühen 19. Jahrhundert »ein guter Ruf immer mehr den Besitz gewisser hoher moralischer Werte« bedeutete und den Weg darstellte, »Glaubwürdigkeit zu erlangen«,[26] konnte Waterton sich die Exzentrizität eines Aristokraten leisten. Sein einzigartiges, im Feld erworbenes Wissen erlaubte es ihm, sich über die »Stubenforscher [*closet-naturalists*]« lustig zu machen. Gegen »den ganzen Stuben-Kram unseres Swainson und Jameson und vieler anderer« setzte er das, was andere Forscher »in Feldern, Wäldern und Sümpfen er-

23 Charles Waterton: An ornithological letter to William Swainson (10.3.1837). In: ders. 1871 (Anm. 10), S. 522.

24 Schaffer 1996 (Anm. 6), S. 340-341.

25 Zur Spannung zwischen Gentleman-Status eines Naturforschers und körperlicher Arbeit im Feld, vgl. Michael Shortland: Darkness visible: underground culture in the Golden Age of geology. In: History of science 32, 1994, S. 1-61, S. 30-37.

26 Anne Secord: Corresponding interests: artisans and gentlemen in nineteenth-century natural history. British journal of the history of science 27, 1994, S. 383-408, S. 390, 392.

Abb. 2: Der Park von Walton Hall mit Waterton und einigen seiner Tiere. Unvollendetes Aquarell von Captain E. Jones.

reicht« haben.[27] Dies war allerdings gewagt formuliert, denn William Swainson hatte sehr wohl »exotische Länder« bereist, und seine *Zoological Illustrations* (1820-1823) und eine Reihe späterer Werke basierten auf seinen mit Henry Koster 1817 und 1818 unternommenen Brasilienreisen. Robert Jameson wiederum hatte gründliche Feldforschung in Abraham Gottlob Werners Bergakademie in Freiberg betrieben und zählte zu den Pionieren einer praktisch orientierten Geologie.[28] Es handelte sich also keineswegs um Stubenforscher. Vielmehr wird deutlich, wie sehr Waterton an einen privilegierten, nur ihm und wenigen anderen möglichen Zugang zur Welt der Tiere glaubte. Im Gegensatz zu den »Netzwerk-Sammlern« der Kolonialoffiziere reklamierte er ein Wissensmonopol, das er mit seiner besonderen Art der Beobachtung und des Einfüh-

27 Als Beispiel nennt er Titian Ramsay Peale, Maler und Ornithologe und Sohn des berühmten Charles Willson Peale, Maler, Naturforscher und Kurator des ersten amerikanischen naturgeschichtlichen Museums. Diese und andere Mitglieder des »Philadelphia-Kreises« teilten mit Waterton eine ausgesprochene Verärgerung über John Audubon, der beschuldigt wurde, »Usurpator« von Peales Ruhm zu sein.

28 Jameson führte formale Feldstudien an der Universität Edinburgh ein, wo er von 1804 bis 1854 als Professor der Naturgeschichte lehrte, und gründete 1808 die *Wernerian Society of Edinburgh*; vgl. David E. Allen: The naturalist in Britain: a social history. Princeton 1976, S. 41, 53-55.

Abb. 3: Der Unbeschriebene. Frontispiz der Wanderings, *1825.*

lungsvermögens legitimierte. Mit anderen Worten, er schöpfte seine Autorität und Macht aus dieser »anderen Welt« – dem Tropenwald von Demerare –, zu der nur er Zutritt hatte. »Am Ort der Abgeschiedenheit«, im Park von Walton Hall, wurde dann »diese andere Welt durch Indices, Ikonen und Vertreter der ureigenen, bis dahin ungesehenen Welt des eigenen Ich« konstruiert.[29] Wenn die Einfriedung des Parks eine Übertragung des Tätigkeitsspektrums von Demerare nach Walton Hall bedeutete, dann wiesen auch Watertons taxidermische Schöpfungen auf das ursprüngliche Leben im Urwald zurück. Nicht klassifikatorische und taxonomische Gesichtspunkte bestimmten ihn; vielmehr war die Lebendigkeit des Tierreichs für Waterton die »äußere Welt«, aus der er seine Legitimation zum Sammeln bezog und die seine Tätigkeit als »Dilettant« organisierte (vgl. Abb. 2).[30]

29 George E. Marcus: On eccentricity. In: Battaglia 1996 (Anm. 4), S. 43-58, S. 54.
30 Ebd., S. 49: »wie der (klassenprivilegierte) Dilettant sich zum hart arbeitenden ernsthaften Professionellen verhält, so Exzentrizität zu gutem Ruf.«

Abb. 4: Der Unbeschriebene, erstellt von Charles Waterton.

Der Unbeschriebene

Für das Frontispiz seiner *Wanderings* ließ Waterton ein Objekt aus seiner Sammlung zeichnen und stechen, das er als den »Unbeschriebenen« bezeichnete (vgl. Abb. 3 u. 4). Es zeigt Kopf und Schulteransatz einer stark behaarten Figur mit menschlichen Gesichtszügen. Laut Waterton handelt es sich hierbei um ein Objekt, das er während seiner dritten Reise in Demerare entdeckt, geschossen, von dort mitgebracht und schließlich ausgestopft habe.[31] Doch Watertons ironischer Scherz wurde nicht gerade wohlwollend aufgenommen. »Mit dieser Darstellung mißbraucht der Autor zweifellos seine Talente als Ausstopfer und macht sich über die Öffentlichkeit lustig [...] Es ist töricht, so leichtfertig mit Wissenschaft und Naturgeschichte zu spielen.«[32] Und selbst der sonst außerordentlich freundliche und sachliche Kritiker John Barrow mochte die »marktschreierische Ausführung« des Frontispizes nicht übersehen:

> »Wir fragen uns, was gibt es mit einer erzwungenen Veränderung zu prahlen? [...] Solcherlei Metamorphosen schaden der Wissenschaft der Naturgeschichte, statt sie zu fördern. Das gelegentliche Aufkommen ähnlich alberner Streiche veranlaßte weiland Dr. Shaw dazu, das erste Exemplar des außergewöhnlichen Vierfüßlers mit einem Entenschnabel, den Ornithoryncus Paradoxus, als einen gegen ihn gerichteten Schwindel abzulehnen.«[33]

Obwohl der »Unbeschriebene« sofort als Schabernack und nicht als Fälschung verstanden wurde, enthielt Barrows Kritik eine Warnung. Durch sein Spiel mit der Leichtgläubigkeit der Öffentlichkeit lief Waterton Gefahr, keine wissenschaftliche Anerkennung für seine seriöse Beschreibung etwa des Faultiers oder des Ameisenfressers erwarten zu können – beides exotische Tiere, die der Londoner Öffentlichkeit bis dahin unbekannt

31 Waterton hatte den »Unbeschriebenen« bereits im Dezember 1824 in Georgetown ausgestellt, dazu einen »dramatischen und farcenhaften Bericht« seiner Begegnung mit ihm in der lokalen Zeitung veröffentlicht; die Ausstellung »wurde als gelungener Scherz begrüßt«. Vgl. Blackburn 1989 (Anm. 10), S. 94-95.

32 [Sidney Smith]: Review of C. Waterton (1825) »Wanderings in South America«. In: Edinburgh review 43, 1826, S. 299-315, S. 307.

33 [John Barrow]: Review of C. Waterton (1825) »Wanderings in South America«. In: The quarterly review 33, 1826, S. 314.

waren und erst Jahrzehnte später in England ausgestellt wurden.[34] Der Schabernack und die Schilderungen seiner Abenteuer führten Swainson zu der Bemerkung, daß Waterton »die größtmögliche Liebe für das Wunderbare zeigt, und eine konstante Neigung, die Wahrheit mit dem Kleid der Erfindung zu schmücken«.[35] Dieser abfällige Kommentar zielte sowohl auf seine abenteuerlichen Kunststücke als auch auf seine taxidermische Methode.

Doch führt der Scherz mit dem Unbeschriebenen direkt zu Watertons Auffassung von Natur und Tierökonomie: Er bezeugte, daß taxonomische Systeme allein nicht ausreichten, um sich die Natur »anzueignen«. Einen »Unbeschriebenen« als einzige Abbildung – und gar als Frontispiz – in einem naturhistorischen Bericht aus einer unerforschten Region zu plazieren bedeutete, die klassifikatorische und biogeographische Identifikation der entdeckten Spezies abzulehnen; aber genau dies war seinerzeit ein naturgeschichtliches Hauptanliegen.[36] Der »Unbeschriebene« mokierte sich über das fehlende Wissen der Naturforscher über die Welt der Tiere und hinterfragte die Kriterien für die Glaubwürdigkeit und Autorität des reisenden Naturforschers.[37]

Mit seiner »exzentrischen« Kontrolle über die Natur, dargestellt durch die ausgestopften Objekte in seinem Haus, die die materielle Kultur des Sammlers bildeten, parodierte Waterton den imperialen Gestus des 19. Jahrhunderts, mit dem die Natur durch die taxonomische »Macht der

34 Der erste Ameisenfresser wurde 1853 in London ausgestellt; vgl. Blackburn 1989 (Anm. 10), S. 190; ein Faultier erschien 1843 im Regent's Park Zoo in London; vgl. Edginton 1996 (Anm. 8), S. 159.

35 William Swainson: On the natural history and classification of fishes, amphibians, and reptiles (1838-1839). In: Lardner 1830-1849 (Anm. 16), Bd. 1, S. 11.

36 Allen 1976 (Anm. 28), S. 94-121. Nicolson betont die Rolle der Feldforschung, die den Unterschied zwischen biogeographischer Verteilung / ökologischem Verständnis und der Klassifizierung und Taxonomie deutlich macht. Siehe Malcolm Nicolson: Alexander von Humboldt, Humboldtian science and the origins of the study of vegetation. In: History of science 25, 1987, S. 167-194, S. 176.

37 Seit dem 17. Jahrhundert war die Bestätigung der Berichte von Reisenden zu einem ständig wachsenden Problem für Naturforscher geworden; siehe z. B. Percy Guy Adams: Travelers and travel liars. Berkeley 1962; Bernard Smith: European vision and the South Pacific. New Haven 1985; Neil Rennie: Far-fetched facts: the literature of travel and the idea of the South Seas. Oxford 1995. Die *Wanderings* machen sich über die Frage von Fälschung und Glaubwürdigkeit der Reiseberichte lustig und setzten Watertons Status als Gentleman und seine Erfahrung gegen die pedantische Routine »professioneller« Reisender.

Namensgebung«, durch systematisches und biogeographisches Wissen in Besitz genommen wurde.[38] Die etablierte Gemeinschaft der Naturforscher war sich der strategischen Bedeutung der Nomenklatur vollkommen bewußt:

> »Namen sind das Fundament des Wissens; ohne einen »Namen« und eine »lokale Umgebung« hätten die von uns so gepriesenen zoologischen Kostbarkeiten genauso gut in ihren ursprünglichen Wüsten oder Wäldern bleiben und verenden können, anstatt in unseren Schubladen und Lagern schimmelig zu werden. Aber sobald ein Tier einen Namen hat und beschrieben ist, wird es [...] zum ewigen Besitz, und der Wert eines jeden einzelnen Exemplars, selbst in kommerzieller Hinsicht, erhöht sich.«[39]

Waterton kritisierte genau diese Praxis: »Wenn Ornithologen nichts über einen Vogel zu sagen haben, erörtern sie seine Nomenklatur«.[40] Der Unbeschriebene stellte die klassifikatorische Beschreibung in Frage. Um ein Objekt angemessen zu beschreiben, sollte man es nicht benennen, sondern herstellen können. Watertons Sammlung ausgestopfter Objekte war somit Teil einer beredten Selbstdarstellung.

Die Auseinandersetzung um die Frage der Klassifizierung war im Kontext der Formierung einer institutionellen Naturgeschichte in England gesellschaftlich und politisch aufgeladen.[41] Bereits in den 1820er Jahren verlor der Typus des virtuosen Gentleman, wie ihn Banks und sein Kreis repräsentierten, an Boden. Nun standen evangelikale High Tories (Children) und Mitglieder des anglikanischen Establishments (Kirby) den abweichenden Reformern (Bicheno), lamarckistischen Radikalen (Grant), Deklinisten (Swainson), wohlhabenden Karrieristen (Vigors, Macleay) und Protoprofessionellen (Owen) gegenüber. Alle suchten auf

38 Über biogeographische Interessen und das Empire siehe Janet Browne: The secular Ark: studies in the history of biogeography. New Haven 1983; dies.: Biogeography and empire. In: Nicholas Jardine/James A. Secord/Emma C. Spary (Hg.): Cultures of natural history. Cambridge 1996, S. 305-321.

39 William Kirby: Introductory address to the Zoological Club of the Linnaean Society. In: *Zoological journal* 2, 1825; zitiert in Desmond 1985 (Anm. 3), S. 168.

40 Waterton an Swainson, 8.8.1828; zitiert in Larsen 1993 (Anm. 17), S. 1.

41 Über die Politik der Sprache in der Naturgeschichte des 19. Jahrhunderts vgl. Gordon McOuat: Species, rules and meaning: the politics of language and the ends of definitions in nineteenth-century natural history. In: Studies in history and philosophy of science 27, 1996, S. 473-519, S. 477-487.

ihre Art staatliche Unterstützung für eine eher systematisierende und verwaltende Wissenschaft. Vor diesem Hintergrund lassen sich sogar Ähnlichkeiten in den Positionen der sonst einander kritisch gegenüberstehenden Kontrahenten Waterton und Swainson feststellen. So wie Waterton seine Abneigung gegenüber den »Stubenforschern« äußerte, wetterte Swainson gegen Nicholas Aylward Vigors und die anderen »Hinterzimmer-Taxonomen« des Zoologischen Clubs der *Linnaean Society*.[42] Swainson beklagte die »ständigen Schnitzer und Irrtümer der Systematiker« und hob sich selbst als einen autodidaktischen Feldforscher hervor.[43] Doch trotz aller Ähnlichkeiten war die politische Dimension seines Angriffs auf die »Oxbridge-dominierte, professionelle Wissenselite« – Swainson war »unternehmerischer Schriftsteller und Naturalienhändler« – völlig anders motiviert als Watertons Konstruktion einer aristokratischen, jesuitischen und jakobitschen »naturkundlichen Neugier«. Waterton nahm weder teil an der neuen, organisierten und kollektiven Naturgeschichte, noch interessierte er sich für das Bankssche Reich der Gelehrsamkeit. Was ihm vorschwebte, war vielmehr ein Ein-Personen-Stück.

Waterton hatte seine ganz eigene Strategie, um seine Autorität als Experte der Naturgeschichte auf seine taxidermischen Fähigkeiten zu stützen. Damit konstruierte er seine Identität als ein privilegierter Beobachter der Tierwelt. Seine spezifische Art der Expeditionen in Britisch-Guyana und die Taxidermie begründeten seine ablehnende Haltung gegenüber Klassifikation und Taxonomie. Denn bevor ein Objekt *beschrieben* werden konnte, mußte es zunächst *hergestellt* werden.

Taxidermie als eloquente Praxis

Waterton war reichlich stolz auf seine Fähigkeit, »lebensähnliche« Objekte zu schaffen, und sah darin ein wichtiges Moment für das Besondere und die Überlegenheit seiner eigenen Sammlung.[44] Dagegen kritisierte er das fehlende taxidermische Wissen in den britischen Museen, die seiner Ansicht nach von einer Unkenntnis der wahren Körperhaltungen und der Gewohnheiten lebendiger Vögel herrührten. Solche Kenntnisse

42 Vgl. dazu ausführlich Desmond 1985 (Anm. 3), S. 176.

43 William Swainson: A defence of certain French naturalists. In: Magazine of natural history 4, 1831, S. 97-108, S. 105; zitiert in Desmond 1985 (Anm. 3), S. 176.

44 Waterton 1871 (Anm. 10), S. 531-541.

konnten eben nur durch geduldige und unmittelbare Beobachtung erworben werden.

Zu Anfang des 19. Jahrhunderts bestand ein großes Problem der Erhaltung der ausgestopften Objekte darin, sie vor Parasiten und Verfall zu schützen, ohne das Gewebe zu korrodieren oder zu deformieren. Dies galt insbesondere für große Säugetiere.[45] 1822, als Swainson seine Methode der Lagerung von Vogelbälgen in Schubladen einführte, benutzte man in vielen Fällen französische Arsenseife, »mit ziemlich gutem kurzfristigem Erfolg: die Seife hielt oft Insekten fern, aber die Chemikalien in der Seife griffen nach einer Weile die Haut an«.[46] Während »Arsen, besonders Arsenseife, der Standardschutz gegen Insektenbefall geworden war«, bestand Watertons Methode darin, daß er die Specimina in eine alkoholische Quecksilberbichloridlösung tauchte.[47]

1821, nachdem Waterton elf Monate im Wald von Demerare verbracht hatte, machte er sich guten Willens mit zahlreichen gesammelten Objekten im Gepäck auf die Heimreise.[48] Er plante, dem Wunsch von Joseph Banks nachzukommen und »einen öffentlichen Vortrag über die von mir entdeckte neue Methode der naturgeschichtlichen Tierpräparation für Museen zu halten«.

> »Jetzt, wo ich eine Möglichkeit gefunden hatte, Vierfüßler zu machen, zeichnete ich an Bord der *Dee* einen Entwurf auf, von dem ich sicher

45 Aus diesen Gründen war es nicht weiter verwunderlich, daß die Konchyologie und Entomologie wegen ihrer wesentlich einfacher zu handhabenden Erhaltung lange Zeit zu den bevorzugten Sammelobjekten zählten; vgl. Larsen 1993 (Anm. 17), S. 71-74.

46 Ebd., S. 72. Farber behauptete, daß der Erfolg der Arsenseife nicht nur in ihrer Popularisierung durch die französische Schule begründet war, sondern einfach darin, daß »sie funktionierte«, während er Watertons Methode ablehnte, weil »korrosives Sublimat zum Zerfall von Vogelhäuten führt«. Siehe Paul Lawrence Farber: The development of taxidermy and the history of ornithology. In: Isis 68, 1977, S. 550-566, S. 561. Frost erkennt die hohe Qualität von Watertons »handwerklicher Arbeit« an: Die Objekte aus Watertons Sammlung sind immer noch »in Ordnung, im Gegensatz zu den meisten Arbeiten von Taxidermisten aus der Zeit«. Siehe Christopher Frost: A history of British taxidermy. Lavenham 1987, S. 117; Paul Lawrence Farber: The emergence of ornithology as a scientific discipline. Dordrecht 1982.

47 Farber 1977 (Anm. 46), S. 561.

48 Moore 1889 (Anm. 10), S. 459, zufolge 230 Vögel, zwei Landschildkröten, fünf Gürteltiere, zwei große Schlangen, ein Ameisenfresser und ein Kaiman.

> war, daß er Naturforschern dienlich sein würde. Indem ich ihnen die Überlegenheit des neuen Entwurfs demonstrierte, würden sie wahrscheinlich die alte und gebräuchliche Methode ablegen, die bis heute eine Schande ist und jedes Exemplar in allen von mir besuchten Museen so scheußlich macht. Ich plante drei Vorträge zu halten: einen über Insekten und Schlangen; einen über Vögel, und einen über Vierfüßler.«[49]

Joseph Banks war am 19. Juni 1820 gestorben. Dennoch hoffte Waterton, mit seinen Vorträgen auf breites Interesse zu stoßen. Im Hafen von Liverpool sah er sich jedoch der Schikane ausgesetzt. Seine Objekte wurden sechs Wochen lang festgehalten, und ein hoher Zoll (d. h. die offizielle Rate und nicht ein speziell ausgehandelter Vorzugstarif) wurde auf diejenigen Objekte erhoben, die Waterton nicht an öffentliche Institute zu spenden plante. Innerhalb des naturgeschichtlichen Korrespondenznetzes und des Tauschsystems der naturhistorischen Objekte war es für die Naturforscher wichtig, die hohen Frachtkosten, Zölle und langen Verzögerungen in den Häfen zu umgehen.[50] Als Waterton sich gezwungen sah, hohe Zölle für das, was er als seine Privatsammlung ansah, zu zahlen, trank er – wie er selbst beschreibt – »aus dem Lethebecher« und »vergaß«, je wieder über taxidermische Techniken Vorträge zu halten oder irgend etwas zu diesem Thema zu publizieren.[51] Er rechtfertigte seine Selbstmarginalisierung in der Gemeinschaft der Naturhistoriker als Reaktion auf bürokratische Hürden und die Habgier des »Hannoveranischen« Machtmonopols. Mit dieser offensichtlichen Verletzung seines persönlichen Rechts auf Eigentum sah er sich genötigt, seine Kenntnisse für sich zu behalten. Waterton zog es nun vor, durch die Schaffung eines privaten Museums und Vogelschutzgebietes einen exklusiven Ort seiner Aktivitäten zu entwickeln. Auf Walton Hall konnte der zurückgezogene römisch-katholische Herr seinen Status als Gentleman und seine naturkundliche Neugier auch ohne Taxonomie und institutionalisierte Naturgeschichte aufrechterhalten.

Watertons Sammlung, von der immer noch ein Alligator, ein Ameisenbär, eine Boa constrictor, ein Faultier, ein Schimpanse und ein Gürteltier erhalten sind, stach besonders wegen der großen exotischen Tiere her-

49 Waterton 1825 (Anm. 14), S. 236-237.
50 Larsen 1993 (Anm. 17), S. 257.
51 Waterton 1825 (Anm. 14), S. 243.

vor.[52] Trotz dieser für ihre Zeit eindrucksvollen Sammlung und der Tatsache, daß Waterton alle Objekte selbst präpariert hatte, war sein Beitrag zur Kunst der Taxidermie durchaus umstritten. Obwohl er kürzlich noch als »Vater der modernen wissenschaftlichen und künstlerischen Taxidermie« bezeichnet wurde, fand seine Methode kaum Nachahmung, weil sie unendliche Geduld und großes Geschick erforderte.[53] Nach Waterton mußte der Taxidermist seine Arbeit ständig »revidieren« und sich um das Objekt kümmern; er mußte die Haut anpassen, um sie in Form zu halten, und dies konnte »Tage oder Monate« dauern. Nicht zuletzt aus diesem Grunde wurde sein Verfahren als »amateurhafter Tick, [...] jedoch als vollkommen ungeeignetes System für den Fachmann« abgetan.[54]

Watertons »Anleitung zur Erhaltung von Vögeln«, den *Wanderings* als Appendix angefügt, konnte das für seine Methode notwendige handwerkliche Können auch gar nicht weitervermitteln, denn dies wäre nur durch eine praktische Anleitung möglich gewesen. Ein Taxidermist war bis in die 1920er Jahre hinein ein »Alleskönner«, der die Kluft zwischen Experimentator und Naturforscher überbrückte. Auch Watertons taxidermische Arbeiten vereinigten die Bemühungen des Experimentators und des Naturforschers, aber sie überbrückten vor allem die gesellschaftliche Kluft zwischen den Fähigkeiten eines Gentleman und dem weniger angesehenen manipulativen Geschick eines Handwerkers. Wenn »Taxidermie der höchste Umgang mit Material und der materiellen Manipulation ist«, war Watertons Handwerk eine sehr eigentümliche und persönliche Fähigkeit, seinen Objekten eingeschrieben.[55]

52 Seine Sammlung war zum Großteil im Treppenhaus des Herrensitzes aufgestellt. Zu den oben genannten Objekten kamen zahlreiche Vögel hinzu, die er in gläsernen Vitrinen unterbrachte. Er führte einen Katalog und etikettierte jedes einzelne Objekt. Noch heute ist diese Sammlung in den originalen Behältnissen im Wakefield Museum zu sehen. Anläßlich des 200. Geburtstages von Charles Waterton war erst vor einigen Jahren eine umfassende Ausstellung mit seinen Präparaten und taxidermischen Schöpfungen zu sehen. Vgl. den Katalog: Charles Waterton 1782-1865, traveller and naturalist. An exhibition to celebrate the 200th anniversary of the birth of Charles Waterton. Wakefield 1982.

53 B. M. Logan: Charles Waterton's taxidermy: the preparation and arrangement of animal skins. In: Katalog 1982 (Anm. 52), S. 34-36, S. 36.

54 Alexander Montagu Browne: Artistic and scientific taxidermy and modelling. London 1896; zitiert in Frost 1987 (Anm. 46), S. 117.

55 Susan Leigh Star: Craft versus commodity, mess versus transcendence: how the right tool became the wrong one in the case of taxidermy and natural history. In: Adele E. Clarke/Joan H. Fujimura (Hg.): The right tools for the job. Princeton 1992, S. 257-286, S. 262.

Neben dem Ausstopfen einzelner naturgeschichtlicher Exemplare bestand Watertons Lieblingsbeschäftigung darin, Pasticcios aus Tierkörpern zu formen. Einem Affen setzte er Hörner auf und nannte ihn »Martin Luther nach seinem Sündenfall«. Der Kopf einer Adlereule wurde mit dem Körper und den Beinen einer Rohrdommel sowie den Flügeln eines Rebhuhns verbunden, was den »Noctifer, oder der Geist des Frühmittelalters, in England vor der Reformation unbekannt« ergab. »Englands Reformation in ihrer Kindheit mit Edward VI. und seiner Schwester Betsy beim Lunch« ist leider verlorengegangen, doch ist bekannt, daß »*Testudo nocivissima, Eribi et Noctis Sata*« aus einer Schildkröte mit der Haut einer Eidechse bestand: »die widerlichste Ausgeburt der Hölle und der Dunkelheit«. Der Unbeschriebene war also nicht allein auf Walton Hall.

Mit solchen Scherzen wurde deutlich, daß die Meisterschaft des Taxidermisten erst in Schöpfungen wie dem Unbeschriebenen zur vollen Blüte gelangte, was jedoch ihre Wahrheitstreue in gefährlicher Weise in Frage stellte. Deshalb ist es besonders interessant, danach zu fragen, warum Waterton seine taxidermische Rezeptur am Beispiel einer »lebensähnlichen« Fälschung veröffentlichte, das den Begriff der *verisimilitudo* radikal in Frage stellte. Der Scherz beruhte auf der *verisimilitudo*, indem der Unbeschriebene der klassifikatorischen Ordnung ein Rätsel aufgab. Es ging also um die Authentizität der Repräsentation. »Lebens*ähnliche*« Repräsentation ist in der Taxidermie ein Widerspruch in sich, denn das Ziel ist es ja, anhand gekonnter Manipulation *toter* Materie Lebens*echtheit* herzustellen. Aber die Tatsache, daß Authentizität, Lebensähnlichkeit und *verisimilitudo* potentiell gegensätzliche Begriffe sind, trifft auf jede Art von Repräsentation und Beschreibung zu. Wenn mimetische Repräsentation ein Symbol und eine Metapher für Realität ist, dann geht die Taxidermie über die Mimesis hinaus und wird Schöpfung, weil sie den Tod akzeptiert und durch Manipulation eine Illusion von Leben erzeugt. Der Unbeschriebene ist ein meta-mimetischer Scherz – er offenbart das Lebensechte als Fälschung. Aber er offenbart auch die Laune des Taxidermisten. Wie Stephen Bann anmerkt, »gibt es keinen zwingenden Zusammenhang zwischen der anatomischen Wissenschaft und der Rhetorik der lebensechten Wiederschöpfung«. Eine Monstrosität wie der Unbeschriebene zieht genau diese Verbindung zwischen »Naturtreue« und »wissenschaftlicher Verantwortlichkeit« in Zweifel: Was macht Natürlichkeit aus, und wer besitzt die Autorität, sie zu beschreiben und in Besitz zu nehmen?[56]

56 Stephen Bann: The historian as taxidermist: Ranke, Barante, Waterton. In: Elinor S. Shaffer (Hg.): Comparative criticism: a yearbook. Bd. 3. Cambridge 1981, S. 21-49, S. 32.

Die Taxidermie sucht Teile (etwa Haut und Schnabel eines Vogels) auf das Ganze zu beziehen (das lebendige Tier). Im Gegensatz zur Hervorhebung der Funktion und der daraus folgenden Klassifikation durch Vergleich der inneren Organe, wie sie der französische Naturforscher Georges Cuvier praktizierte, beruhte Watertons Taxidermie auf einem ökologischen Verständnis.[57] Anatomische Merkmale, etwa die Gliedmaßen des Faultiers, erklärte er durch Rückgriff auf seine Beobachtungen der Bewegungen des lebenden Tieres. Ausgestopfte Objekte haben die komplexen Funktionsbeziehungen eines Tieres zu seiner Umgebung verloren. Im Falle einer taxidermischen Monstrosität wie der Unbeschriebene ist die »Lebensähnlichkeit« auf eine willkürliche, ironische und einigermaßen brutale Art von der Wahrhaftigkeit abgetrennt. Wie in der Taxidermie die Haut eines Kadavers *metonymisch* für das ganze Tier steht, bestätigt die taxidermische Monstrosität *metaphorisch* den privilegierten Zugang des Meisters zum lebendigen Tier. In dieser Praxis zeigt sich seine Wirkmacht, auf die tierische Ökonomie einzuwirken und sie gewissermaßen *in absentia* zu reformulieren und zu verewigen.

Die Herstellung lebensechter Exemplare erforderte nicht nur manipulatives Geschick, sondern auch eine gute Beobachtungsgabe. Man benötigte dafür einen ganz anderen als den taxonomischen Blick, denn der Naturforscher mußte sein Auge auf das Leben des Tieres in seiner Umgebung lenken. Und doch kann man Waterton nicht als organizistischen oder realistischen Taxidermisten bezeichnen. Obwohl ihm Peales *Philadelphia Museum* (gegründet 1786) bekannt war, gilt Waterton mit Recht nicht als Pionier der »Habitat-Gruppe«. Seine Sammlung in Walton Hall zeigte »echte« taxidermische Exemplare unmittelbar neben gezielten Fälschungen. In einer Zeit der ersten illusionistischen Ausstellungen (die durch Robert Barker 1787 hervorgerufene Panorama-Leidenschaft, oder Daguerres Diorama, London 1822) kann man Watertons Verständnis der Tierökonomie und der daraus resultierenden Objekte nicht als realistische Kunst in dem Sinne bezeichnen wie die Habitat-Dioramen der Naturgeschichte, die wegen ihres pädagogischen Nutzens in der Museumsbewegung im späten 19. Jahrhundert populär wurden.[58] Wenn, wie Haraway meint, »realistische Kunst in ihrem magischsten Moment zur Offenbarung führt«, in ihrer Möglichkeit, »Wildheit

57 Dorinda Outram: New spaces in natural history. In: Jardine/Secord/Spary 1996 (Anm. 38), S. 249-265.

58 Karen E. Wonders: Habitat dioramas: illusions of wilderness in museums of natural history. Uppsala 1993, S. 12-13.

wiederherzustellen« und »Zeit einzufrieren«, dann war die Taxidermie für Waterton eine eingeschriebene Praxis, eine Identitätserklärung, eine Rhetorik der Selbstschaffung.[59]

Alle Elemente des Unbeschriebenen – *vraisemblance* und geschickte List, Wissenschaft und Fälschung, Geschichte und fiktive Erzählung – sind in der überwältigenden Präsenz des Künstler-Autors vereint, in der Reflexion des Naturforschers über seine eigene Arbeit und sein Können, die im Raum der Sammlung und des Parks zu neuem Leben gelangen konnten. Was ich an dieser Stelle betonen möchte, ist die Verbindung zwischen der taxidermischen Illusion von Leben und der Manipulation von Identität, die nicht nur das kreatürliche oder fingierte Objekt einbezieht, sondern auch den Schöpfer selbst. Die Identität des Taxidermisten ist in das ausgestopfte Objekt mit eingewoben. Damit ist auch der Unterschied zwischen dem Sammler/Taxidermisten und allen anderen benannt, denn nur er weiß um die Herstellungstechnik und die Herkunft des Tieres.

Watertons Sammlung, seine Produkte und seine Naturkenntnisse waren jedoch nicht nur Embleme seiner eigenen Persönlichkeit – sie stellten zugleich Konstruktion, Diskurs und Gesellschaftskritik dar. Waterton machte deutlich, daß nicht er es war – ein katholischer, selbsternannter Naturforscher –, dessen Legitimität in Frage stand. Seine Scherze meinte Waterton sich erlauben zu können, da es ihm ohnehin nicht um Anerkennung innerhalb der Gemeinschaft der Naturforscher ging. Durch seinen abgesperrten Park, seine Sammlung und den Unbeschriebenen artikulierte er Kritik an gesellschaftlich etablierten Werten wie Autorität, Wissenschaftlichkeit und Wahrhaftigkeit.

Kann ein Katholik ein Unbeschriebener sein?

Der Gang der Geschichte bedrohte Watertons Identität in doppelter Hinsicht: Erstens hatte er als Katholik weder zu den angestammten aristokratischen Betätigungsfeldern in Oxford und Cambridge noch zu Militär und Justiz Zutritt.[60] Zweitens brachten ihn die von Sir Robert

59 Donna Haraway: Primate visions: gender, race, and nature in the world of modern science. London 1989, S. 38; Star 1992 (Anm. 55), S. 259.

60 Als Katholik fiel Waterton unter dieselben restriktiven Gesetze, die die Abweichler oder Nonkonformisten von zentralen politischen Positionen fernhielten, und wie diese setzte sich Waterton in Opposition gegen die Regierung seiner Zeit.

Peel durchgesetzten Gesetze zur Emanzipierung der Katholiken (*Peelite Emancipation Act*) um seine politisch abweichende Identität. Die Diskriminierung der Katholiken wurde formell mit der Verabschiedung der Peelschen Reformen aufgehoben. Und doch sah Waterton sich als überzeugter Katholik mit jesuitischer Bildung nicht in der Lage, den Treueschwur zu leisten, der zur Erlangung öffentlicher Positionen verlangt wurde.[61]

Waterton ist ein Beispiel dafür, wie eine gesellschaftliche Selbsteinordnung – ganz wie beim Dissidententum – eine selbstbewußte und aktive Rhetorik der Unterscheidung annimmt. Sie ist eine individualistische, mimetische Antwort auf die Entfremdung von der eigenen Identität. Mit der ironischen Überschreitung der Grenzen der Glaubwürdigkeit des Reisenden nahm der Unbeschriebene die biogeographischen und systematischen Möglichkeiten der Naturforschergemeinschaft zur Beschreibung der natürlichen Welt ins Visier. »Ich wünsche nicht, daß der Unbeschriebene für irgend etwas anderes gehalten wird als das, was der Leser darunter verstehen will. Ich halte mich nicht für verpflichtet, seine Geschichte zu erzählen, und ich überlasse es dem Leser zu sagen, was er ist und was nicht.«[62]

Watertons Einladung zur Lektüre des Unbeschriebenen als »abweichende« Geste macht einen Konsensus unmöglich. Er selbst entpuppt sich mit diesem Scherz als ein »Unbeschriebener« für die professionellen Naturforscher und ist somit in gesellschaftliche Taxonomien nicht einzuordnen. In den späten 1820er Jahren, mit dem Niedergang des aristokratischen Banksschen Establishments und mitten in den reformistischen und radikalen wissenschaftlichen Gärungen, wurden die *Wanderings* für ihren Beitrag zur »gelehrten Unterhaltung« der lesenden Gentlemen immer noch halbherzig gelobt.[63] Zudem wurde Waterton eher als nostalgischer Idylliker denn als »wilder« Reisender angesehen – ein »pastoraler Schriftsteller«, der die »sich selbst schaffende Natur um ihrer selbst willen« studierte. Man hob sein »geheimes Bündnis mit der Lieblichkeit früher Unschuld« hervor, betrachtete ihn jedoch nicht als »wissenschaft-

61 Chadwick bezeichnet »den exzentrischen Naturforscher aus Yorkshire« als eine der wenigen katholischen Stimmen gegen Peels Treueschwur als Gegengewicht gegen die Aufhebung der Strafgesetze gegen Katholiken. Siehe Owen Chadwick: The Victorian church: an ecclesiastical history of England. London 1966, S. 23.

62 Waterton 1838 (Anm. 16), S. LXXVII.

63 [Henry Southern]: Waterton's »Wanderings in South America«. In: The London magazine 4, 1826, S. 343.

lichen Gentleman, müßigen Philosophen und naturforschenden Autor«. Die *Wanderings* führten zu einer Debatte über Watertons »Wahrhaftigkeit«,[64] in der es auch um »das Privileg des Reisenden« ging,[65] mit der Kauzigkeit »alter Reisender« »wunderbare Geschichten« zu erzählen.[66] Buch und Debatte trugen zur Konstruktion von Waterton als »unserem guten Quixote von Demerara« bei, eben als harmloser, wohltätiger Exzentriker.[67] Watertons ausgewiesene Kenntnisse der Tierökonomie wurden nicht mit denen des abenteuerlustigen und unternehmerisch orientierten John Audubon verglichen, sondern eher mit denen des bukolischen Gilbert White, Autor des Klassikers *Natural history and antiquity of Selborne* (1789):

> »Seit dem seelenverwandten Gilbert White, der als erster englischer Naturforscher die Gewohnheiten der Vögel im Freien studierte, statt die Farbe der Federn ausgestopfter Spezimen in Schränken zu beschreiben, hatten wir niemanden mehr, der die Tierökonomie so durch und durch *con amore* untersucht hat wie Mr. Waterton, der – so könnte man fast sagen – sich mit ihren *Gefühlen* und Eigenheiten identifiziert«.[68]

Watertons angebliche Eigenheiten wurden auf die Tiere projiziert, deren »Ökonomie« er studierte. Er wurde in die emblematische Figur eines mythischen, klassischen Vorläufers der aktuellen, wissenschaftlichen Ornithologie umgestaltet: zurück zu den Ursprüngen, zurück zum »guten

64 James S. Menteath: Some account of Walton Hall, the seat of Charles Waterton, Esq. In: Magazine of natural history 8, 1824, S. 28-36, S. 29. Siehe auch [Charles Richard Weld]: Review of the autobiography of Charles Waterton. In: The Dublin review 8, 1840, S. 317-334, S. 333; [W. C. Roscoe]: Charles Waterton. In: The national review 5, 1857, S. 304-332, S. 316.

65 [Barrow] 1826 (Anm. 33), S. 319.

66 [Southern] 1826 (Anm. 63), S. 343.

67 [Smith] 1826 (Anm. 32), S. 301.

68 [Frederick Holmes]: Waterton's second series of »Essays«. In: Blackwood's Edinburgh Magazine, 63, 1845, S. 289-300, S. 299. Menteath 1835 (Anm. 64), S. 30, nennt Waterton einen »zweiten White«, vergleicht Walton Hall mit Selborne und sagt über die »Wanderungen« »dieses reizende Buch« ist, »wie Whites *Natural History of Selborne*, in fast jeder Hand«. Siehe auch N.N. [Pseud. A.R.W.]: Waterton's life and travels. In: Nature 24, 1879, S. 576-578, S. 577: »Selbst Gilbert White war kein genauerer Beobachter der Gewohnheiten von Tieren.«

alten [Gilbert] White«.[69] Oder aber man attestierte ihm eine diffus bleibende hochromantische Sensibilität und bezeichnete ihn als »den Mann, der alle Dinge liebt, ob groß oder klein«.[70] Seine Arbeit wurde dann als »amateurhaft« klassifiziert, weil sie aus fragmentarischen Beobachtungen bestand und keinen konzeptionellen Rahmen aufwies. So wurde Waterton als »altgedienter und freundlicher Naturforscher, aber unwissenschaftlicher und unsystematischer Autor« abgetan: »Mitgefühl«, »Neugier« und »Neigung« für Naturbeobachtung seien nicht ausreichend, um die »Tragweite der Fakten für das allgemeine Wissensgebiet« sichtbar zu machen.[71]

Schließlich wurden die *Wanderings* als »eines der originellsten und wirklich populären Standardwerke über ferne Reisen« bezeichnet, während die viktorianische Phantasie den Autor zum »charmanten Exzentriker« machte; ein Landedelmann, Popularisator und »missionarischer Naturforscher«, dessen »Schriften und Forschungen weitgehend zum Interesse an Naturgeschichte bei Jung und Alt beigetragen haben«. Seine Beobachtungen hätten »ihn mit den Gewohnheiten von zahmen und wilden Tieren bekannt gemacht«, doch sei er »keineswegs ein wissenschaftlicher Naturforscher wie Professor Owen oder Baron Cuvier«.[72] Und am Ende verschwand auch der Unbeschriebene, Watertons absichtsvolle Konstruktion von Differenz, vom Titelblatt der *Wanderings*; in J. G. Woods Ausgabe von 1879 war er nicht mehr zu finden. Statt dessen wurden in einem »erklärenden Index«, Watertons einheimische zoologische Namen in das Linnésche System übersetzt.

In dieser Studie ging es um die Mechanismen, mit denen ein Naturforscher sich Autorität verschafft. Waterton erreichte seine Identität als *Exzentriker* durch das Austarieren seiner Rolle als aristokratischer Katholik mit seiner naturkundlichen »Neugier«; seine gesellschaftliche und religiöse Position beeinflußte seine Konstruktion einer anderen Beziehung

69 N. N.: Review of C. Waterton (1838) »Essays on natural history, chiefly ornithology«, C. Waterton (1867) »Essays and letters«, C. Waterton (1836, 1879) »Wanderings in South America«, H. W. Bates (1863) »The naturalist on the Amazon«. In: The London quarterly review 53, 1880, S. 382-420, S. 393.

70 Ralph de Peverell: Charles Waterton and Walton Hall. In: Once a week 13, 1865, S. 48-52, 57-62, S. 60. Siehe auch Thomas Hughes: An old friend with a new face. In: Macmillan's magazine 39, 1879, S. 326-331, S. 327.

71 [Roscoe] 1857 (Anm. 62), S. 311.

72 Peverell 1865 (Anm. 70), S. 60.

zur Tierwelt: seine *persona* war zum Teil von ihm selbst geschaffen, zum Teil von außen eingegrenzt.

Taxidermie als eloquente Praxis der Selbstinszenierung wirft anthropologische Fragen auf, die über eine bloße Identifizierung solcher Praktiken hinausgehen, die zur gesellschaftlichen Unterscheidung im Sinne von Klasse und Habitus beitragen. Im Zusammenspiel von Praxis und Identität schuf Waterton sich ein Tätigkeitsfeld als Naturforscher, indem seine *Wanderings* ihm eine privilegierte *Rite de passage* zum Tierreich verschafften. Damit bietet sich ein anthropologischer Einblick in seine konfliktreiche Beziehung zu der etablierten Gemeinschaft der Naturforscher. Den Aufgaben heutiger Anthropologen nicht unähnlich, führten die Erfahrungen und Tätigkeiten Watertons im Urwald als Bewegung hin zum Ursprung und wieder weg davon zu einer Umformung seiner Identität. Zugleich wurde damit eine bestimmte Kompetenz erworben und im Anschluß daran immer wieder mimetisch bestätigt.[73] Als Beschützer und Verwalter seines Vogelschutzgebietes verfügte Waterton über eine beträchtliche Erfahrung mit der Tierwelt, die ihm entscheidend zur Konstruktion der Differenz zu den anderen Naturforschern verhalf. Sich selbst als einen Unbeschriebenen darstellend und den exzentrischen Ruf pflegend, außerdem als Schöpfer einer Sammlung, die sich der taxonomischen Kontrolle verweigerte, gestaltete Waterton sich als Persönlichkeit, die weder naturhistorischen noch politischen und religiösen Anforderungen des Establishments entsprach. Seine unbeschriebene Autorität bezog er allein aus den Reisen, seinen Berichten und seiner taxidermischen Expertise.

Aus dem Englischen von Wilhelm Werthern und Anke te Heesen.

73 Zur Konstruktion ethnographischer Autorität siehe George Stocking: The ethnographer's magic. In: ders. (Hg.): Observers observed. Madison 1983, S. 70-120; Henrika Kuklick: The savage within. Cambridge 1991, S. 119-181; James Clifford: The predicament of culture. Cambridge, Mass. 1988, S. 21-54.

Angela Matyssek

Die Wissenschaft als Religion, das Präparat als Reliquie

Rudolf Virchow und das Pathologische Museum der Friedrich-Wilhelms-Universität zu Berlin[1]

Der Pathologe, Anthropologe und linksliberale Sozialpolitiker Rudolf Virchow (1821-1902) leitete die zahlreichen, auch internationalen Ehrungen und Feierlichkeiten anläßlich seines 80. Geburtstags am 12. Oktober 1901 selbst ein. Virchow lud die zu seinem Geburtstag in Berlin versammelte wissenschaftliche und politische Prominenz in die Räume des eben fertiggestellten, aber noch kaum eingerichteten Pathologischen Museums der Berliner Universität. Obwohl das Haus erst Wochen später der Öffentlichkeit zugänglich gemacht werden konnte, empfing er seine Gäste dort und führte sie durch einige eilig und nur provisorisch bestückte Räume. Das Museum muß also für Virchow eine besondere Bedeutung gehabt haben, anders läßt sich kaum erklären, warum er diesen noch wenig repräsentativen Ort so stark in das Licht der Öffentlichkeit rückte – und diese Bedeutung muß weit über die naheliegende Funktion, Demonstrationsstücke für seine Vorlesungen und Vergleichsmaterial für die Forschung zu magazinieren, hinausgegangen sein.

Konservierung und Musealisierung

In mehrerlei Hinsicht nahm das Pathologische Museum der Berliner Universität eine Sonderstellung ein. Im Vergleich zu anderen pathologischen Sammlungen deutscher Universitäten war die Berliner, die 1901 mehr als 23 000 Präparate umfaßte, die bei weitem umfangreichste, laut einer Einschätzung ihres Leiters aus dem Jahre 1886 war sie schon damals eine »der reichsten der Welt«.[2] Ihre Bestände waren historisch gewachsen

1 Für Diskussionen und Kritik danke ich Martin Eberhardt, Arne Karsten und Thomas Schnalke, für die Anfertigung der Abbildungsvorlagen Christa Scholz.

2 Rudolf Virchow: Das Pathologische Institut. In: Albert Guttstadt (Hg.): Die naturwissenschaftlichen und medicinischen Staatsanstalten Berlins. Festschrift für die 59. Versammlung deutscher Naturforscher und Ärzte. Berlin 1886, S. 288-300, S. 297.

aus den Präparatesammlungen der Prosektoren (den Ärzten, die Sektionen vornahmen) des bedeutendsten deutschen Krankenhauses, der Charité. Dort, im Pathologischen Institut der Charité, war die Sammlung, die nach ihrer Gründung 1831 zunächst Pathologisch-Anatomisches Cabinet genannt wurde, auch untergebracht. Ein jahrelanger Konflikt mit der Universität, in die die Charité ab 1829 sukzessive als medizinische Fakultät eingegliedert wurde, hatte den Prosektor gezwungen, einen großen Teil seiner Präparate an die Universitätssammlung abzugeben. Nach Auflösung der Universitätssammlung 1875 wurden diese Objekte wieder in die Pathologische Sammlung zurückgeführt.

Innerhalb der Charité-Anlage bildete das Pathologische Museum mit den Krankenhausbauten ein architektonisches Ensemble. Das am nordwestlichen Rand des weiträumigen Areals gelegene Gebäude fügte sich in seiner historisierenden Backsteingotik in den damals noch im Bau befindlichen neuen Gesamtkomplex ein. Bemerkenswert ist jedoch, daß das in den Jahren 1896 bis 1899 gebaute Haus das am frühesten fertiggestellte Gebäude der erst 1916 vollendeten Krankenhausanlage war. Nicht etwa eine Klinik leitete die dringend notwendigen Neubauten ein, sondern ein Museumsgebäude (vgl. Abb. 1).

Die aber wohl bedeutsamste Besonderheit dieser pathologischen Sammlung bestand darin, daß sie teilweise der Öffentlichkeit zugänglich war. Die Sammlung befand sich dadurch im Spannungsfeld zweier verschiedener Ansprüche: Sie mußte den Bedürfnissen einer universitären Lehr- und Forschungseinrichtung innerhalb eines Krankenhauskomplexes und zugleich denen eines öffentlich zugänglichen Ausstellungs- und Bildungsortes gerecht werden.

Das aus fünf niedrigen Stockwerken bestehende Museum war entsprechend dieser Doppelfunktion in eine zweistöckige Schausammlung und in eine Lehrsammlung unterteilt, die in den oberen drei Geschossen des Hauses untergebracht war. Seit der Eröffnung 1901 konnten Interessierte die Schausammlung jeden Sonntag, mit Ausnahme der vier- bzw. achtwöchigen Semesterferien im Frühjahr und Sommer, von 11 bis 13 Uhr besichtigen.[3] Fachleuten, Ärzten und Studenten, sollten nach Virchows Vorstellungen beide Sammlungsteile jederzeit zugänglich sein.

3 Bereits kurz nach der Übergabe des neuen Gebäudes, am 27. Juni 1899, hatte im noch nicht eingerichteten Haus eine von der Öffentlichkeit wenig beachtete Feierstunde zu seiner »Eröffnung« stattgefunden; über das Ereignis gab es kaum Presseberichte. Siehe Rudolf Virchow: Die Eröffnung des Pathologischen Museums der Königl. Friedrich-Wilhelms-Universität zu Berlin am 27. Juni 1899. Berlin 1899. Große Resonanz hingegen fand der Festakt zu Virchows achtzigstem

Der Museumseingang, den Krankenhäusern abgewandt am Alexanderufer liegend, führte über ein Vestibül direkt in die Sammlungsräume. In schlichtem und funktionalem Ambiente waren in parallelen Reihen hohe Glasvitrinen aufgestellt, worin die Präparate in nach den »Localitäten der Erkrankung gesonderten Gruppen«[4] angeordnet waren. Besonderer Wert war darauf gelegt worden, die verschiedenen Entwicklungsstadien einer Krankheit durch die Bildung von Präparatereihen zu erklären. Krankheiten wurden auf diese Weise visuell ab- und herleitbar gemacht. Varianten und verschiedene Ausprägungen einer Krankheit standen zum Vergleich nebeneinander. In einem 1895 angefertigten Bauplan für das Museumsgebäude war in bezug auf die Lehrsammlung vorgesehen, daß die Präparate dort »in niedrigen Halbgeschossen nach dem Magazinsystem der Bibliotheken aufgestellt werden«.[5] Neben dieser Aussage über die Anlehnung der Organisationsstruktur der Lehrsammlung an die einer Bibliothek stehen andere: Virchow selbst bezeichnete das gesamte Museum bei anderen Gelegenheiten als einen »Speicher«, sein Assistent Oskar Israel nannte es ein »Archiv«.[6] Die Wahl des Vokabulars zeigt mögliche Leitgedanken und Vorbilder bei der Einrichtung des Hauses.

Gleich am Eingang in die Ausstellung waren die spektakulärsten Stücke ausgestellt. Der erste Saal war allein den Körpermißbildungen von Menschen und Tieren gewidmet. Dort wurden in sechs Schränken die sogenannten Monstra gezeigt:[7] Doppel- oder Zwillingsbildungen wie Janusköpfe oder gespaltene Wirbelsäulen, Schädeldeformationen wie Wasserköpfe, aber auch Rumpflose und Sirenen – Präparate, deren Benennung zum Teil mythologischen Figuren entsprach. Den bei weitem größten Teil der Sammlung, der in den übrigen fünf Sälen gezeigt wurde,

Geburtstag 1901. Das Museum wurde aber erst einige Wochen später dem Publikum zugänglich gemacht; siehe GStA (hier wie im folgenden: Geheimes Staatsarchiv Preußischer Kulturbesitz) PK, I. HA Rep. 76 Va Kultusministerium, Sekt. 2 Tit. X Nr. 153, Bd. 1, S. 140-141.

4 Rudolf Virchow: Das neue Pathologische Museum der Universität zu Berlin. Berlin 1901, S. 5-6.

5 GStA PK, I. HA Rep. 76 Va Kultusministerium, Sekt. 2 Tit. XIX Nr. 52, Bd. 1, S. 11-26.

6 Virchow 1899 (Anm. 3), S. 16-17; Oskar Israel: Das Pathologische Museum der Königlichen Friedrich-Wilhelms-Universität zu Berlin. In: Berliner Klinische Wochenschrift 41, 1901, S. 1047-1052, S. 1051.

7 Die Benennung »Monster / Monstra«, »Teratum / Terata«, »Miss(ß)bildung« folgt der Diktion Virchows.

Abb. 1: Das Museumsgebäude von Georg Diestel nach seiner Fertigstellung, um 1901.

stellten Trockenpräparate wie Skelette oder größere Organpräparate mit der Darstellung häufigerer Krankheiten dar. Außerdem waren Präparate künstlich deformierter Schädel, Schuß-, Hieb- und Stichverletzungen sowie historische Objekte aus dem 18. Jahrhundert in der Schausammlung ausgestellt. Einigen Skeletten wurden Präparate oder Nachbildungen zur Seite gestellt, die Gehirnmißbildungen zeigten, von denen man annahm, daß sie mit der Entstehung der Knochenfehlbildungen zusammenhingen. Menschliche Objekte standen neben Tierpräparaten, die gleiche Krankheitsformen zeigten. Wo Originalpräparate fehlten, wurden sie durch farbige Nachbildungen aus Wachs ersetzt.

Im Museumsgebäude waren außer der Lehrsammlung, die neben Dubletten und selteneren Krankheiten solche Objekte zeigte, die »außerhalb der Grenzen sittlicher Betrachtung«[8] lagen, noch ein großer Hörsaal und ein Mikroskopiersaal untergebracht.

8 Virchow 1899 (Anm. 3), S. 19.

Die Vielzahl und Verschiedenartigkeit der allein in der Schausammlung ausgestellten Objekte verdeutlicht den umfassenden, in fachlicher Hinsicht enzyklopädischen Anspruch des Museums, der jedoch in diesem Teil des Hauses seine Grenze in seiner pädagogischen Funktion fand. Gezeigt werden sollte in den beiden unteren Geschossen laut Virchow »alles dasjenige [...], was zu wissen für die Masse von Wichtigkeit ist«.[9] Dazu gehörte offenbar auch die zentrale Bedeutung der Person Rudolf Virchows für die Entstehung und Etablierung des Faches Pathologie und für das Pathologische Museum. Virchow, einer der einflußreichsten deutschen Mediziner des 19. Jahrhunderts und als Begründer der wissenschaftlichen Pathologie anerkannt, hatte die Konzeption des Hauses bis ins Detail hinein bestimmt. Dies bedeutet nicht nur, daß das nach den »Localitäten« der Krankheit aufgegliederte Ordnungssystem der Sammlung seinem Forschungsparadigma, der Zellularpathologie, folgte. Als Sammler, Pädagoge, ›Architekt‹ und Bildungspolitiker gleichermaßen verfolgte Virchow das Museumsprojekt auf allen Ebenen und jahrelang mit Engagement und Hartnäckigkeit und konnte sich mit nahezu allen seinen Vorstellungen durchsetzen. In seiner fast fünfzig Jahre währenden Berliner Amtszeit als Ordinarius für Pathologische Anatomie hatte er einen geradezu manischen Sammlerehrgeiz entwickelt und bei weitem die meisten der Museumsobjekte zusammengetragen. Johannes Orth, Virchow-Schüler und dessen späterer Nachfolger auf dem Berliner Lehrstuhl, bemerkte, daß Virchow fast alles selbst präparierte, jedes Etikett selber schrieb und seinen Assistenten, der ihm bei der Zubereitung und Aufstellung der Präparate helfen mußte, mit dem häufig zitierten Grundsatz »*nulla dies sine praeparatu!*« plagte.[10] Das Pathologie-Gebäude, das zu seinem Amtsantritt 1856 errichtet worden war, war aufgrund der darin angesammelten Präparatemassen bereits dreißig Jahre später baufällig geworden. Die enorme statische Belastung durch die ständig und schnell anwachsende Sammlung, deren Objekte bald zwei- bis dreireihig in bis unter die Decke reichenden Regalen aufbewahrt wurden, hatte zu Rissen in den Wänden geführt.[11] Die langwierigen Verhandlungen mit der Charité-Direktion und den preußischen Ministerien über einen Neubau wurden schließlich zugunsten von Virchows Vorstellungen ent-

9 Ebd., S. 7.

10 Johannes Orth: R. Virchow vor einem halben Jahrhundert. Persönliche Erinnerungen. In: Virchows Archiv für pathologische Anatomie und Physiologie und für klinische Medicin 235, 1921, S. 31-44, S. 34.

11 GStA PK, I. HA Rep. 76 Va Kultusministerium, Sekt. 2 Tit. XIX Nr. 45, S. 3-5.

schieden. Es kam nicht nur zu einem Neubau, in dessen architektonische Gestaltung der Pathologe entscheidend eingriff.[12] Die schließlich errichtete, aus drei Häusern bestehende Anlage des Pathologischen Instituts bekam eines der aufgrund seiner exponierten Lage repräsentativsten und durch die Gründung seines labilen Moorbodens auch teuersten Grundstücke des Charité-Areals. Virchow hatte es damit in mehrerlei Hinsicht geschafft, der Sammlung so viel Gewicht zu verleihen, daß sie vor allen neu zu errichtenden Krankenhausbauten ein eigenes, noch dazu sehr kostspieliges Haus bekam. Allein für das Sammlungsgebäude wurde eine Summe aufgewendet, »für welche anderweit vollständige pathologische Institute neu hergestellt worden sind«, wie über diesen Aufwand empörte Stimmen aus dem preußischen Finanzministerium verlauten ließen.[13]

Aber nicht nur Virchow verfolgte das ehrgeizige Projekt, in diesem Gebäude das »erste deutsche Museum«, den »Mittelpunkt der pathologischen Studien in Deutschland« und eine »Musteranstalt für die ganze Welt« einzurichten.[14] Auch für den preußischen Staat bedeutete das Museum die Gelegenheit, in einer Art Leistungsschau der deutschen Pathologie deren Erfolge zu demonstrieren.[15] Eine von Hans Arnoldt gefertigte Virchow-Büste, ein Geschenk des Kultusministeriums zu Virchows 80. Geburtstag, wies auch für Laien sofort erkennbar auf die Schlüsselrolle des Wissenschaftlers hin (vgl. Abb. 2). Mit der Aufstellung der Büste wurde Virchow noch zu Lebzeiten in seiner Sammlung ein Denkmal

12 Zusammenfassend zur Baugeschichte des Pathologischen Museums und Virchows Eingriffen in die architektonische Gestaltung siehe Angela Matyssek: Das Pathologische Museum der Friedrich-Wilhelms-Universität. Rudolf Virchows Sammlung von Körpermißbildungen und Krankheiten – Ansätze zu einer Stilgeschichte medizinischer Präparate. Mag.arb. Humboldt-Universität zu Berlin 1998, S. 13-16.

13 GStA PK, I. HA Rep. 76 Va Kultusministerium, Sekt. 2 Tit. XIX Nr. 45, S. 55-56.

14 GStA PK, I. HA Rep. 76 Va Kultusministerium, Sekt. 2 Tit. XIX Nr. 52 Bd. 1, S. 282-285, 294-295; Marieluise Seebacher: Der Neubau der Charité um die Jahrhundertwende auf dem Charité-Hauptgrundstück. Die Vorbereitungen und Ausführungen in den Jahren 1888 bis 1916. Med. Diss. Humboldt-Universität zu Berlin 1990, S. 73.

15 Wilhelm von Waldeyer, Anatom und Rektor der Universität, bezeichnete Virchow als »nationalen Schatz«, um nur ein Beispiel aus Virchows näherem Umfeld zu nennen. Siehe N. N.: Die Virchow-Feier. In: Wiener Tageblatt, 14.10.1901. Virchow selbst bezeichnete (im Preußischen Abgeordnetenhaus) die Güte musealer Sammlungen auch als eine Frage »nationaler Ehre«; siehe Stenographische Berichte über die Verhandlungen des Preußischen Abgeordnetenhauses, 17. Legislaturperiode, 31. Sitzung, 14.2.1892, Sp. 891.

gesetzt und er inmitten seiner Präparate zu einem »neuen Prometheus« stilisiert.[16] Der alte Topos vom Künstler, aber auch vom Sammler als *»alter deus«* oder *»secundus deus«* fand auf diese Weise Anwendung auf den Pathologen. Wie sehr auch Virchows Zeitgenossen in diesen Kategorien dachten, zeigt eine Äußerung Oskar Israels, Virchows Assistenten. Israel zufolge erfuhr der Sammlungsraum, in dem die Büste stand, durch diese »gewissermaassen seine Weihe«.[17] Die Marmorbüste sei »von dem zu dem Hörsaal führenden Treppenhause aus vortrefflich zu sehen und begrüsst die eintretenden Studirenden als ein hohes Vorbild für den strebsamen Jünger der Wissenschaft«. Israel sah in dieser Sammlung in erster Linie die »Schöpfung [...] des Meisters« – eine Äußerung, die unweigerlich den Eindruck verstärkt, daß das Pathologische Museum vor allem ein mit beträchtlichen öffentlichen Mitteln und unter großem Aufwand errichtetes Virchow-Museum war:

> »Wer nun diese Räume durchwandert und, wenn man so sagen darf, zwischen den Zeilen dieses mächtigen Archivs ärztlichen Wissens zu lesen versteht, dem wird darin ganz wesentlich eine überzeugende Note entgegentreten, nämlich der persönliche Antheil des Meisters, der diese Sammlung geschaffen und zu ihrer Entfaltung geführt hat. Bis auf einen kleinen Theil, der nicht von ihm stammt, den er aber mit der gleichen Liebe wie seine eigene Schöpfung gepflegt und an dessen Objecten er die ursprünglichen Aufschriften von der Hand seiner Vorgänger mit pietätvoller Sorgfalt erhalten hat, trägt jedes einzelne Präparat das von ihm selbst geschriebene Etikett mit Ordnungszeichen (Jahreszahl u. laufender Nummer) sowie der Angabe der am Object sichtbaren Abweichungen. Jedes Präparat hat R. Virchow theils selbst aufgestellt, theils hat er die Aufstellung eingehend controlirt. Viele sind Gegenstand besonderer Publikationen gewesen.«[18]

Vision und Nachruhm

Das Pathologische Museum ist nicht nur ein Beispiel für die von Erfolg gekrönte Beharrlichkeit eines Sammlers bei der Einrichtung seines Museums und seine Stilisierung durch die Umwelt, seine Mitarbeiter und

16 Siehe in diesem Zusammenhang Horst Bredekamp: Antikensehnsucht und Maschinenglauben. Die Geschichte der Kunstkammer und die Zukunft der Kunstgeschichte. Berlin 1993, S. 26-33.

17 Israel 1901 (Anm. 6), S. 1051.

18 Ebd.

Abb. 2: Blick in einen der Sammlungssäle mit der Virchow-Büste von Hans Arnoldt, 1901.

die preußischen Ministerien. An ihm läßt sich auch zeigen, daß die Musealisierung des eigenen Werks und Wirkens für einen Wissenschaftler ein Lebensziel darstellen kann.

Um »den Beweis [zu] führen, dass ich im Geiste dasjenige schon lange vorgearbeitet hatte, was sich jetzt vollzogen hat«, veröffentlichte Virchow im Jahre 1900 seinen 1846 verfaßten Bericht über die Gegenwart und Zukunft der pathologischen Anatomie in Deutschland.[19] Die Schrift war das Ergebnis einer Studienreise nach Prag und Wien, wo er sich über die dortige Situation des Faches informiert hatte. Nun, mehr als fünfzig Jahre später, sei ihm »endlich der schöne Lohn zu Theil geworden, in dem neuen Pathologischen Museum zu Berlin ein gutes Stück von dem zu Stande gekommen zu sehen, was ich als Ergebniss meiner damaligen Reise und meiner schon früher gewonnenen heimischen Kenntnisse für

19 Rudolf Virchow: Ein alter Bericht über die Gestaltung der pathologischen Anatomie in Deutschland, wie sie ist und wie sie werden muss. In: Archiv für pathologische Anatomie und Physiologie und für klinische Medicin 159, 1900, S. 24-39, S. 24.

erforderlich hielt, und was mir seitdem als zu erstrebendes Ziel stets vorgeschwebt hat.«[20] Unmittelbar mit der Verwirklichung des in diesem Bericht formulierten Hauptziels – der Institutionalisierung der pathologischen Anatomie und Physiologie als selbständigem Fach, das den neuen Mittelpunkt medizinischer Forschung und Lehre darstellen sollte – war der Aufbau eigener Institutssammlungen verknüpft. Diese hatten für Virchow vornehmlich zwei Aufgaben: Sie sollten zum einen die Voraussetzung für den medizinischen Unterricht bilden, zum anderen die Geschichte der Krankenhäuser widerspiegeln. Mit ihrer Hilfe konnte die Erinnerung an Ärzte und Sammler aufrechterhalten werden, und die Objekte visualisierten gleichzeitig die Erfolgsgeschichte der Medizin:

> »Eine Krankenheilanstalt hat überdies ein gewisses Interesse daran, eine Sammlung pathologischer Präparate zu besitzen. Diese gehören zu der Geschichte der Anstalt, es sind bleibende Zeugen ihrer wissenschaftlichen Leistungen, und namentlich in den Fällen, wo sich die Erinnerung besonderer Cur-Resultate daran knüpft, Monumente für den Mann, dessen Name dauernd an sie gebunden ist. So besitzt in England jedes grössere Spital seine Sammlung; diese Sammlung ist sein Album, in welches jeder Chirurg seinen Namen einträgt. [...] wie das alte Krankenhaus zu Bamberg ein solches Gedenkbuch besitzt, so hat auch das schöne neue Spital in Nürnberg ein solches angelegt.«[21]

Das um 1900 mehr als 23 000 Objekte umfassende »Gedenkbuch« des pathologisch-anatomischen Instituts der Berliner Charité bestand fast ausschließlich aus »Einträgen« Rudolf Virchows. Auch wenn sich über die Sammlung und ihre Objekte mehrere Parteien eines Krankenhauses definieren konnten – namentlich die Internisten (als die für die »Cur-Resultate« verantwortlichen Ärzte) und die Chirurgen –, wird die Identifikation mit einer pathologischen Sammlung vor allen anderen für die Pathologen naheliegend gewesen sein. Damit hatte sich Virchow einen, wenn nicht sogar den zentralen Platz in seiner Geschichte der Charité gesichert und mit den Objekten gleichzeitig auch eine Erfolgsgeschichte des Faches Pathologie visualisiert. Welche große Bedeutung Tradition und Geschichte für Virchow hatten, zeigt sich auch daran, daß sie häufige Themen seiner Vorträge und Publikationen waren, aber auch daran, daß er die überlieferten Präparate seiner Vorgänger, deren Etiketten er

20 Ebd.
21 Ebd., S. 37.

»mit pietätvoller Sorgfalt erhalten hat«,[22] sorgsam pflegte. Hier läßt sich der Versuch einer Traditionsbildung erkennen, der Einordnung in eine Art Wissenschaftlerdynastie. Genealogien oder Schulbildungen von Wissenschaftlern wurden und werden üblicherweise in Laudationes, Gedenkschriften, in Fußnoten oder in Porträtreihen materialisiert. Virchow hingegen benutzte seine Präparatesammlung zu diesem Zweck und suggerierte dadurch die Möglichkeit eines direkten Arbeits- und Leistungsvergleichs. Erst dieser Vergleich der eigenen Stellung innerhalb der materialen Genealogie mit der seiner Vorgänger machte Virchows Rolle zu einer so bestimmenden. Allein das quantitative Urteil mußte zugunsten von Virchow ausfallen.

Es verwundert kaum, daß diese Memorialfunktion mit der aktiven Aufgabe der Sammlungen, Material für den Unterricht und die Forschung bereitzustellen, in Konflikt geriet. Virchow konnte seinem häufig betonten Anspruch, als Lehrer das »Beobachten und Sehen« vermitteln zu wollen und deshalb den Studenten die Präparate so oft und gut wie möglich zugänglich zu machen, in der Praxis kaum nachkommen.[23] Er sorgte zwar im Museum für die repräsentative Aufstellung der Objekte, jedoch überließ er die Präparate anderen nur äußerst ungern. Er sah sich kaum in der Lage, sie seinen Zuhörern in die Hand zu geben, da er sie in Gefahr wähnte, Schaden zu nehmen. Einer Anekdote zufolge, die vermutlich eher den Blick der Zeitgenossen auf Virchow als eine tatsächliche Begebenheit wiedergibt, verfolgte er aufmerksam und überaus kritisch den Weg einzelner Präparate, wenn er sie während seines Vortrags durch die Zuhörerreihen gab:

> »Und wehe dem Ungeschickten, der bei der Betrachtung das Glas mit dem Spirituspräparat auch nur im geringsten so neigte, dass das zwischen Deckel und Glasrand befindliche Wachs benetzt und damit

22 Virchows Vortrag vom 12. Oktober 1901 war ausschließlich der Geschichte der Pathologie und der Entstehung pathologischer Museen gewidmet; das Thema nahm schon in seiner Festansprache von 1899 breiten Raum ein. Siehe die Berichterstattung in: National-Zeitung, Abendausgabe, 12.10.1901; Vossische Zeitung, Abendausgabe, 12.10.1901, und der Neuen Preußischen Zeitung, Morgenausgabe, 13.10.1901; auch Virchow 1899 (Anm. 3). Für die Vielzahl seiner historischen Publikationen siehe Julius Schwalbe: Virchow-Bibliographie. Berlin 1901. Für das Zitat siehe Israel 1901 (Anm. 6).

23 Rudolf Virchow: Über den Unterricht in der pathologischen Anatomie. In: Klinisches Jahrbuch 2, 1890, S. 75-100. Zu Virchows Schule des »Beobachtens und Sehens« siehe Matyssek 1998 (Anm. 12), S. 27-29, 63-72.

> durch Lockerung des Deckels und Abdampfung des Spiritus das Präparat der Gefahr des Verderbens ausgesetzt wurde: Ohne Ansehen der Person wurde er vor versammelter Korona abgekanzelt und das Auditorium dabei mit einer oft minutenlangen, scharfen Zurechtweisung über die *richtige* Art der Präparatenschau bedacht.«[24]

Außerhalb des Unterrichts konnten die Objekte auch von Kollegen und Studenten lediglich in verschlossenen Glasschränken betrachtet werden. Einzelne Präparate etwa zu öffnen und zu untersuchen und dabei wichtige Fragen wie die nach ihrer Konsistenz oder ihrer Gewebestruktur zu klären war unmöglich. Immerhin stellte die Zurschaustellung in den Vitrinen im Vergleich zu den Gegebenheiten im alten pathologischen Institut eine wesentliche Verbesserung dar. Dort hatte nur Virchow einen Schlüssel zu den Sammlungsräumen besessen.[25]

Auch Virchows Nachfolger an der Charité waren – ähnlich wie schon manche seiner späten Zeitgenossen – um die Bewahrung des Andenkens an den Begründer des Instituts und der Sammlung und damit um die Berufung auf einen erfolgreichen Ahnen und die durch ihn begründete Tradition bemüht. Anders als Virchow, der sich gegen seine Vorgänger absetzte, nutzten seine Amtsnachfolger seine Autorität und beriefen sich auf ihn. Nach Virchows Tod setzte im Pathologischen Institut der Charité eine Art Virchow-Kult ein, der bis in die jüngere Gegenwart lebendig geblieben ist. Johannes Orth erwähnt erstmals die Einrichtung eines Schrankes mit »Virchow-Erinnerungen« im Demonstrationssaal des Museums.[26] Ein besonderer »Gedächtnisraum« befand sich seit den 1950er Jahren im Pathologischen Institut der Charité.[27] Auch im neu eröffneten Berliner Medizinhistorischen Museum wurde 1998 eigens eine

24 Julius Pagel: Rudolf von Virchow. Leipzig 1906, S. 38 (Hervorhebung im Text). Eine ähnliche Szene wird aus Virchows Unterricht als häufiger vorkommend überliefert. Siehe N. N.: Virchow-Erinnerungen. In: Hamburgischer Correspondent, 11.11.1901. In einem ähnlichen Maße wie um die Präparate, war Virchow auch um die Wachs- oder Gipsnachbildungen besorgt. Siehe Virchow 1890 (Anm. 23), S. 87.

25 Orth 1921 (Anm. 10), S. 34-35.

26 Ders.: Das Pathologische Institut in Berlin. Sonderdruck aus: Arbeiten aus dem Pathologischen Institut zu Berlin o. J. [1906], S. 1-76, S. 28.

27 Louis-Heinz Kettler: Das Pathologische Institut der Charité. In: Zeitschrift für ärztliche Forschung 9, 1960, S. 530-547, S. 547; Peter Krietsch/Manfred Dietel: Pathologisch-anatomisches Cabinet. Vom Virchow-Museum zum Berliner Medizinhistorischen Museum an der Charité. Berlin/Wien 1996, S. 254-255.

Nische eingerichtet, in der Virchows Totenmaske auf einem Postament liegt, angestrahlt von einem Deckenspot. Die Legitimationsstrategien, die Virchow verfolgte und mit denen er auch Wissenschaftspolitik betrieb, wirkten lange nach.

Säkulare Reliquien

Die Inszenierung von Virchows Totenmaske und das Vokabular, mit dem das Pathologische Museum und sein erster Direktor von ihren Zeitgenossen und unmittelbaren Nachfolgern beschrieben wurden, lassen starke Affinitäten von Sammlung und Sammler zum Bereich des Sakralen erkennen. Virchows Assistent Oskar Israel stilisiert nicht nur den Sammler zum »Schöpfer«, sondern bezeichnet auch die architektonischen Formen des Museums als »kirchenähnlich«.[28] Aufgenommen und konkretisiert wurde dies von Julius Pagel, Virchow-Anhänger und erster Biograph des Pathologen, dem zufolge aufgrund einer Ähnlichkeit der Fassade des Museums mit der der Berliner Kaiser-Friedrich-Gedächtniskirche das Museum »im Volksmunde« sogar »Kaiser-Virchow-Gedächtniskirche« genannt wurde. Ein Vergleich, der optisch kaum zutreffend, aber gerade deshalb um so bezeichnender ist; gemeinsam ist beiden Gebäuden nur die historisierende Backsteinbauweise. Von Pagel stammt auch der Titel »Wallfahrtstempel für alle namhaften Forscher der Welt« für Virchows altes Pathologisches Institut.[29] Die in auffälliger Nähe zum Gottesdienst liegende Öffnungszeit der Schausammlung, Sonntags von 11 bis 13 Uhr, ist ein weiterer Indikator für die Quasi-Sakralisierung des Museums.

Die ausgestellten Präparate, als Repräsentationen der verstorbenen Patienten, rücken in diesem Kontext in die assoziative Nähe zu Reliquien. Reliquie und Präparat haben nicht nur die gleiche Materialität (es handelt sich jeweils um konservierte Körperteile) – gemeinsam ist ihnen auch ihre Erinnerungsfunktion. Reliquien dienten und dienen der Vergegenwärtigung eines Heiligen, dazu, das Gedächtnis an ihn wachzuhalten. In Virchows Verständnis hatten medizinische Präparate – als »Monumente« – eine ähnliche Aufgabe. Anders als Reliquien, die in ihrer materialen Präsenz das Gedenken an die Heiligen sichern sollten, sollten allerdings Virchows Präparate das Andenken der Ärzte und das der

28 Israel 1901 (Anm. 6), S. 1050-1051.
29 Pagel 1906 (Anm. 24), S. 38.

Präparatoren gewährleisten, nicht das der Toten.[30] Beiden gemein ist auch ihre Funktion als Ausstellungsobjekt.[31] Vergleichbar mit der Zurschaustellung einer Reliquie zum Zweck der Glaubensvermittlung sollte auch durch die museale Ausstellung der Präparate Glauben gefördert oder dieser erst durch die Präsentation der Ausstellungsobjekte bewirkt werden. Dieser Glauben war allerdings nicht auf die überweltliche Macht und die Gnade Heiliger gerichtet und damit auch nicht dazu geeignet, die Autorität der Kirche zu unterstreichen. Der durch die Präparate hervorgerufene Glaube sollte den Fähigkeiten der Ärzte, hier: Pathologen, und dem durch ihre Forschungen gewährleisteten ›Fortschritt‹ gelten und auf diese Weise die Autorität der Wissenschaft bestärken.[32]

Die Wirkung der Präparate auf den Betrachter ist, wie die von Reliquien, ambivalent. Letztere lösen im Gläubigen durch die mit den Heiligen verknüpften Legenden nicht nur Verehrung, sondern auch einen religiösen Schauder aus.[33] Zu der Absicht, mit der sie ausgestellt werden, gehört die innere Läuterung ihres Betrachters. Auch die Präparate rufen

30 Aus einer anderen, zeitgleichen pathologischen Sammlung ist überliefert, daß ein besonderes Präparat auch die Erinnerung an seinen »Spender« aufrechterhalten konnte. Allerdings nicht aufgrund von dessen Persönlichkeit, sondern aufgrund der Seltenheit und Kuriosität des Präparates: »Als bemerkenswerte Reliquie [...] bewahren wir mit gebührender Pietät die gegerbte und ausgestopfte Haut des Schusters Reinhard, der unter dem Namen des ›Warzenmannes‹ bekannt war und sich noch heut einer gewissen Berühmtheit in der pathologisch-anatomischen Literatur erfreut«. Felix Marchand: Das pathologische Institut der Universität Leipzig. Leipzig 1906, S. 3-4. In der Virchow-Sammlung wurde kein Präparat auf so ›familiäre‹ Weise herausgehoben – es wurde auch keines als Reliquie bezeichnet.

31 Über die Zurschaustellung von Reliquien als Vorläufer der Kunstkammer und späterer Museen siehe Stephen Bann: Shrines, curiosities, and the rhetoric of display. In: Lynne Cooke/Peter Wollen (Hg.): Visual display: culture beyond appearances. Seattle 1995, S. 14-29. In Abwandlung eines Satzes von Krzysztof Pomian beschreibt Bann »›curiosity‹ functions« als »a bridge between the two regimes [of theology and science; A.M.]«.

32 Siehe in diesem Zusammenhang die von Blackbourn für den Kulturkampf – zu dessen Aktivisten Virchow gehörte – geprägte Formulierung von einer Konfrontation von Volksfrömmigkeit und Fortschrittsglaube. David Blackbourn: Volksfrömmigkeit und Fortschrittsglaube im Kulturkampf. Stuttgart 1988.

33 Siehe Rudolf Otto: Das Heilige. Über das Irrationale in der Idee des Göttlichen und sein Verhältnis zum Rationalen. München 1991 (1917), und die von ihm dargestellte Ambivalenz von Anziehung (*fascinosum*) und Schauder (*tremendum*); für die Anwendung auf Reliquien siehe Anton Legner: Reliquien in Kunst und Kult. Darmstadt 1995, S. 4.

im Betrachter Ängste hervor und binden diese gleichzeitig in gewissem Maße.[34] Ihr Anblick erzeugt Entsetzen, wie beispielsweise der eines janusköpfigen Skeletts, dessen breiter, wie auf einem Knochenhaufen aufsitzender Schädel dem Betrachter im Glas frontal gegenübergestellt ist (vgl. Abb. 3), oder der eines amorphen Körpers, dessen menschliche Formen sich nur in Ansätzen nachvollziehen lassen. Zugleich mit dem Entsetzen erzeugt ein solcher Anblick immer auch den Wunsch nach einer Auflösung dieses Entsetzens.

Während die meisten Organ- oder Knochenkrankheiten therapier- und damit heilbar sind, ist bei monströsen Körpermißbildungen kein ›Normalität‹ herstellender ärztlicher Eingriff möglich. Sie wurden und werden vielmehr, falls eine Sektion stattfand, die Aufschlüsse über die Ursache der Fehlbildung bringen sollte, äußerlich wieder als ganze Körper hergestellt und ausgestellt – nachdem die Pathologen ihrer durch den Versuch wissenschaftlicher Herleitung vermeintlich ›habhaft‹ geworden sind. Andere Strategien der suggestiven ›Zähmung‹ von »Monstren« im Kontext des Museums waren neben der Bildung von Entwicklungsreihen zu ihrer Erklärung und der Ausstellung von Varianten ihre Aufbewahrung in Konservierungsgläsern und Vitrinen sowie die »Sauberkeit und Ordnung« innerhalb der Sammlung.[35]

Virchows Bestrebungen einer Rationalisierung zielen darauf ab, gerade diesen Objekten ihren Schrecken zu nehmen, indem sie die Möglichkeit intellektuellen Nachvollzugs bieten. Seiner umfassenden Definition der Krankheit als »Leben unter veränderten Bedingungen« gemäß erklärte Virchow letztlich auch das »Monster« als eine unter bestimmten Bedingungen entstandene ›Normalität‹.[36] Mythologie und die Wirksamkeit überirdischer, teuflischer Mächte als Erklärungsmuster für das

34 »Es ist keine Annehmlichkeit, wenn eine Mutter, die eigentlich ein Kind erwartet, eine solche Mole [in heutiger Interpretation ein durch genetische Schäden oder äußere Einwirkungen (Sauerstoffmangel, Strahlenschäden u. a.) fehlentwickeltes Ei, das schon während der ersten Schwangerschaftswochen zugrunde geht. Virchow bezieht sich hier auf ein Präparat; A.M.] erscheinen sieht, und Sie können sich vorstellen, dass, als man fragte, wie kommt das zu Stande? – man mindestens auf den Teufel als den Urheber kam und eine specielle Einwirkung des Teufels als den wahrscheinlichen Grund des ›Wunders‹ annahm (Heiterkeit)«. Virchow 1899 (Anm. 3), S. 18.

35 GStA PK, I. HA Rep. 76 Va Kultusministerium, Sekt. 2 Tit. XIX Nr. 52, Bd. 1, S. 282-285.

36 Rudolf Virchow: Die Einheitsbestrebungen in der wissenschaftlichen Medicin (1848). In: Gesammelte Abhandlungen zur wissenschaftlichen Medizin von Rudolf Virchow. Frankfurt a. M. 1856, S. 33.

schreckenerregend Unverständliche, Monströse werden von ihm durch rationale Erklärungsmuster ersetzt. Bedrohliche Elemente der menschlichen Existenz werden gesammelt, geordnet und aus ihrer Entwicklungsgeschichte hergeleitet; es wird auf diese Weise, durch eine rationale und wissenschaftliche Deutung, versucht, ihrer habhaft zu werden. Als ein Museum säkularer, wissenschaftlicher Reliquien erscheint das Pathologische Museum so letztlich auch als die wohl vollkommenste Ausprägung jener Vorstellung vom Museum, nach der es einen Ort darstellt, an dem man unwillkürlich mit dem Tod konfrontiert wird und der gleichzeitig die Angst vor ihm verdrängen hilft. Das Museum per se wird hier zu einem Ort der Erinnerung an Vergangenes, Totes und Fremdes – eine Einrichtung, um mehr oder weniger bedrohliche Inhalte aus der Gesellschaft aus- und von ihr abzugrenzen.[37]

Das Prinzip einer ›entmythologisierten‹ Herleitung und Erklärung, des Sichtbarmachens, Ordnens und der öffentlichen Ausstellung sowie die Metaphern, die Virchow mit Bezug auf das Museum häufig verwendete – wie seine mehrfachen, betonten Hinweise auf das »Licht« und die »vollständige Durchleuchtung« des Museums –, demonstrieren die aufklärerische Funktion. Ähnliches galt für die Ausstellung der »Monstren« an so exponierter Stelle, im ersten Saal der Schausammlung. Hier wird Virchows Engagement für die Volksbildung und -aufklärung deutlich, das Teil seiner Rolle als Sozialreformer und liberaler Politiker war und das seine besondere, gegen »Aberglauben« und Volksfrömmigkeit gerichtete Färbung durch den Kulturkampf erhalten hatte, zu dessen Protagonisten er gehörte.[38] Virchow war als Mitbegründer der linksliberalen Deutschen Fortschrittspartei unter den Gegnern der katholischen Kirche bei der Zurückdrängung ihres Einflusses auf den Staat an prominenter Stelle aufgetreten.

Museen spielten in Virchows Volksbildungsprogramm eine zentrale Rolle. Das Pathologische Museum war sein fünftes und letztes Museumsprojekt. Zuvor hatte er bereits als Mitinitiator 1886 das Museum für Völkerkunde und zwei Jahre später das Museum für deutsche Trachten und Erzeugnisse des Hausgewerbes gegründet. Zwei andere Projekte sind nicht realisiert worden: die 1869 geplanten Humboldt-Museen, die im

37 Siehe Eva Sturm: Konservierte Welt. Museum und Musealisierung. Berlin 1991, S. 57; Karl Joseph Pazzini: Tod im Museum. Über eine gewisse Nähe von Pädagogik, Museum und Tod. In: Hans-Hermann Groppe/Frank Jürgensen (Hg.): Gegenstände der Fremdheit. Hamburg 1989, S. 124-136.

38 Virchow verwendete diesen Ausdruck häufiger; mit der Einrichtung der Schausammlung hatte er das Ziel verknüpft, eben diesen »Aberglauben« zu bekämpfen.

Abb. 3: N. N., Skelettpräparat mit Januskopf, o. J., Berliner Medizinhistorisches Museum der Charité.

Sinne und zu Ehren Alexander von Humboldts der Popularisierung der Naturwissenschaften dienen sollten, und der Plan zur Errichtung eines deutschen Nationalmuseums, der 1891 scheiterte. Virchow trat darüber hinaus als Mitglied des preußischen Abgeordnetenhauses für die Berliner Museen in Verwaltungs- und Etatfragen ein und versuchte vor allem in den 1860er und 1870er Jahren, ihre Nutzbarkeit für das Publikum zu verbessern.[39]

Virchows besonderes Interesse für Museen läßt sich durch die Wichtigkeit erklären, die er dem Gesichtssinn, der visuellen Wahrnehmung und der »Überzeugung des Auges« beimaß. Nur eine museale Präsentation erlaubte es, den Betrachter mit einer so schier unüberblickbaren Masse von Objekten zu konfrontieren, wie sie im Pathologischen Museum versammelt war und deren Entwicklungsstufen noch dazu in ganzen Serien nachgestellt wurden. Mit seinen eigenen Augen, durch die »unmittelbare Anschauung«,[40] sollte der Museumsbesucher für die Nachvollziehbarkeit der pathologischen Forschungen und so letztlich auch die Macht der Pathologie eingenommen werden. Den Ausstellungsobjekten konnte aufgrund ihres ursprünglichen Charakters als Teil eines menschlichen Körpers noch dazu leicht eine Authentizität zugesprochen werden, die in den Hintergrund rücken ließ, daß sie von einem Präparator gestaltet worden waren.[41]

Die führende Rolle, welche für Virchow die Naturwissenschaft bei der Bekämpfung der Kirche und des »Aberglaubens« spielen sollte, hatte er bereits 1865 auf der Naturforscher-Versammlung in Hannover formuliert, und hier fügen sich Wissenschaft, Kulturkampf und Volksbildung in das Bild einer neuen Wissenschaftsreligion:

> »Ich kann wohl behaupten, daß der Charakter der deutschen Wissenschaft viel angenommen hat von jenem wahrhaft sittlichen Ernste, mit dem sich unser Volk jeder Arbeit unterzieht, und der das eigentliche Wesen der religiösen Stimmung ist. Ich scheue mich nicht zu sagen, es ist die Wissenschaft für uns Religion geworden.«[42]

39 Siehe Matyssek 1998 (Anm. 12), S. 31-39.

40 Virchow 1899 (Anm. 3), S. 5-6.

41 Zur Ästhetisierung in der Präparation siehe Matyssek 1998 (Anm. 12), S. 62-82.

42 Virchow: Über die nationale Entwicklung und Bedeutung der Naturwissenschaften (1865). In: Karl Sudhoff: Rudolf Virchow und die Deutschen Naturforscher-Versammlungen. Leipzig 1922, S. 41-55, S. 48.

Zur gleichen Zeit, als Virchow sein wissenschaftliches Glaubensbekenntnis in dieser Deutlichkeit abgelegt hatte, bezeichnete er das von ihm geplante städtische Humboldt-Museum als »Mittel des Schutzes gegen Aberglauben und Verdummung« und als »beste Antwort auf das römische Curial«.[43] Nach den 1870er Jahren äußerte er sich in dieser Beziehung zurückhaltender.[44] Daß sich aber seine Ansichten über die missionarische Aufgabe von Museen und auch der Naturwissenschaft, einen Gegenpol zur Kirche zu bilden, im Kern bis zur Jahrhundertwende nicht geändert hatten, sondern der Kampf gegen den »Aberglauben« sich vielmehr als Lebensaufgabe manifestierte, zeigt die Vermischung dieser Ebenen im Konzept des Pathologischen Museums. 1899, in seiner Rede zur ersten »Eröffnung« des Museums ging er in längeren ironisch gefärbten Passagen auf die Bekämpfung des »Wunder«glaubens in seinem Museum ein, bei der den »Monstren« eine wichtige Rolle zukam: »Diese Präparate [die Monstrositäten; A.M.] werden genügen zu zeigen, dass ein vollständiges Verständnis dieser bizarren Missbildungen nur durch die Betrachtung ganzer Reihen gewonnen werden kann […]. Das ›Wunder‹ löst sich dann in eine Reihenfolge gesetzmäßiger Erscheinungen auf, welche für den Aberglauben keine Stütze mehr gewähren.«[45] Virchows im Hinblick auf das Museum häufig geäußerter aufklärerischer Anspruch befand sich in deutlicher Spannung zu den Verbalisierungen und Strukturen aus dem Sakralbereich, die auf das bzw. im Haus Anwendung fanden.

43 Siehe Constantin Goschler: Die »Verwandlung«. Rudolf Virchow und die Berliner Denkmalskultur im Kaiserreich. In: Jahrbuch für Universitätsgeschichte 1, 1998, S. 69-111, S. 74-75. Goschler zitiert auch ein Projekt des liberalen Bezirksvereins Gesundbrunnen von 1869 zur Gründung eines Volksbildungsvereins, der »Apostel der Aufklärung« aussenden sollte, um auf die weite Verbreitung derartiger Vorstellungen in liberalen Zirkeln hinzuweisen.

44 Versuchen gegenüber, in derart plakativer Form die Religion durch die Naturwissenschaft zu ersetzen, war Virchow skeptisch geworden. Siehe Constantin Goschler: Rudolf Virchow als politischer Gelehrter. Naturwissenschaftlicher Gelehrtenliberalismus? In: Jahrbuch zur Liberalismusforschung 9, 1997, S. 53-82; Thomas Nipperdey: Deutsche Geschichte 1866-1918. Bd. 1: Arbeitswelt und Bürgergeist. 3. Aufl. München 1993, S. 624-625. Vielmehr versuchte er gegen Forscher wie seinen einstigen Schüler Ernst Haeckel, der den Darwinismus anstelle der Religion setzen wollte, zu agieren: »der Versuch insbesondere die Kirche einfach zu depossedieren und ihr Dogma ohne weiteres durch eine Deszendenzreligion zu ersetzen, […] muß scheitern«. Rudolf Virchow: Die Freiheit der Wissenschaft im modernen Staatsleben (1879). In: Sudhoff 1922 (Anm. 42), S. 183-212, S. 209. Allerdings wird hier auch seine vorsichtige Haltung gegenüber der Theorie Darwins, deren spekulativen Charakter er immer wieder unterstrich, eine Rolle gespielt haben.

45 Virchow 1899 (Anm. 3), S. 21.

Wie bedenkenlos Virchow allerdings auch Volksfrömmigkeit, Unwissenheit und die eigene Autoritätsstellung für sich zu nutzen und damit zu spielen wußte, um die in seine Sammlung gelangten Objekte auch zu behalten, geht aus mehreren an den König gerichteten Gesuchen des Webermeisters Christian Vetter aus dem Jahre 1861 hervor. Dieser hatte in Erwartung einer reichen Belohnung sein totgeborenes Kind in das Pathologische Institut gebracht, und als die Gegengabe ausblieb, sein Kind von Virchow zurückgefordert, um es beerdigen zu lassen:

> »Herr Professor Firkow setzte mir nun auseinander, daß in dem Institute kein derartiges zweites Kind existire: das Kind sei im Beisein vieler junger Ärzte total zerschnitten und ferner zur Lehre für dieselben in Spiritus unter Glasrahmen in der pathologischen Sammlung bereits aufgenommen und könne mir dies ja auch gleich sein, denn wenn dereinst die Auferstehung der Todten stattfände, so würde ich mein Kind noch leichter wiederfinden, als wenn dasselbe tief unter der Erde eingescharrt läge; jedoch, wenn es mein ernster Wille sei, würde mir das Kind wieder zurückgegeben werden.«[46]

Ob Vetter letztlich auf der Herausgabe des Kindes bestand oder die Beamten Wilhelms I. es ablehnten, ihn zu bezahlen, ist nicht überliefert; es ist nicht wahrscheinlich.

Wie verteidigt man seine Wissenschaft?

Zur Zeit der Einrichtung des neuen Pathologischen Museums galt es für Virchow allerdings nicht nur, die Geschichte und damit die Vergangenheit der Pathologie, sondern auch ihre Zukunft zu sichern. Seit den 1870er Jahren trat mit immer mehr Nachdruck und Erfolg ein anderer, neuerer Forschungsansatz neben die Pathologie und befand sich damit, nicht nur was öffentliche Mittel und Ressourcen betraf, in Konkurrenz zu Virchows Fach: die Bakteriologie, deren bedeutendster deutscher Vertreter Robert Koch war. Koch hatte 1891, zur Zeit des Neubeginns der Planungen für Virchows Institut im Rahmen des Charité-Neubaus, ein eigenes großes Institut bezogen und erhielt umfangreiche staatliche Unterstützung für die Entwicklung eines Medikaments gegen die Tuber-

46 GStA PK, I. HA Rep. 76 Va Kultusministerium, Sekt. 2 Tit. IV Nr. 40, Bd. 1, S. 318-319.

kulose.[47] Seit den 1880er Jahren war die Bakteriologie auch Vorlesungsgebiet. In den Hygieneausstellungen des Kaiserreichs zählten ihre Forschungsergebnisse zu den Hauptattraktionen und Publikumsmagneten.[48]

Virchow war sich dieser neuen Konkurrenz sehr bewußt und versuchte, seine alleinigen Ansprüche auf »das gesamte Leichenmaterial« gegenüber Koch zu behaupten, ebenso wie die Vormachtstellung seines Faches.[49] Deutlichster Ausdruck der Konfrontation ist ein 1885 unter dem Titel »Der Kampf der Zellen und der Bakterien« erschienener Aufsatz, in dem er seine Vorstellung von der Pathologie, d.h. der von ihm entwickelten Zellularpathologie, als Mittelpunkt der Medizin zu behaupten sucht und seine Gegenposition gegenüber der von seinen Zeitgenossen favorisierten Bakteriologie vertritt. Virchow polemisiert, wenn er das gegenwärtige Schicksal der Zellularpathologie beklagt und prophezeit, daß sie schnell wieder ihre Rolle als führendes Wissenschaftsparadigma zurückgewinnen würde:

> »Die armen kleinen Zellen! Sie waren in der That eine Zeit lang in Vergessenheit gerathen. [...]
> Aber sie sind doch noch da und sie sind – um es offen zu sagen – immer noch die Hauptsache. Aber sie sind geduldig, sie können warten, – ihre Zeit wird wiederkommen, wenn die Mediziner die Lücken des botanischen Wissens durch ihre Arbeit einigermaassen ausgefüllt haben werden. Dann wird wieder die Zellenthätigkeit in die erste Linie des wissenschaftlichen und des practischen Interesses einrücken.«[50]

Aus dem Text spricht die sichere und zugleich leicht überheblich vorgetragene Überzeugung der eigenen Überlegenheit. Die Polemik macht aber auch die Angst vor einer Außenseiterposition deutlich, in die Vir-

47 Zur Geschichte von Kochs Institut für Infektionskrankheiten siehe Christoph Gradmann: Money, microbes, and more: Robert Koch, tuberculin and the foundation of the Institute for Infectious Diseases in Berlin in 1891. Max-Planck-Institut für Wissenschaftsgeschichte, Preprint 69, 1997.

48 Ragnhild Münch: Von der Hygiene-Ausstellung zum Hygiene-Museum. In: Acta Medico-Historica Rigensia 1 (XX), 1992, S. 74-96, S. 76-79.

49 Siehe GStA PK, I. HA Rep. 76 Va Kultusministerium, Sekt. 2 Tit. IV Nr. 40, Bd. 3, S. 215-218.

50 Rudolf Virchow: Der Kampf der Zellen gegen die Bakterien. In: Archiv für pathologische Anatomie und Physiologie und für klinische Medicin 101, 1885, S. 1-13, S. 8-9.

chow sich und seinen Forschungsansatz zunehmend gedrängt fühlte. Auch in der Konkurrenz zu anderen Fächern sah Virchow die Pathologie – und damit sich selbst – in einer »Vertheidigungsstellung«, wie er 1898 bei der Gründung der Deutschen Pathologischen Gesellschaft ausführte, deren Vorsitz er sogleich übernahm.[51]

Vor diesem Hintergrund betrachtet, diente das Museum Virchow auch als ein Instrument seiner Wissenschaftspolitik. Virchow formulierte sein Ziel, die Pathologie in den Mittelpunkt der Medizin zu rücken, nach seinen jugendlichen Visionen von 1846 ein zweites Mal am Ende seines Lebens mit Hilfe seiner Sammlung, des Institutsneubaus und der Eröffnung des Museums. Die Leistungsfähigkeit und die Vorrangstellung der Pathologie in der Medizin sollten durch die den Laien zugängliche Ausstellung der Objekte auch der Öffentlichkeit vermittelt werden. Auch Robert Koch war – und zwar schon wesentlich früher als Virchow – Direktor eines wissenschaftlichen Museums und hatte somit die Etablierung der Bakteriologie museal begleitet: 1887 eröffnete er das aus den Sammlungen der Berliner Hygiene-Ausstellung von 1883 entstandene Hygiene-Museum der Universität. Während dort aber nur ein kleiner Teil der Ausstellungsfläche der Bakteriologie gewidmet war, setzte Virchow ihm fast 15 Jahre später ein ganzes Haus für die Pathologie entgegen.

Rezeption und Reaktion

Über die ersten Rezipienten des Museums gibt ein Bericht Virchows an den preußischen Kultusminister vom Dezember 1901 Auskunft, dem zufolge die Schausammlung erst mehr als vier Wochen nach dem Festakt zu seinem Geburtstag öffentlich zugänglich gemacht wurde. Das neue Museum konnte laut Virchow während der ersten sechs Wochen zunächst sehr hohe, allerdings auch wieder schnell abnehmende Besucherzahlen verzeichnen: »Die Zahl der Besucher, die an den beiden ersten Sonntagen 500, beziehungsweise 400 Personen ergab, am 3. Sonntag waren es 200, hält sich gegenwärtig durchschnittlich zwischen 50 und 100.«[52]

51 Ders.: Ueber die Stellung der pathologischen Anatomie zu den klinischen Disciplinen (1898). In: Verhandlungen der Deutschen Pathologischen Gesellschaft. Erste Tagung, gehalten zu Düsseldorf vom 19.-22.9.1898. Berlin 1899, S. 1.

52 Ders.: Bericht über den Besuch des pathologischen Museums und die daselbst vom Direktor seit dem 12. Oktober 1901 gehaltenen Vorträge. In: GStA PK, I. HA Rep. 76 Va Kultusministerium, Sekt. 2 Tit. X Nr. 153, Bd. 1, S. 140-141.

Vermutlich ist ein großer Teil des anfänglichen Besucheransturms mit den ungewöhnlichen Ausstellungsobjekten zu erklären. Im Pathologischen Museum waren solche Monstrositäten und Körpermißbildungen, wie sie sonst nur in Panoptiken und auf Jahrmärkten gegen Eintritt zu sehen waren, kostenlos zugänglich.[53] Allerdings unterschied sich die Sensationen und Singularitäten präsentierende Inszenierung in Panoptiken doch erheblich von Virchows herleitend erklärenden Reihenbildungen. Die schnelle Abnahme der Besucherzahlen könnte auf unerfüllte Erwartungen der Besucher hindeuten. Virchows Nachfolger Orth berichtet 1910 von einer sich fortsetzenden Tendenz: »Ein Teil des Museums ist Sonntags dem Publikum geöffnet. Der Besuch ist nicht gerade sehr groß, aber wiederholt haben Gesellschaften, freiwillige Krankenpfleger, Heilgehilfen etc. das Institut besichtigt, denen mehrmals auf Wunsch erläuternde Vorlesungen [...] gehalten wurden.«[54] Fachpublikum, wie Ärzte und die genannten Krankenpfleger, überwog zumindest nach der Jahrhundertwende deutlich. Aber selbst dieses fand anscheinend bis zur Schließung im Jahr 1914 kaum noch den Weg ins Museum.

Vieles, was Virchow in seinem Museum noch verwirklichen wollte, insbesondere für die Schausammlung, ist zu seinen Lebzeiten nicht mehr begonnen worden und konnte auch von seinem Nachfolger nicht realisiert werden.[55] Virchow erholte sich nach einem Unfall im Winter 1901 nicht mehr vollständig und starb nach längeren Sanatoriumsaufenthalten im September 1902. Zwei der Ausfahrten, die seinen Sanatoriumsaufent-

53 Virchow untersuchte häufiger im Panoptikum gastierende Menschen mit abnorm gebildetem Körper oder führte bei »fremden Völkern« anthropometrische Messungen durch und stellte im Gegenzug Gutachten aus. Siehe z. B.: Stephan Oettermann: Alles-Schau: Wachsfigurenkabinette und Panoptiken. In: Lisa Kosok (Hg.): Viel Vergnügen. Öffentliche Lustbarkeiten im Ruhrgebiet der Jahrhundertwende. Essen 1992, S. 36-63, S. 52.

54 Johannes Orth: Bericht über das Pathologische Institut der Universität Berlin für den Zeitraum vom 1. April 1905 bis 1. April 1908. In: Klinisches Jahrbuch 20, 1909, S. 1-18, S. 4; siehe auch ders. [1906] (Anm. 26), S. 20-22, 67.

55 Virchows Vorstellung, das Museum Wissenschaftlern und Studenten ständig zugänglich zu machen, wurde aufgrund fehlenden Aufsichtspersonals nicht in die Tat umgesetzt. Siehe Johannes Orth: Das Pathologische Institut zu Berlin. In: Berliner klinische Wochenschrift, 25, 1906, S. 12-13. Es fehlte auch weiterhin ein Katalog, ein Führungsheft für das Laienpublikum und die Vervollständigung der Demonstrationstafeln. Die Ausstattung mit Apparaten und Unterrichtsmaterialien für den Anschauungsunterricht war, wie schon bei der Eröffnung 1901 bemerkt, erheblich hinter der anderer Institute zurückgeblieben. Siehe GStA PK, I. HA Rep. 76 Va Kultusministerium, Sekt. 2 Tit. X Nr. 153, Bd. I, S. 121-126.

halt bis zum April 1902 unterbrachen, führten ihn zu seinem »liebsten Kind«, dem Pathologischen Museum.[56] Durch Virchows Tod hatte das Pathologische Museum seinen Initiator und Fürsprecher verloren, und es verlor auch dadurch in den Jahren bis zum Ersten Weltkrieg seine Bedeutung und seine Funktionen. Virchows Nachfolger Johannes Orth war um die Schausammlung, gegen deren Einrichtung er schon als externer Gutachter über das Bauvorhaben 1895 Stellung bezogen hatte, offensichtlich nicht sehr bemüht.[57] Er hielt allerdings nach seiner Amtsübernahme an ihrer Einrichtung fest, »einmal weil der ganze Museumsbau darauf zugeschnitten ist, vor allem aber aus Pietät gegenüber Virchow«.[58] Da sich Orth davon »überzeugt [hatte], wie das Publikum [...] nicht nur zur Befriedigung der Neugierde und Schaulust, sondern auch um Belehrung zu finden, das Museum aufsucht«, und um die pädagogische Wirkung der Ausstellung zu verstärken, konfrontierte er in der Ausstellung krankhafte mit gesunden Organen, so beispielsweise unter der Überschrift »Wirkungen alkoholischer Getränke«.[59]

Trotzdem betonte Orth – entsprechend seiner ablehnenden Einstellung gegenüber der Schausammlung – daß die »Schätze des Museums da [seien], um der Wissenschaft zu dienen«.[60] Tatsächlich hatte er im Jahre 1907 die Schausammlung verkleinert und in einem der Ausstellungssäle eine Repetitionssammlung für Studenten eingerichtet, die die dort aufbewahrten Objekte aus den Gläsern entnehmen und untersuchen konnten.[61] Damit fand die schon zuvor latent vorhandene Ausrichtung des Museums als Institution, die bevorzugt Fachgelehrten offenstand, ihre Festlegung auch für die Zukunft.

Der Grund, weshalb das Pathologische Museum so schnell die Gunst des Publikums verlor, ist nicht allein im Museumskonzept zu suchen,

56 GStA PK, I. HA Rep. 76 Va Kultusministerium, Sekt. 2 Tit. IV Nr. 40, Bd. 4, S. 45-46; zitiert nach Krietsch/Dietel 1996 (Anm. 27), S. 75.

57 In seinem Gutachten von 1895 hatte Orth die Meinung vertreten, daß eine Schausammlung »für das große Publikum [von] keinerleih Werth [sei], weil die übergroße Mehrzahl der Präparate, insbesondere der Organpathologie für einen Laien vollkommen unverständlich« sei und die Sammlung unzweckmäßig auseinanderreiße. Siehe GStA PK, I. HA Rep. 76 Va Kultusministerium, Sekt. 2 Tit. XIX Nr. 52, Bd. 1, S. 45-84; Orth [1906] (Anm. 26), S. 14.

58 Orth [1906] (Anm. 26), S. 20.

59 Ebd. Mit der Veränderung des Ordnungssystems in eine thematische Gliederung der Schausammlung war eine Didaktisierung verbunden, wie sie in späteren Hygieneausstellungen Anwendung fand. Siehe Münch 1992 (Anm. 48).

60 Orth 1909 (Anm. 54), S. 3.

61 Ders. [1906] (Anm. 26), S. 19.

sondern auch im allgemeineren historischen Kontext der Jahrhundertwende. Ein Indiz dafür bildet die Einstellung der »Sammlung gemeinverständlicher wissenschaftlicher Vorträge«, deren Herausgeber Virchow war, im selben Jahr, in dem das Museum eröffnet wurde. Diese Vorträge, von Wissenschaftlern vor Handwerker- und Arbeitervereinen gehalten, »trugen«, so Virchow in gewohnter Aufklärungsmetaphorik, »in alle Richtungen der menschlichen Arbeit neues Licht hinein«. Wegen der ständig sinkenden Zahl von Abonnenten war die Finanzierung des Projektes unhaltbar geworden. Im September 1901 mußte die Publikation der »Vorträge« eingestellt werden und Virchow zugeben, daß das »Publikum andere Speise verlange« als die »durch uns gepflegte Methode der selbständigen Beobachtung und Beurtheilung«:

> »Da mußte ich, trauernden Herzens, wenn auch mit dem stolzen Gefühl einer wirklichen Leistung, zustimmen, daß die Sammlung [gemeinverständlicher wissenschaftlicher Vorträge, A.M.] geschlossen wurde. So sage ich denn allen denen Lebwohl, die trotz des großen Wechsels der äußeren Dinge und der inneren Anschauungen unsere Freunde geblieben sind. Möge es der Welt beschieden sein, daß die durch uns gepflegte Methode der selbständigen Beobachtung und Beurtheilung den kommenden Geschlechtern erhalten bleibe.«[62]

Seit den 1870er Jahren stand die liberale Volksbildungsbewegung, zu deren Vertretern Virchow gehörte und die in der sozialen Frage vornehmlich eine Bildungsfrage sahen, zunehmend in Konflikt mit sozialdemokratischen Ansätzen der Arbeiterbildung. Diese zielten darauf ab, den Arbeitern statt bürgerlichem Bildungswissen die nötigen politischen Kenntnisse zu vermitteln, die ihnen bei der Aufhebung der Klassengegensätze helfen sollten. Erst nach einer Verbesserung der politischen und wirtschaftlichen Lage der Arbeiter sollte eine Förderung ihrer Bildung folgen.[63] Liberale Bildungsvereine hingegen, und zu einem guten

62 Rudolf Virchow: Schlusswort. In: Sammlung gemeinverständlicher wissenschaftlicher Vorträge, N. F., 15. Serie, Heft 360, Hamburg 1901, S. 39-40.

63 Siehe z. B. Paul Röhrig: Erwachsenenbildung. In: Christa Berg (Hg.): Handbuch der deutschen Bildungsgeschichte. Bd. 4: 1870-1918. Von der Reichsgründung bis zum Ende des Ersten Weltkriegs. München 1991, S. 441-471, S. 441-446. Siehe in diesem Zusammenhang auch Andreas Kuntz: Das Museum als Volksbildungsstätte. Museumskonzeptionen in der deutschen Volksbildungsbewegung von 1871 bis 1918. Marburg 1976.

Teil auch die Museen der Zeit, waren ohnehin eher auf gebildete, bürgerliche Kreise als Rezipienten ausgerichtet, was sich bei ersteren durch Aufnahmeverfahren und Mitgliedsbeiträge ausdrückte. Der endgültige, greifbare Wechsel der politischen Situation vollzog sich um die Jahrhundertwende, als die Sozialdemokraten zunehmend Stimmen gewannen und bei den Reichstagswahlen ab 1898 zur zweitstärksten Partei neben dem Zentrum wurden. Virchows Volksbildungsideale, die sich auch im Pathologischen Museum widerspiegeln, erwiesen sich zu dieser Zeit immer mehr als überholt.

In offensichtlicher Wechselwirkung zu der Stagnation seines Volksbildungsansatzes stand Virchows sich in späten Jahren verstärkendes Interesse an weniger allgemeinbildenden als vielmehr fachspezifischen Problemen in bezug auf Museen. Dominierte bis in die 1870er Jahre der Anspruch, daß Museen als ein Instrument zur Bildung des ganzen Volkes hinsichtlich ihrer Nutzbarkeit für die Öffentlichkeit zu verbessern seien, so verschob Virchow in späteren Jahren seinen Begriff von der durch Museen vermittelten »Bildung«, indem er verstärkt auf ihren praktischen Nutzen für Forscher und Experten hinwies.[64] Wie weit er sich schon 1888 von älteren Idealen entfernt hatte, zeigt seine Einstellung zum Völkerkundemuseum, als er sich gegenüber dem Generaldirektor der Berliner Museen dahingehend aussprach, daß zuviel Publikumsverkehr in den völkerkundlichen Sammlungen die »wissenschaftliche« Arbeit im Museum stören würde.[65]

Für eine andere Art von Museum stellte Virchow seinen Volksbildungsanspruch schon wesentlich früher und noch radikaler zurück, nämlich für universitäre Unterrichtssammlungen. Als im Zuge der Auflösung der Universitätssammlung 1875 die Einrichtung eines Naturwissenschaftlichen Museums für die Sammlungen der Zoologie, Zootomie und für Teile der Mineralogie diskutiert wurde, plädierte Virchow für den Ausbau dieser Sammlungen zu sogenannten Reichs-, Landes- oder Zentralanstalten. Die Sammlungen waren seiner Meinung nach weit über den reinen Lehrgebrauch hinausgewachsen und konnten nicht

64 Siehe Matyssek 1998 (Anm. 12), S. 32-39, mit Bezug auf Virchows Äußerungen zu Museen im Preußischen Abgeordnetenhaus. Dieser Wandel seiner Einstellung verlief im Einklang mit seiner persönlichen Entwicklung vom 1848er-Revolutionär und Sozialreformer zum Honoratioren und zur anerkannten wissenschaftlichen Autorität; siehe Goschler 1997 (Anm. 44).

65 Andrew Zimmerman, Anthropology and the place of knowledge in imperial Berlin. Phil. Diss. University San Diego, 1998, S. 303.

mehr als eigentliche Universitätssammlungen verwaltet werden. In den neu zu gründenden Anstalten sollte ihm zufolge »das volle Material der gesammten Naturwissenschaften innerhalb dieses Gebietes« aufbewahrt werden.[66] Gelehrte sollten hier ihr gesamtes Arbeitsmaterial finden können, »was Deutschland leisten kann«, sollte auch ausländischen Forschern zugänglich gemacht werden. Der Plan, Zentralanstalten für einzelne wissenschaftliche Disziplinen zu gründen, läßt sich in Virchows späterer Konzeption des Pathologischen Museums als »Musteranstalt für die ganze Welt«[67] wiedererkennen, einem »Speicher« von Arbeitsmitteln für Experten.[68]

Trotzdem gab Virchow seinen Volksbildungsanspruch auch für das Pathologische Museum nie auf.[69] Doch der Versuch, beide Funktionen – die einer Bildungseinrichtung für die Öffentlichkeit und die eines Material»speichers« bzw. »Archivs« für Wissenschaft und Lehre – in einer Sammlung zu vereinen, führte unweigerlich zu Konflikten. Deren Auflösung zugunsten der Wissenschaft war allerdings nicht zuletzt durch Virchows gewandelte Überzeugungen in bezug auf die Funktion von Museen vorgezeichnet. Es wurde darüber hinaus schnell klar, daß im Pathologischen Museum nicht nur, wie beabsichtigt, seine Präparate aufgehoben wurden, sondern auch seine Volksbildungsideale, die sich als anachronistisch erwiesen.

Betrachtet man nur den schnellen Rückgang der Besucherzahlen, dann war Virchows Versuch, sich und seinem Fach im Pathologischen Museum Dauer zu verleihen, sich gleichsam in ihm selbst zu konservieren, erfolglos. Dem Museum selbst war auch keine Erfolgsgeschichte beschieden, da Virchows Nachfolger zwar seine Person heroisierten, sich aber nicht weiter für den Ausbau des Museums als öffentliche Bildungseinrichtung einsetzten, d. h. sein »liebstes Kind« nicht weiter pflegten.

Die Verbalisierungen, die auf das Pathologische Museum und seine Objekte angewandt wurden, und die Handlungsstruktur, in die beide eingebettet waren, stellen sich als ein Widerspruch dar: Dem Inhalt und den Intentionen ihres Gründers nach bestand ein aufklärerischer Anspruch für die Sammlung. Dem lief ihre gleichzeitige semantische Auf-

66 Stenographische Berichte über die Verhandlungen des Preußischen Abgeordnetenhauses, 12. Legislaturperiode, 29. Sitzung, 13.3.1875, Sp. 769, siehe auch im folgenden.

67 GStA PK, I. HA Rep. 76 Va Kultusministerium, Sekt. 2 Tit. XIX Nr. 52, Bd. 1, S. 294-295.

68 Virchow 1899 (Anm. 3), S. 16-17.

69 Matyssek 1998 (Anm. 12), S. 31-39.

ladung mit quasi-sakralen Konnotationen entgegen, beispielsweise die des Sammlers als »Schöpfer«, die der Architektur als »kirchenähnlich« und die unweigerliche Nähe von Präparaten und Reliquien hinsichtlich ihrer Materialität und Memorialfunktion. In den Kern der Memorialfunktion, die den Präparaten in ihrer Rolle als »Monumente« zukommen sollte, führte Virchows Vorstellung von einer materialen Genealogie der pathologischen Forschung, die in der Sammlung nachvollziehbar werden sollte. Die ausgestellten Objektreihen boten zu gleichen Teilen einen Blick auf die Herkunft und die Entwicklung pathologischer Befunde, wie auch auf den Werdegang des Pathologen Virchow und seiner Kollegen. Diese Genealogie funktionierte – im Gegensatz zu anderen Bestimmungen des Pathologischen Museums, die mit dem Tod Virchows in die Bedeutungslosigkeit sanken – auch nach Virchows Tod. Die Präparate blieben bedeutungsvoll als Herkunftsnachweis der Pathologie, und viele dienten als »Monument« für einen ihrer prominentesten Vertreter.

Andreas Mayer

Objektwelten des Unbewußten

Fakten und Fetische in Charcots Museum und Freuds Behandlungspraxis[1]

Die neuropathologische Klinik Jean-Martin Charcots an der Pariser *Salpêtrière* gilt als der Ort, von dem aus die experimentelle Erforschung unbewußter psychischer Prozesse ihren Anfang nahm. Die nachträgliche Zuweisung dieser historischen Rolle ist zu einem guten Teil dem Besuch eines damals noch unbekannten, später zu Ruhm gelangten Wiener Nervenarztes zu verdanken: Sigmund Freud, der mit der Psychoanalyse eine eigene »Wissenschaft vom Unbewußten« begründete, war im Winter 1885 für ein halbes Jahr zu seiner Fortbildung nach Paris gekommen. In seinem Nachruf auf Charcot bezeichnete Freud diesen als »eine künstlerisch begabte Natur«, einen genialen »Seher«, der seine Klinik nach dem Muster älterer französischer Naturforscher als ein »Museum von klinischen Fakten« eingerichtet hatte.[2] Damit griff der Schüler sinngemäß die Selbstbeschreibung des Meisters in seinen Vorlesungen auf, die er zur Zeit seines Parisaufenthaltes ins Deutsche übersetzt hatte: »Die klinischen Typen bieten sich dem Beobachter in zahlreichen Exemplaren, welche gestatten, das Krankheitsbild mit einem Blick in verschiedenen, gleichsam fixierten Stadien zu überschauen, denn die Lücken, welche die Zeit in diese oder jene Gruppe reißt, werden alsbald wieder ausgefüllt. Wir sind mit anderen Worten im Besitz eines reich ausgestatteten, lebenden pathologischen Museums.«[3]

1 Für Hilfe bei den Recherchen zu diesem Artikel danke ich Véronique Leroux-Hugon, Bibliothèque Charcot, La Salpêtrière, Paris, und Lydia Marinelli, Sigmund Freud Museum, Wien. Ich danke Angela Deutsch, John Forrester, Alexandre Métraux, Bill Pietz und Simon Schaffer für Kritik und Anregungen. Der Abdruck des Freud-Faksimiles erfolgt mit freundlicher Genehmigung der Sigmund-Freud-Copyrights, Colchester.

2 Sigmund Freud: Charcot (1893). In: Gesammelte Werke (hier wie im folgenden: GW). Frankfurt a. M., Bd. 1 (6. Aufl., 1991), S. 22f.

3 Jean-Martin Charcot: Neue Vorlesungen über die Krankheiten des Nervensystems, insbesondere über Hysterie. Leipzig/Wien 1886, S. 3. Dies ist Freuds autorisierte deutsche Ausgabe.

Charcot verband somit die Einführung in seine klinische Methode mit einer imaginären Führung durch die vielfältige Geographie seiner Klinik, die neben den Krankensälen mehrere Laboratorien, einen modern eingerichteten Hörsaal, einen photographischen Dienst, ein Atelier für Wachsmoulagen sowie ein anatomisch-pathologisches Museum umfaßte. Innerhalb der Struktur dieses neuropathologischen Forschungszentrums verstand Charcot seine Klinik als ein Museum lebender Objekte – in Ergänzung zur anatomisch-pathologischen Sammlung, die unbelebte Objekte beherbergte. Das *Musée Charcot* umfaßte einen über die Jahre hin angehäuften Fundus von Gebeinen, Gehirnen, Büsten, Moulagen sowie eigens angefertigte Reproduktionen von Gemälden, deren Darstellungen von »religiöser Extase« und »dämonischer Besessenheit« als ikonische Evidenz für den in der Klinik diagnostizierten Typus der »großen Hysterie« angesehen wurden. Dieser heterogene Bestand von Objekten sollte die Sammlung lebender Patientinnen und Patienten in der Klinik um jene Fälle ergänzen, die zur möglichst vollständigen Darstellung eines »Typus« nötig waren. Der Typus als die zentrale klinische Entität Charcots war darum eng an den Bestand von Sammelobjekten (und damit an diverse materielle Entitäten) gebunden.[4]

Charcots Vergleich von Museum und Klinik ist bisher vor allem auf die Funktionen des Klassifizierens und Sichtbarmachens von Krankheitsbildern bezogen worden, wobei die Hysterie das meiste Interesse auf sich gezogen hat. In mehreren historischen Studien wurden die von Charcot und seinen Schülern in die Klinik transportierten Reproduktionen religiöser Bilder innerhalb eines professionspolitischen Projekts verortet, das die Definitionsmacht der Mediziner auf außerklinische Bereiche ausdehnen sollte.[5] Mit der Einschränkung des Museums auf diese beiden Funktionen sind jedoch andere wesentliche Aspekte aus dem Blick geraten: Die naturhistorischen und medizinischen Museen, die seit Ende des 18. Jahrhunderts in Paris eingerichtet wurden, waren nicht nur

4 Zu den Sammlungen Charcots und ihren vielfältigen Funktionen siehe Andreas Mayer: »Ein Übermaß an Gefälligkeit.« Der Sammler Jean-Martin Charcot und seine Objekte. In: Lydia Marinelli (Hg.): Meine … alten und dreckigen Götter. Aus Sigmund Freuds Sammlung. 2. Aufl. Frankfurt a. M./Basel 2000, S. 46-59.

5 Siehe Jan Goldstein: The hysteria diagnosis and the politics of anti-clericalism in late nineteenth-century France. In: Journal of modern history 54, 1982, S. 209-239; dies.: Console and classify: the French psychiatric profession in the nineteenth century. Cambridge 1987, S. 322-384. Ein großer Teil dieser Bildsammlung wurde in Buchform publiziert in: Jean-Martin Charcot/Paul Richer: Les démoniaques dans l'art. Paris 1984 (1887).

Orte zur Vorführung einer Taxonomie, sondern auch Orte der Aufbewahrung, der Forschung und der Demonstration. So besaß der 1793 als *Muséum d'histoire naturelle* reorganisierte *Jardin des Plantes* zwölf Lehrstühle und mehrere Laboratorien (für Anatomie und Zoologie). In Paris wurden medizinische Museen wie das *Musée Orfila*, das *Musée Dupuytren* und das *Musée de l'Hôpital Saint-Louis* im 19. Jahrhundert als Forschungs- und Unterrichtsorte eingerichtet. Selbst jene Autoren, die in letzter Zeit für eine Aufarbeitung der Rolle dieser Museen plädieren, engen die Funktion des Musealen auf die Praktiken des Klassifizierens und Vergleichens ein.[6] Im folgenden werde ich dagegen von der Polyfunktionalität medizinischer Sammlungen ausgehen und anhand des anatomisch-pathologischen Museums der *Salpêtrière* zeigen, daß dieses nicht nur als ein Ort der Wissensvermittlung oder der Visualisierung einer Taxonomie diente. Sein Bestand spielte auch eine strategische Rolle bei der Ausarbeitung einer neuen im Raum der Klinik angesiedelten experimentellen Psychologie, die von der Erforschung unbewußter Phänomene im Hypnotismus ausging. Der Materialismus und Determinismus der zugrundeliegenden psychologischen Theoreme korrespondierte in der *Salpêtrière* mit einer Forschungspraxis, die verschiedene Strategien der Materialisierung einsetzte. In diesem Prozeß erhielten auch die im Museum ausgestellten Objekte eine neuartige epistemische Funktion, die eng mit dem Problemfeld des Fetischismus verknüpft war.

Als Rahmen für diesen Gebrauch des Ortes und der Gegenstände entwerfe ich zunächst eine Kontextualisierung der Hypnose-Experimente Charcots und seiner Anhänger innerhalb der zentralen Kontroverse mit der Schule von Nancy. Das Augenmerk liegt bei diesem schematischen Vergleich auf einem bisher kaum beachteten Aspekt des Schulenstreits: dem spezifischen Einsatz von Instrumenten und materiellen Objekten bei der Erzielung eines hypnotischen Zustandes. Die von Hippolyte Bernheim und seinen Anhängern in Nancy veranstalteten Demonstrationen zielten darauf ab, die in Paris gebrauchten physischen Agenten (wie etwa den Magneten) bei der Durchführung eines Hypnose-Experiments als wirkungslos zu erweisen. Auf die entmaterialisierenden Praktiken in Nancy antworteten die Pariser Forscher mit verschiedenen Strategien der Materialisierung und Lokalisierung. In diesem Prozeß wurde das *Musée Charcot* zum Schauplatz einer Serie von experimentellen Demonstratio-

6 Siehe John V. Pickstone: Museological science? The place of the analytical/comparative in nineteenth-century science, technology and medicine. In: History of science 32, 1994, S. 111-138.

nen des Hypnotismus, die Alfred Binet und Charles Féré, die damals zu Charcots engeren Anhängern zählten, auswärtigen Besuchern vorführten. Die Besonderheit dieser Hypnose-Experimente lag in der Ausbildung von Objektbeziehungen zwischen den Forschern und den Patientinnen, die in das zur selben Zeit begrifflich neu abgegrenzte Problemfeld des »Fetischismus« fielen. Das medizinische Museum erhielt damit die Rolle eines Labors, das im Kontrast zum Ideal eines aseptischen leeren Raums stand, in dem Experimentalpsychologen ihre Versuchspersonen plazierten. In den folgenden Jahren verfolgten die meisten Mediziner, die die Hypnose zu einer Laborwissenschaft ausbilden wollten, einen Trend zur Entmaterialisierung der Praktiken und des Settings, wie er von Bernheim und seinen Anhängern eingeleitet worden war.[7] Auch Sigmund Freud schloß sich dieser Tendenz bei der Entwicklung seines psychoanalytischen Verfahrens an: dem Einsatz von physischen Agenten fiel nun bei der Aufdeckung des Unbewußten anscheinend keine zentrale Rolle mehr zu. Doch wählte Freud für die Behandlung seiner Patienten paradoxerweise einen Ort, an dem er seine private Sammlung von Kunstgegenständen und Antiquitäten aufstellte. Die Vorgeschichte der Psychoanalyse, wie sie im Museum der *Salpêtrière* beginnt, wirft somit die Frage auf, wie die Präsenz dieser Gegenstände in der Gestaltung von Freuds psychoanalytischer Behandlungspraxis in Abgrenzung zur Konfiguration des Hypnotismus einzuschätzen ist.

Materialisierende und entmaterialisierende Praktiken im Hypnose-Experiment

Die Theoreme, die die Erforschung des Unbewußten durch Jean-Martin Charcot und seine Mitarbeiter an der *Salpêtrière* leiteten, waren an eine spezifische epistemische und soziale Konfiguration geknüpft, in der die neuropathologische Untersuchung als Königsweg einer neuen Experimentalpsychologie galt. Wie Michel Foucault betont hat, war die spezifische Produktion von Erkenntnis in der Abteilung Charcots von einem prinzipiell agonalen Verhältnis von Arzt und Patient geprägt. In einer machttheoretischen Perspektive läßt sich der klinische Unterricht Charcots somit als die öffentliche Repräsentation eines Kampfes bestimmen,

7 Siehe dazu ausführlicher Andreas Mayer: Vom Labor der Hypnose zum psychoanalytischen Setting. Zur historischen Soziologie der Erforschung des Unbewußten. Phil. Diss. Universität Bielefeld, 2000.

in dem der Wille der Kranken und ihrer Angehörigen, den Arzt zu täuschen, sichtbar dessen »Willen zum Wissen« unterworfen wurde.[8] Die Befragung des Patienten während des Examens war Charcot zufolge aus mehreren Gründen eine unsichere Quelle zur Ermittlung einer präzisen Diagnose: einerseits, weil diese »sehr häufig Theorien machen, die natürlicher Weise nicht immer in einer richtigen Auffassung der Thatsachen begründet« waren.[9] Wie die *Leçons du mardi* vorführen, wurden die Beschreibungen der Patienten sogleich durch den Arzt in technische Ausdrücke übersetzt, die Patienten selbst manchmal belehrt oder ganz zum Schweigen gebracht. Andererseits ging der Arzt davon aus, daß viele Informationen der Kranken und ihrer Angehörigen darauf abzielten, ihn hinsichtlich der wahren Ursache der Krankheit irrezuführen. Die während der Untersuchung erzählten Geschichten dienten demnach den Betroffenen vor allem dazu, »die ihnen peinliche Vorstellung einer hereditären Vorbestimmung zu umgehen«.[10] Bei der Aufdeckung von Symptomen bediente sich der Neurologe daher eines Referenzsystems, in dem die mündlichen Aussagen der Familienmitglieder über die Vergangenheit des Patienten keinerlei Glaubwürdigkeit beanspruchen konnten. Um Gewißheit zu erlangen, mußte der Arzt mit Hilfe seiner Instrumente und der sozialen und materiellen Ressourcen der modernen Krankenhausmedizin am Körper des Kranken eine ausdauernde Spurensuche betreiben.

Die zunehmende Erforschung von schwer abzugrenzenden Krankheitsbildern wie Hysterie, Epilepsie oder Neurasthenie, die sich ab den 1870er Jahren an der Abteilung Charcots abzeichnete, stellte in diesem Zusammenhang eine besondere Herausforderung dar. Seine ersten Fälle von Hysterie präsentierte Charcot dementsprechend als »rare Stücke« in seiner Patientensammlung, indem er sie mit »jenen verlorengegangenen oder paradoxen Spezies« verglich, »die der Naturforscher aufmerksam studiert, weil sie den Übergang zwischen zwei zoologischen Klassen bilden«.[11] Jene Forscher, die in Charcots Arbeiten zur Hysterie einen wissen-

8 Siehe Michel Foucault: Sexualität und Wahrheit. Bd. 1: Der Wille zum Wissen. Frankfurt a. M. 1977 (1976). Eine andere, weitaus problematischere Darstellung hat Foucault in seiner 1974 am Collège de France gehaltenen Vorlesung »Le pouvoir psychiatrique« gegeben. Siehe ders.: Dits et écrits. Bd. 2.: 1970-1975. Paris 1994, S. 675-686.

9 Jean-Martin Charcot: Poliklinische Vorlesungen. Leipzig/Wien, 1894, S. 145. (Übersetzung von Sigmund Freud.)

10 Ebd., S. 296.

11 Jean-Martin Charcot: Leçons sur les maladies du système nerveux. In: ders.: Œuvres complètes. Bd. 1. Paris 1886, S. 277.

schaftlichen Durchbruch erblickten, folgten ähnlichen Strategien in der Bewertung der Versuchspersonen. So pries etwa George Beard den Geniestreich, aus den gemeinhin als »Abfall« behandelten hysterischen Patientinnen einen bisher ungeahnten epistemischen Profit zu ziehen: »Charcot ist zu rühmen, daß er zu diesen gefühlsseligen und verdorbenen Frauen gegriffen hat, jenen aus der Evolution der menschlichen Rasse ausgeschiedenen Abfallprodukten, und mit ihnen so experimentiert hat, um Resultate hervorzubringen, die so klar, so wahr und so rein sind, wie sie der Chemiker mit den unbelebten Elementen im Labor erzielen kann.«[12] Andere Beobachter nahmen einen völlig gegenteiligen Standpunkt ein. Demnach konnten als hysterisch diagnostizierte Patientinnen aufgrund der ihnen zugemessenen großen Einbildungskraft und Täuschungskünste niemals geeignete Versuchspersonen abgeben: »Hysterische vom übertriebenen Typus der drei Hysterisch-Epileptischen an der *Salpêtrière* sind die schlechtesten Subjekte in der Welt, von denen ausgehend wissenschaftliche Ergebnisse gewonnen werden können.«[13] Der Status der Hysterikerin als einer Versuchsperson blieb somit epistemologisch zweifelhaft: entweder zählte sie zu den »raren Stücken« der Patientensammlung, anhand deren außergewöhnliche Erkenntnisse über unbewußte Vorgänge gewonnen werden konnten, oder die an ihr angestellten Experimente waren aufgrund der ihr zugeschriebenen moralischen Eigenschaften prinzipiell wertlos.

Angesichts dieser Unklarheit suchte Charcot die positive Bewertung seiner Versuchspersonen zweifach abzusichern: einerseits durch ein auf Inskriptionen basierendes System, das Simulanten zweifelsfrei überführen konnte; andererseits durch Erweiterung seines klinischen Referenzsystems auf außerklinische Bereiche wie die religiöse Ikonographie, die sich vor allem in der Sammelpraxis Charcots und seiner Schüler manifestierte. Die Kombination beider Strategien erscheint zunächst widersprüchlich: Im einen Fall kamen die Instrumente der von Etienne-

12 George M. Beard: The study of trance, muscle-reading and allied nervous phenomena in Europe and America, with a letter on the moral character of trance subjects and a defence of Dr. Charcot. New York 1882, S. 37.

13 N. N.: Metalloscopy and metallo-therapy. In: British medical journal, 3.11.1877, S. 652. Die Täuschungskunst der Hysterischen ist in der Zeit ein vielfach dokumentierter Topos. Siehe den berühmten Bericht von Charles Lasègue: Les hystériques, leur perversité, leurs mensonges. In: Annales médico-psychologiques. Journal destiné à recueillir tous les documents relatifs à l'aliénation mentale, aux névroses et à la médicine légale des aliénés 39e année, 6e série, 5, 1881, S. 111-118. Siehe allgemein dazu Marc Micale: Approaching hysteria. Princeton 1995.

Jules Marey in Frankreich propagierten »graphischen Methode« zum Einsatz, um die in den Versuchspersonen experimentell erzeugten Nervenzustände in Form von Kurven der Meßbarkeit und Kontrolle zuzuführen, während im anderen Fall künstlerische Darstellungen von religiösen Motiven als historische Zeugnisse für die Existenz der »großen Hysterie« bürgen sollten, wie sie Charcot beschrieben hatte.[14] Die Sammeltätigkeit Charcots war ganz dem positivistischen Programm der »retrospektiven Medizin« verpflichtet. Die gesammelten Bilder sollten bezeugen, daß sich die neuropathologischen Krankheitsbilder bereits in der Vergangenheit genauso gezeigt hatten, wie sie von den Medizinern der *Salpêtrière* an den Patienten der Klinik demonstriert wurden. Das Museum fungierte damit primär als ein strategischer Ort, an dem Zeugnisse zur sicheren Überführung von zweifelhaften Symptomen oder Kranken versammelt waren. Beide Strategien zielten darauf ab, das Krankheitsbild in einer unzweideutigen Weise für die Ärzte zu visualisieren und die Entscheidung über eine Diagnose völlig unabhängig von den Aussagen der Patienten zu machen.

Die Praktiken der Neuropathologie, wie sie an der *Salpêtrière* betrieben wurde, knüpften an die Tendenz zur Mechanisierung der sozialen Relation zwischen Arzt und Patient in der modernen Krankenhausmedizin an. So wurden die unter Charcots Leitung an Hysterischen vorgenommenen Experimente am Ende der 1870er Jahre innerhalb eines strategischen Ensembles von Apparaturen und Maschinen durchgeführt, das keinen Zweifel darüber lassen sollte, daß nicht der Arzt als ein moralischer Agent, sondern ausschließlich physische Agenten (wie der Magnet) auf die Sinne der Versuchspersonen einwirkten. Diese Maschinerie erlaubte es den Ärzten, während des Experiments in verschiedenen Sequenzen ab- und anwesend zu sein. In den Praktiken der »suggestion par les sens« wurden die Ärzte oder die auf die Versuchspersonen einwirkenden Körperglieder (Augen, Hände) jeweils demonstrativ durch

14 Der strategische Einsatz der »graphischen Methode« in der Hysterie- und Hypnoseforschung der *Salpêtrière* ist in der bisherigen Literatur kaum untersucht worden, was damit zusammenhängt, daß die meisten Historiker sich der Auffassung anschließen, Charcot und seine Anhänger seien von ihren Versuchspersonen erfolgreich getäuscht worden. Eine epistemologische Problematisierung der »Simulation« und ihrer Kontrolle durch Meßgeräte führt jedoch zu einer differenzierteren Einschätzung. Siehe dazu Alexandre Métraux: Metamorphosen der Hirnwissenschaft. Warum Sigmund Freuds »Entwurf einer Psychologie« aufgegeben wurde. In: Michael Hagner (Hg.): Ecce Cortex. Beiträge zur Geschichte des modernen Gehirns. Göttingen 1999, S. 75-109; Mayer 2000 (Anm. 7).

optische und akustische Instrumente ersetzt. Nachdem Charcot vor einem Publikum von skeptischen Kollegen mit der Fixationsmethode eine seiner Patientinnen in Hypnose versetzt hatte, brachten die Assistenten diese in einen verdunkelten Raum, wo als Ersatz für den Blick des Arztes ein grelles elektrisches Licht eingesetzt wurde, vor dem die Patientin in einer kurzen Zeit in einen Zustand der kataleptischen Unbeweglichkeit fiel.[15] Ausgehend von derartigen Demonstrationen reklamierten die Pariser Forscher, daß nur physische Agenten auf die Versuchspersonen wirkten und somit der Arzt mit seiner sozialen Autorität keinen entscheidenden Faktor in einem Hypnose-Experiment darstellte.

Der an der neugegründeten Universität von Nancy lehrende Hippolyte Bernheim attackierte die an der *Salpêtrière* veranstalteten Hypnose-Experimente, indem er alle physischen Agenten für wirkungslos erklärte, und eröffnete damit eine Kontroverse, die an die älteren Auseinandersetzungen um den Mesmerismus anknüpfte.[16] Zunächst behauptete er, all die von Charcot und seinen Schülern produzierten Phänomene des Hypnotismus (Lähmungen, Anästhesien, Krämpfe) bei einer Reihe von nichthysterischen Personen im Wachzustand hervorrufen zu können. Zur experimentellen Produktion dieser Symptome reichten »verbale Suggestionen« oder »einfache Aufforderungen« vollkommen aus. Bernheim ging damit noch weiter als die ersten englischen Kritiker der Experimente, die vermutet hatten, die erzeugten Phänomene könnten zum Teil der »aufmerksamen Erwartung« der Versuchspersonen geschuldet sein.[17] Er sah die auf psychischem Wege wirkende »Suggestion« nicht bloß als einen möglichen Störfaktor der Experimente, sondern suchte alle produzierten Phänomene auf diesen einen Faktor zurückzuführen. Bernheims Kritik, die die Kontroverse zwischen Paris und Nancy eröffnete, bediente sich einer Reihe von Strategien, die auf eine Entmaterialisierung des Hypnose-Experiments zielten. So setzte er bei seinen Demonstrationen

15 Siehe den ausführlichen Bericht von Artur Gamgee: An account of a demonstration on the phenomena of hystero-epilepsy and on the modification which they undergo under the influence of magnets and solenoids given by Professor Charcot at the Salpêtrière. In: British medical journal 2, 12.10.1878, S. 545-548. Für eine ausführlichere Darstellung siehe Mayer 2000 (Anm. 7), Kap. 2.

16 Für eine historische und epistemologische Problematisierung der Kritik an den Praktiken Mesmers siehe Léon Chertok/Isabelle Stengers: Le cœur et la raison. L'hypnose en question de Lavoisier à Lacan. Paris 1989; Simon Schaffer: Self evidence. In: Critical inquiry 18, 1992, S. 327-362.

17 Siehe Hack Tuke: Metalloscopy and expectant attention. In: Journal of mental science 24, 1878, S. 598-609.

wiederholt Instrumente ein, um zu zeigen, daß die Wirkungen auf den Körper des Kranken nicht vom Instrument selbst oder einer rein mechanischen Aktion ausgingen, sondern einzig von dessen Glauben daran:

> »Ich erzeuge bei einem eingeschläferten Somnambulen einen suggestiven Transfert. Ich mache seinen linken Arm in horizontal ausgestreckter Haltung kataleptisch, nähere dann dem anderen Arm ein Sthetoskop und behaupte, dass die Katalepsie auf die andere Seite übergehen wird. Nach einer Minute stellt sich dieser Arm wagrecht, während der linke schlaff herabfällt. Wenn ich jetzt das Sthetoskop dem linken Arm nähere, begiebt sich dieser wieder in die Wagrechte, der andere fällt herab und so geht es weiter. Auf dieselbe Weise kann ich einen suggestiven Schiefhals, eine Lähmung, eine Contractur erzeugen und von einer Seite auf die andere übertragen, *ausschliesslich vermöge der der Person suggerirten Vorstellung, dass dies die Wirkung des Sthetoskops sei*.«[18]

Mit derartigen Verfahren karikierte Bernheim den Einsatz von Instrumenten und physischen Agenten im Hypnose-Experiment der Pariser Ärzte. So ersetzte er den Magneten durch mehrere Gegenstände, »durch ein Messer, einen Bleistift, eine Flasche, ein Stück Papier, durch irgend ein Nichts«[19], um zu zeigen, daß sich das suggerierte Symptom in allen Fällen manifestierte.

In seinen Strategien erwies sich Bernheim als ein Kritiker, der das Hypnose-Experiment dadurch von spezifischen materiellen Agenten zu reinigen suchte, daß er eine Vielzahl von Gegenständen und Instrumenten im Experiment einsetzte und zugleich ihre Wirkungslosigkeit behauptete. Damit exemplifizierte er jene paradoxe Position des Anti-Fetischismus, die Bruno Latour als Teil eines Modells politischer und wissenschaftlicher Kritik problematisiert hat. Die Pariser wurden implizit als Fetischisten denunziert, weil sie materiellen Objekten eine Macht zu-

18 Hippolyte Bernheim: Die Suggestion und ihre Heilwirkung. Leipzig/Wien 1888, S. 132 (meine Hervorhebung). (Übersetzung von Sigmund Freud.) Kaum zufällig bediente sich Bernheim hier des Stethoskops, dessen Einführung in die medizinische Praxis Gegenstand zahlreicher Kontroversen in der zweiten Hälfte des 19. Jahrhunderts war. Siehe dazu Jens Lachmund: Der abgehorchte Körper. Zur historischen Soziologie der medizinischen Untersuchung. Opladen 1997.

19 Bernheim 1888 (Anm. 18), S. 86.

sprachen, die ausschließlich im *Glauben* der menschlichen Teilnehmer lag: in ihrer »Suggerierbarkeit« oder »Gläubigkeit« (*credivité*).[20] Paradox ist Bernheims Vorgehen deshalb, weil er, um eine spezifische kausale Verbindung zwischen einem physischen Agenten und dem psychisch Unbewußten der Versuchsperson aufzulösen, die Zahl dieser physischen Agenten noch weiter vermehrte. Statt einer regelrechten Widerlegung der Pariser Versuche lieferte er eine andere Beschreibung der Vorgänge im Hypnotismus, die sich letztlich auf einen autonomen Innenraum des Psychischen berief: Bernheim zufolge agierte ein Proband während einer Hypnotisierung als eine moralische Person und nicht als ein von Reflexmechanismen gesteuerter Automat. Von dieser Position aus gesehen bot die an der *Salpêtrière* betriebene Mechanisierung der Arzt-Patient-Relation weder eine Möglichkeit, Simulanten zweifelsfrei zu überführen, noch über physische Agenten direkt auf das Nervensystem der Versuchspersonen Einfluß zu nehmen. Bernheim beschränkte das positive Wissen über den hypnotischen Zustand auf die Feststellung, »daß bei den hypnotisierten und durch die Suggestion beeinflußbaren Personen eine besondere Fähigkeit besteht, die empfangene Idee in die Tat umzusetzen«.[21] Diese besondere Transformation wurde, auch bei rein motorischen Abläufen, nicht auf eine spezifische Versuchsanordnung bezogen, sondern allein auf die *Individualität* und damit auch auf eine besondere Interpretationsleistung des Hypnotisierten. Im Gegensatz zu den Parisern konnte für Bernheim das Unbewußte somit nicht zum Objekt der Experimentalforschung werden.

Unbewußte Objekte: Hypnose-Experimente im Musée Charcot

Im Jahr 1885, als Freud seinen Studienaufenthalt bei Charcot antrat, war die Kontroverse zwischen der Schule der *Salpêtrière* und der Schule von Nancy auf ihrem Höhepunkt. Charcot hatte eine Reihe von Anhängern

20 Eine solche Interpretation von Bernheims Demonstrationen weicht von den meisten historischen Darstellungen ab, die ihn als den Befreier und Kritiker ansehen, der die Praktiken Charcots und seiner Anhänger zu Recht als Effekte »bloßer Suggestion« entlarvt hat. Zur Problematisierung des antifetischistischen Kritikers siehe Bruno Latour: Petite réflexion sur le culte moderne des dieux faitiches. Le Plessis-Robinson 1996.

21 Hippolyte Bernheim: De la suggestion dans l'état hypnotique et dans l'état de veille. Paris 1884, S. 85.

aufgefordert, an seinen Versuchspersonen weitere Experimente anzustellen, um die Vorwürfe Bernheims zu entkräften. Eine strategisch zentrale Rolle nahm in diesem Zusammenhang eine Serie von Versuchen ein, die der Mediziner Charles Féré gemeinsam mit dem jungen Psychologen Alfred Binet im *Musée Charcot* durchführte. Der belgische Gelehrte Joseph Delbœuf, der als skeptischer Beobachter die *Salpêtrière* im Winter 1885 bereiste, beschrieb das Museum folgendermaßen: ein

> »großer Saal [...], dessen Wände, ja sogar dessen Decke mit einer beachtlichen Anzahl von Zeichnungen, Bildern, Stichen und Photographien geschmückt sind. Darauf sind entweder Szenen mit mehreren Figuren zu sehen, oder einzelne Kranke, nackt oder bekleidet, stehend, sitzend oder liegend, ein oder zwei Beine, eine Hand, ein Torso, oder ein anderer Körperteil. Ringsherum Schränke, die mit Schädeln, Wirbelsäulen, Schienbeinen, Oberarmbeinen gefüllt sind, die diese oder jene anatomische Besonderheit aufweisen; im Raum verstreut, auf den Tischen und in den Vitrinen, ein Durcheinander von Glasbehältern, Instrumenten und Apparaten; die noch unvollendete Wachsfigur einer nackten alten Frau, auf einer Art Bett liegend; verschiedene Büsten, darunter auch die Galls, in grüner Farbe.«[22]

Mit der Aufstellung dieser verschiedenen Objekte in einem Raum, die einem distanzierten Beobachter wie Delbœuf planlos und merkwürdig erschien, verfolgten die Mediziner Interessen, die mit der lokalen Forschungs- und Unterrichtspraxis der Neuropathologie an der *Salpêtrière* korrespondierten. Charcot hatte die Einrichtung eines Museums in seiner Klinik über mehrere Jahre hinweg betrieben. Bereits 1875 hatte er in einem Antrag an die Verwaltung die Notwendigkeit eines Ortes betont, »an welchem, für einen geringen Betrag die interessantesten, verschiedenartigsten und vielfältigsten Stücke versammelt wären, die sich überall sonst an der Salpêtrière befinden«.[23] Der Raum, in dem diese von Charcot und seinen Schülern zusammengetragenen Stücke aufbewahrt wurden, wurde vier Jahre darauf offiziell zum Museum erklärt. Obwohl das Museum den Namen seines Gründers trug, war das Sammeln und die Produktion der hier aufgestellten Objekte als ein kollektives Unternehmen konzipiert, als »ein Wettbewerb aller, von Meistern und Schü-

22 Joseph Delbœuf: Une visite à la Salpêtrière. Bruxelles 1886, S. 6f.

23 Jean-Martin Charcot, in: Clinique médicale. Hospice de la Salpêtrière. In: Le progrès médical, 4.12.1875, S. 718f.

lern«.[24] Das *Musée Charcot* kombinierte Sammlungen miteinander, die sich auf verschiedene Krankheitsbilder bezogen: Den Hauptbestand machten die anatomischen Präparate (Skelette, Knochen, Schädel) und die Gehirnsammlung sowie eine Reihe von Wachsmoulagen aus, deren Anfertigung zunächst einem eigens angestellten Künstler und darauf dem späteren Schüler und Mitarbeiter Charcots Paul Richer oblag. Diese Gegenstände waren in sechs großen Vitrinen angeordnet, mit der Ausnahme von zwei großen im Raum aufgestellten Figuren: der Büste einer Frau, die zur exemplarischen Vorführung einer paralytischen Erkrankung von Zunge und Kehlkopf diente, sowie der lebensgroßen Moulage einer Tabeskranken, der sogenannten »Vénus ataxique«, die zunächst freiliegend, später in einer »Sarkophag-Vitrine«, präsentiert wurde (vgl. Abb. 1).[25] Beide Figuren waren nach dem Modell von Patientinnen der Klinik hergestellt worden und ersetzten diese nach ihrem Ableben zu Zwecken des Studiums. Die Bein- und die Gehirnsammlung waren ebenfalls zu didaktischen Zwecken systematisch nach Krankheitsbildern angeordnet: eine anatomische Pathologie, die nach dem Bericht eines Schülers, »nicht wie in den Büchern tot und abstrakt war, sondern auferstanden, beseelt, gewissermaßen zum Leben erweckt, die grundlegenden Zeichen der Läsionen plastisch hervortreten ließ, sie zu sehen lehrte und unauslöschliche Erinnerungen hinterließ«.[26]

An den Wänden, die mit Wachsdekorationen verziert waren, war ein Teil der umfangreichen Sammlung von graphischen Reproduktionen und Photographien aufgehängt, die sich über mehrere der angrenzenden Räume hin erstreckte. So waren auch die Wände des schwarz ausgemalten und möblierten Behandlungszimmers Charcots nach der Beschreibung eines Besuchers mit einer »Unzahl kleiner Bildchen« versehen, »welche Scenen aus dem Leben der Heiligen, ekstatische Jungfrauen, Teufelsaustreibungen, Heilung Besessener, Visionen, Thaten von Hexen

24 Ebd., 22.11.1879, S. 913. In dieser Hinsicht diente das anatomisch-pathologische Museum der *Salpêtrière* nicht nur der Selbstrepräsentation ihres Gründers, wie dies für die zeitgleich in Berlin von Rudolf Virchow angelegte Sammlung gilt. Siehe dazu den Text von Matyssek in diesem Band.

25 Dies geht aus einem Bericht von Louis Alquier hervor, der anläßlich der Umgestaltung und Verlegung des Museums im Jahr 1906 von der Verwaltung veranlaßt wurde. Siehe Dossier Bibliothèque Charcot, Musée de l'Assistance Publique, Paris. Neben der einzigen erhaltenen Photographie und den weiter unten zitierten Beschreibungen von Schülern und Besuchern erlaubt diese Quelle die genaueste Rekonstruktion des *Musée Charcot*.

26 P. Peugniez: J.-M. Charcot, 1825-1893. Amiens 1893.

Abb. 1: Musée Charcot. Im Vordergrund links die von Paul Richer ausgeführte Büste einer an Paralyse von Zunge und Kehlkopf leidenden Frau, rechts die freiliegend präsentierte »Vénus ataxique«. Im Hintergrund mehrere Stühle und Tische, auf denen sich Instrumente befinden, die bei verschiedenen experimentellen Demonstrationen eingesetzt wurden. Hinten links an der seitlichen Wand ist unter mehreren Büsten der Kopf Franz Josef Galls zu erkennen, der in den Versuchensreihen von Binet und Féré verwendet wurde.

und Zauberern, etc. darstellten«.[27] In dieser Bildersammlung »dämonischer Besessenheit«, die aus Zeichnungen oder Stichen nach Rubens, Goya, Raphael und anderen europäischen Meistern bestand, zeigten sich den Ärzten zufolge die »Vorläufer« ihrer als hysterisch diagnostizierten Patientinnen. Das von Littré formulierte Programm der »retrospektiven Medizin« manifestierte sich in der kollektiven Herstellung solcher ikonischer Repräsentationen: Von seinen ausgedehnten Reisen durch Europa pflegte Charcot mit Zeichnungen und Skizzen zurückzukehren, die er in den großen Gemäldegalerien oder in Kirchen von diesen religiösen

27 So der deutsche Arzt Carl Gerster, der die *Salpêtrière* 1883 besucht hatte. Siehe ders.: Beiträge zur suggestiven Psychotherapie. In: Zeitschrift für Hypnotismus 1, 1892/1893, S. 319. Siehe auch die Beschreibung von Henry Meige: Charcot artiste. In: Nouvelle iconographie de la Salpêtrière 11, 1898, S. 495.

Motiven angefertigt hatte. Nach diesen Vorlagen stellte Richer Reproduktionen her, die im Museum, im Behandlungszimmer und in Charcots privater Praxis aufgehängt waren.[28]

Die Genealogie der Patientinnen evozierte somit eine religiöse Vergangenheit, die erst durch die wissenschaftliche Praxis der Neuropathologie restlos erklärbar werden sollte. Im deutlichen Kontrast dazu stand die Genealogie der Ärzte, die sich aus Büsten und Portraits der Vorläufer Charcots und seiner Schüler zusammensetzte. Diese Genealogie hatte jedoch nicht nur einen repräsentativen Zweck, sondern erhielt in den Hypnose-Experimenten zunehmend einen Stellenwert, der zur Ausbildung von neuartigen Objektbeziehungen führte.

Materialisierungen des Unbewußten

Daß Binet und Féré zahlreiche Versuche im *Musée Charcot* anstellten, war der spezifisch entmaterialisierenden Strategie geschuldet, die Bernheim gewählt hatte. Den Nancyern zufolge spielte die Einbildungskraft und nicht die pathologische Disposition der Versuchsperson bei der Gestaltung der in der Hypnose eingegebenen Vorstellung die ausschlaggebende Rolle. Die konkrete Wirkungsweise des Vorgangs – der Weg, den die vom Arzt eingegebene Idee nahm – war nur indirekt erschließbar: über die Physiognomie der Versuchsperson, in der der Hypnotiseur Zustimmung oder »Widerstand« ablesen konnte. Die klinische Psychologie von Nancy postulierte so einen autonomen Bereich des Psychischen, der einer direkten Beobachtung auf dem Schauplatz des Experiments unzugänglich war. Mit diesem Postulat ging die Ablehnung der von den Parisern eingesetzten Maschinerien einher, die das Unbewußte sichtbar, meßbar und manipulierbar machen sollten. Der epistemische Stil von Bernheim und seinen Anhängern zielte somit auf eine weitgehende Entmaterialisierung des Hypnose-Experiments.

28 Aus den Reisealben Jean-Martin Charcots, die sich im Familienarchiv in Neuilly befinden, sowie aus den Publikationen von Richer und Charcot geht deutlich hervor, daß die direkte Beobachtung oder eine Photographie eines Gemäldes einen Primat gegenüber zeitgenössischen oder später ausgeführten Kopien (Lithographien, Kupferstichen) besaß. In *Les démoniaques dans l'art* gehen die Autoren ausführlich auf die vielfachen Entstellungen des Originals in den Reproduktionen ein. Siehe Charcot/Richer 1887 (Anm. 5), S. 55-65.

Binet und Féré antworteten darauf, indem sie verschiedene Gegenstände im Museum einsetzten, um zu beweisen, daß die Wirkung der Suggestion einen lokalisierbaren Ort im Gehirn oder im Nervensystem hatte und daß diese Lokalitäten sichtbar und manipulierbar gemacht werden konnten. Ihre ersten gegen Bernheim gerichteten Publikationen sollten demonstrieren, daß die Macht des Experimentators sich auf »eine große Zahl automatischer Phänomene« erstreckte: Er konnte durch verbale Suggestion das somnambule Subjekt »nach seinem Belieben gehen, handeln, denken und fühlen lassen«[29]. Der Automatismus der Gliederpuppen (*mannequins*), als die Charcot seine Patientinnen vorführte, wurde so auf den vorgeblich unbeobachtbaren Bereich des Unbewußten übertragen. Damit sollte der Nachweis angetreten werden, daß das Phänomen des *Transfert* – die Übertragung eines Symptoms von einer Körperhälfte in die andere – sich analog im Bereich des Psychischen produzieren ließ: Nicht nur die physiologischen Zustände der Motilität und der Sensibilität konnten durch den Magnet von einer Körperhälfte in die andere verschoben werden, sondern auch Vorstellungen (Phantasien, Halluzinationen etc.), komplexere Handlungsabläufe und Gefühlszustände. Für Binet und Féré agierte im Gegensatz zu Bernheim nicht die freie Phantasie der Versuchsperson, sondern allein der Magnet als unsichtbarer physischer Agent. Die im Museum ausgestellte Büste von Franz Josef Gall diente in diesen Experimenten als Hauptrequisite:

»Witt ... ist im somnambulen Zustand. Wir stellen in geringem Abstand eine Büste von Franz Josef Gall auf einen Tisch. Wir suggerieren der Patientin, *mit der linken Hand* der Büste Nasenstüber zu geben [*faire des pieds de nez au buste*]. Ein Magnet wird in die Nähe ihrer rechten Hand gebracht. Die Patientin wird geweckt. Als sie die Büste sieht, schneidet sie eine Grimasse und gibt ihr einen Nasenstüber mit der *linken Hand*. Nach drei oder vier Sekunden fängt sie wieder von vorne an. Wir verzeichnen eine Reihe von vierzehn Nasenstübern, die sämtlich von der linken Hand ausgeführt werden. Die letzten Bewegungen sind abgeschwächt, wie bei einer Atrophie, die Geste ist schlecht ausgeprägt. Sie führt die Hand in die Mundhöhe, ohne die Finger zu öffnen. Inzwischen beginnt die rechte Hand leicht zu zittern. Die linke Hand hält ein. Wit ... wirkt unruhig, sie dreht den Kopf hin und her und sagt, während sie die Büste Galls ansieht:

29 Alfred Binet/Charles Féré: L'hypnotisme chez les hystériques, Teil 1: Le transfert psychique. In: Revue philosophique 19, 1885, S. 8.

›Dieser Mann ist widerlich.‹ Sie kratzt sich das Ohr mit der *rechten Hand* und beginnt daraufhin mit der rechten Hand eine Reihe von Nasenstübern zu geben. Diese Gesten werden zehn Minuten lang ausgeführt. Ihr ist wohl bewußt, daß sie lächerlich sind. Wenn sie für einen Moment lang aussetzt, brauchen wir nur einen Nasenstüber an der Büste anzudeuten und sie fängt sofort wieder damit an. Wir entfernen den Magneten und der Transfert vollzieht sich von rechts nach links, mit den gleichen Anzeichen. Wir tragen der Patientin eine Arbeit auf, mit der sie ihre Hände beschäftigen kann. Regelmäßig unterbricht sie ihre Arbeit, alle drei oder vier Sekunden, um der Büste den Nasenstüber zu geben. Von Zeit zu Zeit beklagt sie sich über einen Kopfschmerz, der von einer Scheitelregion des Gehirns in die andere oszilliert.«[30]

In derartigen Versuchen suchten die Pariser Forscher, die von Bernheim als regellos beschriebenen psychischen Vorgänge der Verbalsuggestion durch die Entwicklung einer Korrespondenztechnologie zu materialisieren und zu lokalisieren.[31] Die Versuchsleiter setzten zunächst den suggerierten Gedanken (das Verspotten einer bestimmten Person) in eine Handlungssequenz um, die die Patientin an einem materiellen Objekt (der Büste Galls) ausagieren konnte. Die französische Redewendung »jemandem eine Nase machen« [*faire un pied de nez à quelqu'un*] wurde dazu in eine Reihe von diskreten beobachtbaren Aktionen (die mit der Hand auszuführenden Nasenstüber) übersetzt. Ob die rechte oder die linke Hand die Geste ausführte, entschied über den angenommenen »Sitz« der aktivierten Nervenzentren. Das Überwechseln von einer Hand zur anderen bewies den Experimentatoren, daß die gegebene Suggestion nicht autonom im Gehirn der Patientin wirkte, sondern durch das Applizieren des Magneten verändert werden konnte. Als Index für die Realität dieser wechselnden Lokalität im Gehirn diente der oszillierende Kopfschmerz.[32]

30 Ebd., S. 9.

31 Die Praxis, mit Hilfe von Requisiten korrespondenztechnologisch Echtzeitphänomene zu simulieren, reiht sich zahlreichen anderen Experimentalanordnungen in den Sozialwissenschaften an. Siehe Karin Knorr-Cetina: Epistemic cultures: how the sciences make knowledge. Cambridge, Mass./London 1999, S. 33f.

32 Zu den diesen Versuchen zugrunde liegenden gehirnphysiologischen Annahmen, siehe Anne Harrington: Medicine, mind, and the double brain: a study in nineteenth-century thought. Princeton 1987.

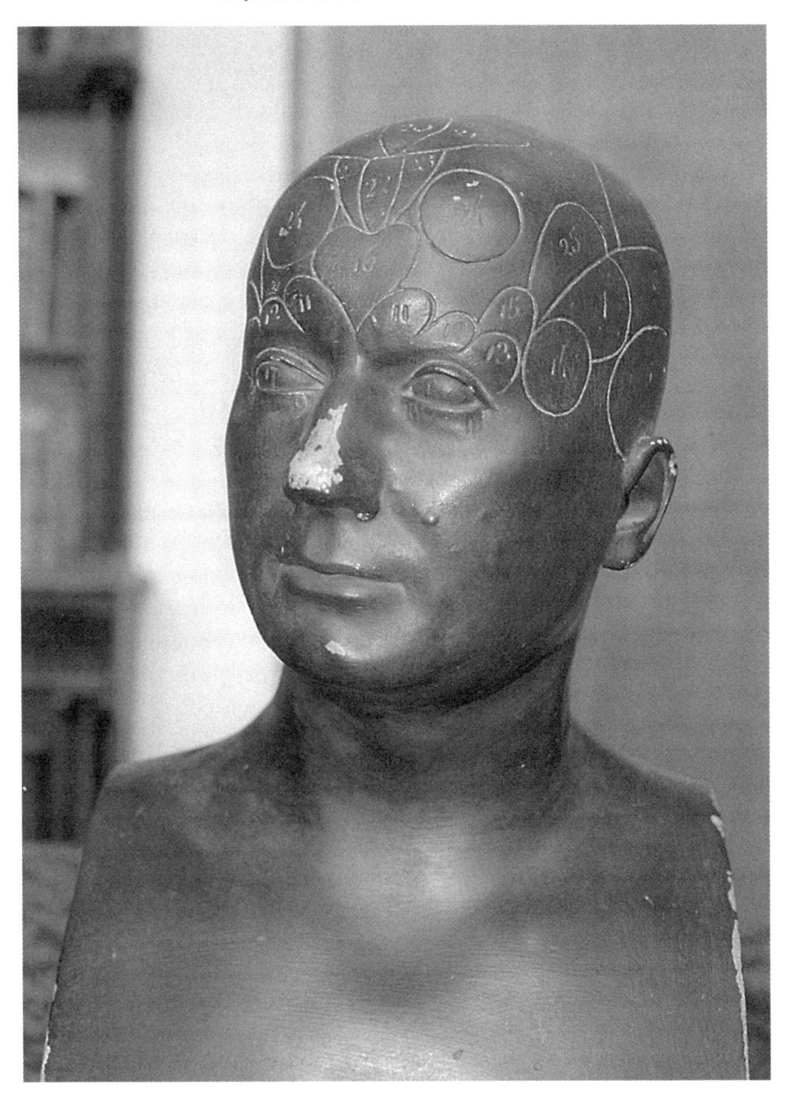

Abb. 2: Im Archiv der Bibliothèque Charcot befindet sich diese Büste Franz Josef Galls. Obwohl die Büste nicht grün bemalt ist (wie Joseph Delbœuf in seinem Bericht bemerkt), ist es sehr wahrscheinlich, daß sie mit der in Abb. 1 sichtbaren Büste identisch ist und für die hier beschriebenen Versuche gedient hat. Insbesondere die Nase weist Spuren starker Abnützung auf.

Die Versuchsanordnung produzierte damit eine Handlungssequenz, die sich zweifach beschreiben ließ: Aus der Sicht der Versuchsperson handelte es sich um einen freiwilligen Akt, denn sie fand die Büste ›widerlich‹ und glaubte, »daß sie ihm aus diesem Grund die Nasenstüber verabreicht«.[33] Für die Experimentatoren agierte dagegen ausschließlich der Magnet, der auf die Nervenzentren wirkte und so die Aktivität von einer Hand in die andere verschob. Die Strategie der Versuchsanordnung lag darin, die Zwänge, unter denen die Versuchsperson handelte, dieser weitgehend unsichtbar zu machen. Der Magnet wurde deshalb unter einem Tuch verborgen. Die Szene, die für den Aktionsradius der Patientin entworfen wurde, erzeugte somit den Anschein einer freiwilligen Handlung (die Verspottung der Büste), indem sie das determinierende Element (den Magneten) verschwinden ließ. Die Requisite, auf die die Aktion hin gelenkt wurde, war darüber hinaus noch mit einer symbolischen Dimension versehen: Die deterministische Lokalisationstheorie, die der Versuch mit den versteckten Magneten erhärten sollte, ließ sich an der Büste ihres Vertreters Franz Josef Gall direkt veranschaulichen (vgl. Abb. 2). Die experimentelle Anordnung war so in einem demonstrativen Sinn überdeterminiert: Die Versuchsperson bestätigte mit ihren Spottgesten gegen ihren Willen und ohne es zu wissen die Lokalisationstheorie an der Büste ihres berühmtesten Repräsentanten.

Von der Optik zur Taktik: Fetischistische Objektbeziehungen

Zur Widerlegung von Bernheims Behauptung, die in der Hypnose suggerierten Phänomene verdankten sich dem freien Spiel der Einbildungskraft der Versuchsperson, entwickelten Binet und Féré immer extravagantere Strategien, die den unbeobachtbaren Bereich des Unbewußten im Experimentalraum greifbar und sichtbar machen sollten. Daß die Hypnoseversuche an der *Salpêtrière* diese Richtung einschlugen, reflektierte das Problem, daß die meisten der im Inneren der Versuchsperson angenommenen unbewußten Vorgänge für den Experimentator nicht direkt wahrnehmbar gemacht werden konnten. Im Gegensatz zu motorischen Symptomen, die sich direkt beobachten und überprüfen ließen, konnte das Eintreten einer suggerierten Halluzination nur induktiv durch Befragen oder über Gesten erschlossen werden: »Eine Halluzination [...], so dramatisch sie auch sein mag, bleibt immer der persönliche

33 Binet/Féré 1885 (Anm. 29), S. 9f.

Besitz der Kranken; es ist unmöglich, sie direkt zu studieren, wie man es bei einer Lähmung oder einer Kontraktur tun kann.«[34] Deshalb bestand die erste Maßnahme von Binet und Féré darin, den Patientinnen diesen »persönlichen Besitz« zu entreißen und zum Gegenstand der Beobachtung zu machen. Zu diesem Zweck gestanden sie den suggerierten Halluzinationen den ontologischen Status von im Raum wahrgenommenen Objekten zu: »Der Patient veräußert und verortet das halluzinatorische Bild, wie er es mit einem wirklichen Bild in der normalen Wahrnehmung tut. Der psychologische Mechanismus beider Vorgänge ist derselbe. [...] Das Reale und das Fiktive werden zur selben Zeit wahrgenommen, nach denselben Gesetzen und mit demselben Auge.«[35] Davon ausgehend entwarfen Binet und Féré eine korrespondenztechnologische Versuchsanordnung, die den Ort einer Halluzination im Raum des Experiments geometrisch angeben sollte.[36]

Die in den somnambulen Versuchspersonen künstlich erzeugten Halluzinationen stellten für Binet und Féré »Projektionen« der im Gehirn aufgezeichneten Bilder in die reale Außenwelt dar. Binet und Féré setzten zahlreiche optischen Hilfsmittel und Instrumente (Prismen, Lupen, Lorgnetten, Spiegel, Mikroskope) ein, um die Realität der von ihnen produzierten Halluzination im geometrischen Raum nachzuweisen. Der Versuchsperson wurde zunächst die Wahrnehmung eines nicht vorhandenen Gegenstandes suggeriert. Nachdem sich die Suggestion in Form einer Halluzination realisiert hatte, stellten die Experimentatoren ein optisches Instrument zwischen die Versuchsperson und den Ort, den sie für das imaginäre Objekt angezeigt hatten, und schlossen aus ihrer Be-

34 Ebd., S. 21.

35 Alfred Binet: L'hallucination. In: Revue philosophique 17, 1884, S. 401.

36 Die Auswahl der Halluzination für die Objektivierungsstrategien war im klinischen Kontext naheliegend: von Wahnvorstellungen psychiatrischer Patienten waren in der ersten Hälfte des 19. Jahrhunderts, insbesondere an der *Salpêtrière*, zahlreiche klassische Beschreibungen verfaßt worden. Zum Zeitpunkt, als Binet und Féré ihre Experimente durchführten, stellte sich vielen Forschern bereits das Problem, wie sich diese als abnorm klassifizierten Phänomene objektivieren und der systematischen Kontrolle unterwerfen ließen. In diesem Zusammenhang wurden die von Francis Galton angestellten psychometrischen Selbstexperimente mit »Visionen« von Charcot und seinen Mitarbeitern rezipiert und den Opportunitäten der Klinik gemäß modifiziert. Zu Galtons Versuchen siehe Andreas Mayer: Von Galtons Mischphotographien zu Freuds Traumfiguren. Psychometrische und psychoanalytische Inszenierungen von Typen und Fällen. In: Hagner 1999 (Anm. 14), S. 110-143.

fragung oder ihrem Verhalten auf die Modifikationen des Objektes. Um eine Täuschung durch die Versuchsperson auszuschließen, wurde ihr Gesichtsfeld durch spezielle Vorrichtungen eingeschränkt.[37]

Die Halluzination entsprach nicht nur einer »Externalisierung« von verschiedenen mentalen Bildern in die Außenwelt, sondern sie realisierte auch die Art, wie diese Bilder miteinander verbunden waren. Diese spezifische Form der Verbindung wurde als bereits im Subjekt gespeichert angenommen. Sie bildete ein Stück seiner unbewußten Geschichte, das ihm durch verschiedene Praktiken der Suggestion abgerungen werden konnte:

> »Es reicht aus, im Hypnotisierten eine Erinnerung aus seinem Alltagsleben wachzurufen, oder vielmehr sie ihm in Form einer Halluzination zu suggerieren, damit die Erinnerung an die darauffolgenden Ereignisse gleichfalls erwacht und ein Tableau oder eine halluzinatorische Szene bildet. Auf diese Weise kann man eine Person zwingen, ein Stück ihres Lebens nochmals zu durchleben, und Geheimnisse aufdecken, die sie niemals in einer direkten Befragung im Wachzustand, vielleicht selbst in der Hypnose, erzählt hätte.«[38]

Die Auslöser für diese automatische Externalisierung der vergangenen Szene aus dem Leben der Versuchsperson waren oft Requisiten, die man bereits in Hinblick auf das jeweilige soziale Profil der Versuchsperson auswählte: So begann ein in einem Konzertcafé auftretender Sänger zu singen, als ihm eine Rolle Papier in die Hand gegeben wurde; ein Kriegsveteran wurde durch einen Stock, den er als ein Gewehr ansah, in eine Schlacht versetzt, an der er teilgenommen hatte.[39]

In den von Binet und Féré durchgeführten Versuchen wurden jedoch nicht nur die Halluzinationen der Versuchsperson als Objekte im Raum mit Hilfe von optischen Geräten lokalisiert. Diese Strategien, die Aktionen der Versuchsperson zu fixieren, antworteten auch auf deren *Taktiken*, den Experimentator selbst zu einem emotional aufgeladenen Objekt zu

37 Binet 1884 (Anm. 35), S. 482.

38 Alfred Binet/Charles Féré: Le magnétisme animal. 4. Aufl. Paris 1890, S. 165.

39 Siehe ebd., S. 164f. Binet und Féré griffen hier vielfach die Beispiele Bernheims auf, um sie zugunsten ihrer deterministischen Vorannahmen auszulegen und in das Programm einer Geständnistechnik zu integrieren. Die Wahl der als Requisite dienenden Gegenstände konnte ihnen zufolge nicht beliebig sein, sondern mußte auf die im Unbewußten gespeicherte Geschichte des Subjekts bezogen sein.

machen. In einem Bericht vor der Pariser »Sociéte médico-psychologique« beschrieb Charles Féré, welche Wirkung der experimentierende Arzt nach einer gewissen Zeit auf die Patientinnen ausübte:

> »Sobald die hypnotisierbaren Hysterikerinnen demselben Experimentator einige Tage lang als Versuchspersonen gedient haben, verbleiben sie am Ende oft in einem Zustand andauernder Besessenheit. Sie sind, wenn man es so sagen will, genauso tagsüber im Wachen wie nachts in ihren Träumen besessen. Dieser Geisteszustand ist von spontanen Halluzinationen begleitet, deren Form zwar wechselt, die aber immer den Experimentator zum Gegenstand haben.«[40]

Auch Binet vermerkte, daß sich infolge der Hypnose bei den Versuchspersonen ein »elektiver Somnambulismus« herausbilde, der »ganz deutlich eine sexuelle Bindung an den Hypnotiseur« zeige und eine Form von »experimenteller Liebe« darstelle.[41] Das »Objekt« im Hypnose-Experiment sind damit nicht nur die als Versuchspersonen dienenden Patientinnen oder ihre unbewußten Vorstellungen, die die Versuchsleiter nach den Gesetzen der Optik behandeln wollen. Da auch der Experimentator für die Versuchsperson als ein Objekt fungiert, läßt sich der Hypnotismus als eine Form von Objekt*beziehung* verstehen. Der Begriff »Objektbeziehung« erhält in diesem Zusammenhang zunächst eine weitere Bedeutung als die, die ihm später von verschiedenen psychoanalytischen Konzeptionen verliehen wird: Er ist auf jenes Ensemble von *Praktiken* bezogen, die im Hypnose-Experiment systematisch eingesetzt werden, um Theorien über die nicht beobachtbaren *inneren* psychischen Objekte der Versuchspersonen plausibel zu machen. Diese Praktiken lassen sich nicht auf ein optisches Register beschränken. Sie erweisen sich ebenso in einem hohen Maß als taktisch, d. h., sie beinhalten einen spezifischen Gebrauch jener materiellen und diskursiven Komponenten, die den Teilnehmern im Rahmen des Experiments zur Verfügung stehen.[42]

40 Charles Féré: Les hypnotiques hystériques considérés comme sujets d'expérience en médicine mentale. In: Archives de neurologie 6, 1883, S. 134f.

41 Alfred Binet: L'intensité des images mentales. In: Revue philosophique 23, 1887, S. 477f.

42 Damit übernehme ich modifiziert einen Begriff, den Certeau für den Gebrauch von Alltagsgegenständen eingeführt hat. Siehe Michel de Certeau: L'invention du quotidien. Bd. 1: Arts de faire. Paris 1980.

Mit der Erprobung jener taktischen Formen, in denen der Experimentator eine Objektposition erhält, wird das Hypnose-Experiment zunehmend zu einem reflexiven Medium, das die Relation von Arzt und Patientin selbst zum Gegenstand macht. Diese Form der Reflexivität nimmt gemäß der spezifischen Lokalität des Experiments eine besondere Form der Objektbeziehung an, die sich – anknüpfend an Binets eigene Begrifflichkeit – als »fetischistisch« bestimmen läßt. Kaum zufällig publizierte der junge Psychologe zeitgleich mit der Veröffentlichung von *Le Magnetisme animal* seinen Artikel über »Le fétichisme dans l'amour«, in dem er seine berühmte Definition des Fetischs als eines erotisch besetzten leblosen Objekts oder Körperteils einer Person gab.[43] In den im Museum durchgeführten Versuchsreihen spielten solche »Fetische« – ohne daß sie als solche benannt würden – eine zentrale Rolle: In den verschiedenen Suggestionen wurde die Person des Experimentators immer wieder in ihre Einzelteile zerlegt, partiell oder ganz zum Verschwinden gebracht und wieder neu zusammengesetzt. Innerhalb dieser Relation gebrauchten Binet und Féré auch verschiedene Techniken, um materielle Gegenstände des Museums zur Stabilisierung und Ablenkung der von der Patientin gezeigten Emotionen einzusetzen. So wurde der Patientin etwa in der Hypnose der Auftrag gegeben, die Büste von Franz Josef Gall, die zuerst mit einem negativen Affekt versehen war, zu liebkosen oder zu küssen. Joseph Delbœuf berichtet von einem solchen Versuch:

> »Die hypnotisierte Elsässerin erhielt den Befehl, nach dem Erwachen die grün bemalte Büste von Gall [...] zu küssen und dann wieder in ihrem Stuhl einzuschlafen. Sie gehorchte alsogleich. Langsam schlenderte sie durch den ganzen Saal, als ob sie sich die Beine vertreten wollte. Sie betrachtete die in den Vitrinen ausgestellten Gebeine und Instrumente, hob für einen Augenblick das Tuch, das über die Wachs-

43 Alfred Binet: Le fétichisme dans l'amour. In: Revue philosophique 24, 1887, S. 143-167, 254-274. Wie mir Bill Pietz versichert hat, findet der Zusammenhang zwischen Binets Experimenten in der *Salpêtrière* und seiner Arbeit über Fetischismus in der bisherigen einschlägigen Literatur keine Erwähnung. Zur Begriffsgeschichte siehe ders.: The problem of the fetish, Teil 1. In: Res 9, Spring 1985, S. 5-17; ders.: The problem of the fetish, Teil 2: The origin of the fetish. In: Res 13, Spring 1987, S. 23-46; ders.: The problem of the fetish, Teil 3a: Bosman's Guinea and the enlightenment theory of fetishism. In: Res 16, Autumn 1988, S. 105-124; sowie Emily Apter/William Pietz (Hg.): Fetishism as cultural discourse. Ithaca, New York/London 1993.

> figur einer alten Frau gebreitet war, nahm verschiedene Objekte in die Hand und stellte sie vorsichtig wieder an ihren Platz zurück, und stand endlich vor dem ›grünen Mann‹ (so hatte Féré die Büste bezeichnet). Sie ging weiter, kam wieder zurück, nahm ihn in die Hand, stellte ihn zurück. Ihr geschickter Umgang damit war höchst amüsant. Sie fand sich sichtlich einem inneren Kampfe ausgesetzt. Schließlich ergab sie sich und küßte die Gipsfigur liebevoll auf beide Wangen. Danach setzte sie sich auf den Stuhl, um wieder einzuschlafen.«[44]

Die Beschreibung macht deutlich, woran sich die Taktik der Versuchsperson bemißt: zwischen der Erteilung und der Ausführung des suggestiven Befehls baut sie eine Reihe von Zwischenhandlungen ein, die nicht vorgeschrieben sind und die »geschickte« Manipulationen der im Museum ausgestellten Gegenstände miteinschließen. Die von Féré gewählte Suggestion – die »widerliche« Büste Galls zu küssen – verfolgte sowohl eine praktische als auch eine symbolische Strategie: Das Experiment sollte dem Skeptiker Delbœuf demonstrieren, »wie weit die Macht des Hypnotismus reicht«.[45] In diesem Sinn zielte die Inszenierung mit der Büste Galls darauf, die vollständige Beherrschung der Versuchsperson vorzuführen. Der Fetisch, der der Patientin suggeriert wurde, war zugleich jenes Ding, das die Ursache ihres Handelns enthielt: Galls Kopf, auf dem dessen Lokalisationstheorie dargestellt war und in dem sie ganz konsequent verortet wurde (s. Abb. 2). Indem die Patientin den »widerlichen Mann aus Gips« küßte, unterwarf sie sich nicht nur dem Befehl der Wissenschaftler, sondern auch der Theorie ihres unfreiwilligen Liebesobjekts. Das praktische Ziel des Versuchs lag darin, die Büste anstelle der Experimentatoren zu setzen, um die auf diese gerichteten Emotionen an einem anderen materiellen Objekt zu stabilisieren. Während die Patientin den gipsernen Vorläufer der Wissenschaftler küßte, konnten diese die Phänomene der »experimentellen Liebe« besser beobachten, als wenn sie selbst als Objekte der Begierde oder des Hasses fungierten.

44 Delbœuf 1886 (Anm. 22), S. 37. Dieser Versuch wurde ebenfalls an Blanche Wittmann durchgeführt, derselben Versuchsperson, die der Büste Galls zunächst die Nasenstüber verabreicht hatte.

45 Ebd.

Schwinden der Objektwelt: Die Freudsche Behandlungsszene

Das Zusammentreffen von physiologischer und psychologischer Forschung im Hypnose-Experiment und den Sammlungsbeständen des anatomisch-pathologischen Museums der *Salpêtrière* verdankte sich einer spezifischen Konjunktur, die – neben individuellen Neigungen der beteiligten Forscher[46] – aus der Kontroverse zwischen Nancy und Paris hervorging. Die Wahl des Ortes für die strategisch gegen Bernheim gerichteten Demonstrationen war nicht nur der praktischen Zielsetzung geschuldet, daß eine Reihe von materiellen Objekten zur Hand war, die sich für die Versuche verwenden ließen. Das Museum, als ein Speicher von Spuren aus der Vergangenheit, sollte auch in Form eines symbolischen Überschusses einen Garanten für die Wahrheit des Pariser Hypnotismus abgeben. Die Vergänglichkeit der Versuche sollte durch die Historizität des Ortes und der an ihm versammelten Objekte aufgehoben und in eine illustre Genealogie überführt werden: Das Museum fungierte so als ein Depot der Wahrheit, in dem das Auftreten eines beliebigen Ereignisses in den Rang eines experimentellen Resultats erhoben werden konnte.

Dieser Stil wissenschaftlichen Experimentierens blieb an die lokale Struktur von Charcots Forschungsabteilung gebunden und fand bei den Ärzten, die die Sache des Hypnotismus vertraten, eine überwiegend negative Aufnahme.[47] Obwohl Bernheims Demonstrationen keineswegs als schlüssige Gegenexperimente anzusehen waren, bekannte sich die ärztliche Hypnosebewegung in den deutschsprachigen Ländern zu den Maximen der Schule von Nancy und verfolgte bei ihren Versuchen, Hypnose-Laboratorien zu installieren, andere Strategien. Die aufwendigen materiellen Arrangements, die Charcot und seine Schüler an der *Salpêtrière* einsetzten, um die von ihnen beschriebenen und klassifizierten hypnotischen Zustände zu erreichen, wichen einer Konfiguration, in der die experimentelle oder therapeutische Situation weitgehend von der verbalen Kommunikation zwischen Arzt und Patient bestimmt wurde. Die meisten Anhänger Bernheims suchten nach dem Vorbild der deutschen akademischen Fachlabore ihre Probanden zur ungestörten Selbst-

46 So ist Alfred Binets Parallelkarriere als Dramatiker bisher kaum beachtet worden. Siehe für eine Ausnahme die Arbeit von Jacqueline Carroy: Les personnalités doubles et multiples. Entre science et fiction. Paris 1993.

47 Auch in einer weiteren Perspektive, wie sie Pickstone 1994 (Anm. 6) entwirft, waren die Bedingungen angesichts des Aufstiegs der Laborwissenschaften im 19. Jahrhundert für experimentelle Forschung im Museum keineswegs günstig.

beobachtung der Vorgänge während der Hypnose anzuhalten. In diesen Hypnose-Laboren wurden taktische und optische Mittel auf ein Minimum reduziert, weil die Praxis der Hypnotisierung diesen Ärzten zufolge weitgehend von der Herstellung eines akustischen Raums abhing, den Hypnotiseur und Patient miteinander teilten.[48]

Bei der Ausarbeitung seiner neuen Technik der Psychoanalyse folgte Freud ab den *Studien über Hysterie* ebenfalls dieser Tendenz zur Entmaterialisierung des Behandlungsverfahrens: Er vermied sowohl den Einsatz von Instrumenten am Körper der Patienten als auch von materiellen Objekten, um ihre unbewußten Assoziationen freizusetzen. In Freuds Beschreibung des psychoanalytischen Settings wurde sowohl die Materialität des Behandlungszimmers als auch die soziale Relation von Arzt und Patient konstant von der Durchführung der Analyse abgetrennt, die nicht als eine Interaktion zwischen zwei Personen erschien, sondern als die enträumlichte und körperlose Kommunikation zwischen bewußten und unbewußten Anteilen im Psychoanalytiker und seinem Patienten, analog zur Übermittlung von Schallwellen. Demnach sollte der Arzt

> »dem gebenden Unbewußten des Kranken sein eigenes Unbewußtes als empfangendes Organ zuwenden, sich auf den Analysierten einstellen wie der Receiver des Telephons zum Teller eingestellt ist. Wie der Receiver die von Schallwellen angeregten elektrischen Schwankungen der Leitung wieder in Schallwellen verwandelt, so ist das Unbewußte des Arztes befähigt, aus den ihm mitgeteilten Abkömmlingen des Unbewußten dieses Unbewußte, welches die Einfälle des Kranken determiniert hat, wiederherzustellen.«[49]

Nichtsdestotrotz fanden Freuds Behandlungen an einem Ort statt, der nichts mit einem psychoakustischen Labor gemein hatte. Die Ordinationsräume in der Berggasse 19 besaßen auch nicht den Charakter einer Arztpraxis, sondern ähnelten gegen Ende der 1890er Jahre vielmehr einem »archäologischen Kabinett«, wie ein Patient vermerkte.[50] Die

48 Siehe dazu ausführlicher Mayer 2000 (Anm. 7), Kap. 7; sowie ders., Introspective hypnotism and Freud's self-analysis: procedures of self-observation in clinical practice. Max-Planck-Institut für Wissenschaftsgeschichte, Reprint 168, 2001.

49 Sigmund Freud: Ratschläge für den Arzt bei der psychoanalytischen Behandlung (1912). In: GW (Anm. 2), Bd. 8 (8. Aufl., 1990), S. 381f.

50 Muriel Gardiner (Hg.): Der Wolfsmann vom Wolfsmann. Sigmund Freuds berühmtester Fall. Erinnerungen, Berichte, Diagnosen. Frankfurt a. M. 1972, S. 174.

Schriftstellerin Hilda Doolittle verglich Freud im Tagebuch ihrer Analyse mit »einem Museumskurator, umgeben von seiner kostbaren Sammlung griechischer, ägyptischer und chinesischer Schätze«.[51]

Es gibt in Freuds psychoanalytischen Schriften kaum Hinweise auf die Funktion seiner eigenen Sammlungsgegenstände während der Behandlung, was um so erstaunlicher ist, als er die über 3000 Figuren, Gefäße, Bilder und Bruchstücke ausschließlich in seinen Arbeitsräumen und nicht in den Wohnräumen aufstellte (vgl. Abb. 3). Damit wurde die Sammlung eindeutig nicht dem privaten Bereich zugeordnet, dessen Gestaltung den Frauen oblag, sondern in Zusammenhang mit seinen anderen wissenschaftlichen Sammlungen gebracht, die Träume, Witze und Patienten umfaßte.[52]

Freud beschäftigte sich schon früh genau mit der Einrichtung seiner Wohnung, wie sich aus seinen Briefen an seine spätere Ehefrau Martha Bernays ersehen läßt. In diesem Zusammenhang war sein Aufenthalt in Paris bei Charcot ebenfalls von Bedeutung. Nachdem Freud im privaten Domizil der Familie Charcot am Boulevard Saint-Germain empfangen worden war, fertigte er in einem Brief eine Skizze vom Studierzimmer seines Vorbilds an und beschrieb minutiös die Austattung dieses Raumes (vgl. Abb. 4). Besonders vermerkte Freud die Trennung zwischen einer kleinen privaten Sphäre, in der sich die Antiquitäten befanden, und einer größeren, allein der Wissenschaft reservierten Abteilung.[53]

Charcots Privatwohnungen waren – wie aus Freuds Beschreibung nicht unmittelbar ersichtlich ist – eng mit der klinischen Geographie der *Salpêtrière* und ihren Sammlungen verknüpft. Hier fanden sich ebenfalls Reproduktionen von Kunstwerken, die Charcot auf seinen Reisen studiert und kopiert hatte, neben Büsten und Bildern seiner selbst, die seine Frau und befreundete Künstler ausgeführt hatten. Daß Freuds Vorbild neben dieser repräsentativen Selbstinszenierung auch eine private Sammlung besaß, bedeutete wohl auch eine der ersten Anregungen, selbst eine

51 H. D. [Hilda Doolittle]: Huldigung an Freud. Rückblick auf eine Analyse. Frankfurt a. M./Berlin/Wien 1975, S. 134.

52 Die Wissenschaftlichkeit dieser Sammlungen ist darin zu sehen, daß ihre Gegenstände als Symptomträger aufgefaßt werden. Siehe dazu John Forrester: Mille e tre: Freud as a collector. In: John Elsner/Roger Cardinal (Hg.): The cultures of collecting. London 1994; ders.: Freudsches Sammeln. In: Marinelli 2000 (Anm. 4), S. 21-33.

53 Sigmund Freud an Martha Bernays, Paris 20.1.1886, zitiert nach Freud: Briefe 1873-1939. Frankfurt a. M. 1980, S. 200. Die abgebildete Skizze (vgl. Abb. 4) ist in dieser Ausgabe nicht enthalten und wird hier erstmals veröffentlicht.

Abb. 3: Sigmund Freuds Behandlungszimmer, Berggasse 19, 1938.

solche Sammlung anzulegen. Wie aus seinen Briefen hervorgeht, war der junge Wiener Arzt von der gekonnten Selbstinszenierung des Meisters in seinem Heim begeistert. Der »Zauber« der Persönlichkeit, den Freud verspürte, war jedoch der Effekt einer Fabrikation, an der die Ehefrau und Töchter Charcots sowie mehrere Künstler ihren Anteil hatten. Die meisten der Antiquitäten waren eigens produzierte Imitate, und die Herstellung derartiger Interieurs war im Paris der *belle époque* durchaus keine Seltenheit.[54]

54 Anderen Besuchern aus Wien – wie dem Neuropathologen Michael Benedikt, der sich seit den 1860er Jahren im Kreis um Charcot bewegte und mit dessen Empfehlung der junge Freud an die *Salpêtrière* gekommen war – war die Bedeutung der Ehefrauen in der Gestaltung des Interieurs nicht entgangen. Auch bei seinem Empfang im Salon von Brouardel dachte Benedikt »sofort an Makart und dessen Genie, Wohnräume mit reicher Phantasie malerisch auszuschmücken. Diese Ideenassociation war nicht zufällig und ich war kaum überrascht, als ich in den kleinen Salon der Madame Brouardel eintrat und aus ihren Gemälden auf der Staffelei ersah, dass sie eine echte Künstlernatur sei.« Moriz Benedikt: Aus der Pariser Kongresszeit. Erinnerungen und Betrachtungen. In: Internationale Klinische Rundschau 3, 1889, S. 1859. Zur Fabrikation von Charcots Interieur, siehe Mayer 2000 (Anm. 4), S. 53f.

In Freuds Beschreibung blieb diese kollektive Produktion unbemerkt und trat hinter Charcots Interieur als Ausdruck von dessen Persönlichkeit zurück. In der Gestaltung seiner eigenen Behandlungspraxis setzte der Wiener Arzt seine private Sammlung durchaus in einem solchen Sinn ein. Trennte Charcot in seinem Studierzimmer den privaten Bereich seiner Sammlung von seiner wissenschaftlichen und therapeutischen Tätigkeit, so führte Freud beides in seinen Arbeitsräumen zusammen. Die Entwicklung der Psychoanalyse als einer neuen Behandlungs- und Untersuchungsmethode unbewußter Vorgänge vollzog sich somit in einer Objektwelt, deren Bestand fortwährend auf ihren Sammler verwies. Parallel zum Anwachsen des Sammlungskabinetts, in dem die Patienten auf dem Diwan Platz nehmen mußten, versuchte Freud jedoch auch der Psychoanalyse als einer neuen Wissenschaft Respekt zu verschaffen, indem er die Tätigkeit des Psychoanalytikers immer wieder mit der des Chemikers oder des Chirurgen verglich. Der offensichtliche Kontrast zwischen der Metaphorik des Labors und der Praxis des Privatmuseums wird besser verständlich, wenn man ihn auf die Genealogie jener Orte bezieht, an denen die Vorläufer der Psychoanalyse versucht hatten, das Unbewußte zum Gegenstand der Experimentalforschung zu machen.

Sowohl die Ausstattung von Charcots Museum und anderer damit verbundener Lokalitäten (wie des Behandlungszimmers und der Privatwohnung Charcots) als auch die spezifischen Probleme, die beim Versuch der Rematerialisierung und Relokalisierung der unbewußten Vorgänge in den Experimenten von Binet und Féré aufgetreten waren, hatten ihre Auswirkungen auf Freuds spätere Gestaltung seiner psychoanalytischen Behandlungspraxis.[55] Aus den Hypnose-Experimenten, an die er zunächst in seiner Zusammenarbeit mit Breuer direkt anknüpfte, folgerte Freud, daß die Patienten in der Regel bereits eine »Gefühlsbereitschaft«, eine »Neigung zur Übertragung in die Behandlung« mitbrachten, die er als Entsprechung der »Suggestibilität« faßte.[56] Freud ging davon aus, daß das spezifische Behandlungsarrangement den Kranken automatisch zur Entfaltung einer »Übertragungsliebe« auf den behandelnden Arzt führte, der in diesem Prozeß als Übertragungsobjekt fungierte. Die

55 Da die Korrespondenz Sigmund Freuds mit seiner Verlobten Martha Bernays zu diesem Zeitpunkt noch nicht vollständig zugänglich ist, kann nur (allerdings mit großer Wahrscheinlichkeit) vermutet werden, daß er auch an den Versuchen von Binet und Féré teilgenommen hat.

56 Sigmund Freud: Vorlesungen zur Einführung in die Psychoanalyse (1916/1917). In: GW (Anm. 2), Bd. 11 (8. Aufl., 1986), S. 459f.

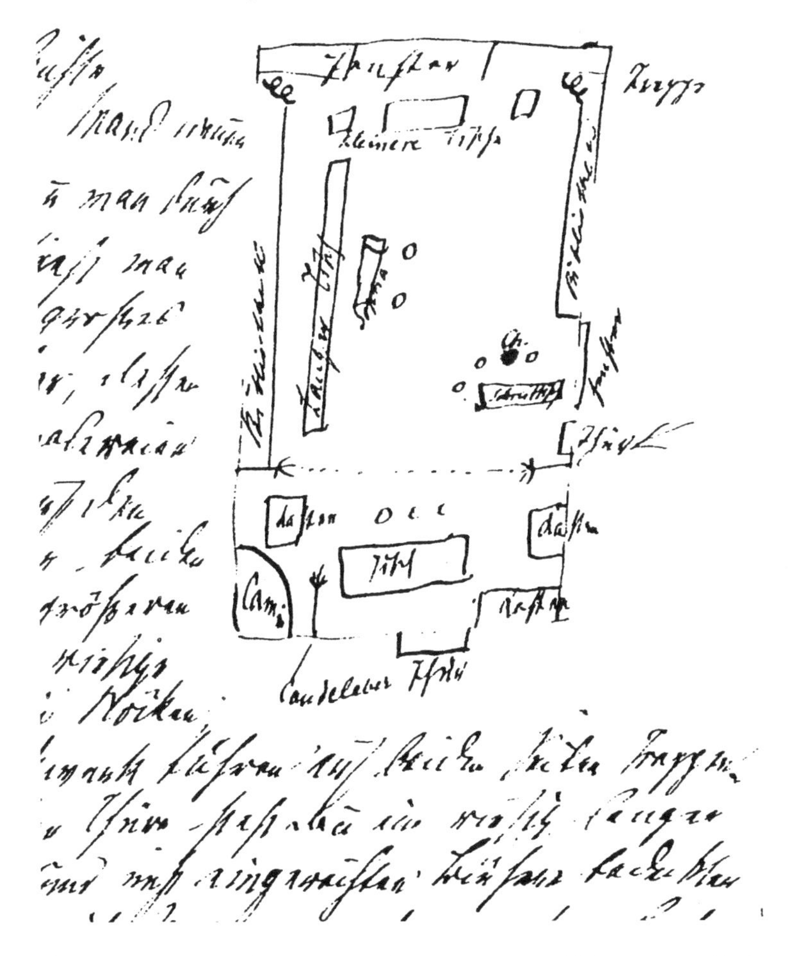

Abb. 4: Plan des Studierzimmers Charcots in seiner Wohnung im Hôtel de Varangeville, gezeichnet von Sigmund Freud. Nach dessen Beschreibung zerfiel Charcots Studierzimmer »in zwei Abteilungen, von denen die größere der Wissenschaft, die kleinere der Gemütlichkeit gewidmet ist. Längs der beiden Seitenwände der größeren Abteilung steht die riesige Bibliothek in zwei Stöcken. Zur linken von der Türe führt dann ein riesig langer mit Zeitschriften und nicht eingereihten Büchern bedeckter Tisch, kleinere Tische mit Mappen vor dem großen Fenster. Nicht weit von der Tür rechts steht Charcots Schreibtisch, ganz flach, mit Büchern und Manuskripten bedeckt, sein Lehnstuhl und eine Menge von anderen Stühlen. In der hinteren Abteilung Kamin, Tisch und Kästen mit Antiquitäten indischer, chinesischer Herkunft, die Wände mit Gobelins und Bildern bedeckt. Soweit man sie frei sieht, zeigen sie einen antikroten Anstrich.«

asymmetrische Aufteilung der Sichtbarkeit im psychoanalytischen Setting ergab sich aus dieser besonderen Funktion: Dem Patienten wurden als Blickfang eine Fülle von Gegenständen geboten, an die seine Assoziationen anknüpfen konnten. Freud, der hinter ihm saß, bezog diese Assoziationen auf sich selbst – als unsichtbares Objekt der Übertragung, hinter dem sich letztlich wiederum nur ein älteres Objekt aus der Kindheitsgeschichte des Patienten verbarg.[57] Die in Kästen und auf Regalen plazierten Statuetten, Gefäße und Bruchstücke spielten damit einerseits die Rolle von Mediatoren, die diese unbewußte Geschichte erst zum Vorschein brachten, andererseits wurde ihnen durch den ständigen Verweis auf das unsichtbare Übertragungsobjekt keine positive Rolle während der Analyse zugestanden. Sie wurden weder auf die konkrete Geschichte des Patienten bezogen noch als Materialisierungen unbewußter Objekte eingesetzt wie in der fetischistischen Objektbeziehung des Hypnose-Experiments im *Musée Charcot*. Die psychoanalytische Therapie mit ihrer Konzeption von Widerstand und Übertragung begann mit einem inszenierten *Schwinden* der Objektwelt, die den Patienten im Behandlungszimmer umgab. Um das Unbewußte des Patienten zum Sprechen zu bringen, mußten die im Raum versammelten Objekte stumm bleiben.

57 Ders.: Zur Einleitung der Behandlung. Weitere Ratschläge zur Technik der Psychoanalyse, Teil 1 (1913). In: GW (Anm. 2), Bd. 8, S. 472.

Nicholas Jardine

Sammlung, Wissenschaft, Kulturgeschichte[1]

Stand

Als die Wissenschaftsgeschichte sich in der zweiten Hälfte des 20. Jahrhunderts innerhalb der akademischen Curricula zu etablieren begann, war das Fach zunächst von Auseinandersetzungen zwischen »Internalisten« und »Externalisten« geprägt.[2] Erstere dominierten die universitäre Wissenschaftsgeschichte und befaßten sich mit wissenschaftlichen Ideen und Theorien. Dadurch daß diese Art der Wissenschaftsgeschichtsschreibung auf kanonischen Texten beruhte und diese als die Vorläufer der zeitgenössischen Theorien auswies, wurde sie – didaktisch aufbereitet – hauptsächlich den Naturwissenschaftlern schmackhaft gemacht. Externalistische Zugänge, etwa die Arbeiten J. D. Bernals, konzentrierten sich auf die ökonomischen und sozialen Bedingungen der Wissenschaftsproduktion, auf die Beziehung zwischen Wissenschaft und Technologie und ihre Wirkung in der Gesellschaft. Dieser Ansatz war für Wissenschaftler weniger leicht zugänglich, vielmehr haftete ihm in der Zeit des kalten Krieges ein subversiver Nimbus an.

In den folgenden Jahrzehnten etablierte sich die Wissenschaftsgeschichte als eine von der Wissenschaft unabhängige Disziplin und entwickelte eine Vielzahl von Modellen, wie Wissenschaftsgeschichte zu schreiben sei. Zunächst mischten Soziologen und Sozialhistoriker in den siebziger Jahren das Feld auf, indem sie ihre Markenzeichen des Sozialkonstruktivismus' und der sozialen Interessen hinterließen. In den achtziger Jahren trat die anthropologisch inspirierte *actor-network*-Theorie von Bruno Latour mit Zentren, Peripherien und Aktanten in den Mittel-

1 Ich danke Victoria Carroll, Marina Frasca-Spada, Nick Hopwood, Helen Macdonald und Jim Secord für Hinweise und Kommentare. Besonderer Dank gilt Silvia De Renzi für ihre konstruktive und hilfreiche Lektüre einer früheren Version dieses Textes.

2 Siehe z. B. Roy MacLeod: Changing perspectives in the social history of science. In: Ina Spiegel-Rösing/Derek De Solla Price (Hg.): Science, technology, and society: a cross-disciplinary perspective. Beverly Hills, Calif. 1977, S. 149-195; Steven Shapin: Discipline and bounding: the history of sociology of science as seen through the internalism/externalism debate. In: History of science 30, 1992, S. 333-369.

punkt.[3] Etwa zur gleichen Zeit vollzog sich das, was man einen *discursive turn* nennen könnte. Selbst Wissenschaftshistoriker, die nie Foucault gelesen hatten, oder gar de Man oder Derrida, begannen sich auf die Präsentationsweisen, auf die Repräsentationen der Wissenschaft zu konzentrieren – eine Sichtweise, die ehedem für Bernal, Koyré oder Kuhn noch undenkbar gewesen wäre. In den späten achtziger und neunziger Jahren schließlich kam es zu der vielleicht radikalsten historiographischen Verschiebung. Eingeleitet durch Arbeiten etwa von Krzysztof Pomian, Pamela Smith and Mario Biagioli,[4] kann sie als eine Neuformulierung der Wissenschaftsgeschichte durch die Kulturgeschichte bezeichnet werden.

Aber ist diese kulturgeschichtliche Sicht auf die Wissenschaftsgeschichte nicht nur eine vorübergehenden Mode? Wird auch dieser methodische Zugang in Kürze den Weg des sozialen Konstruktivismus oder der *actor-network*-Theorie einschlagen und selbst schon Geschichte sein? Oder wird er ähnlich tiefe Spuren hinterlassen wie der *discursive turn* Mitte der achtziger Jahre? Meine Vermutung geht dahin, daß wir es hier mit einer langlebigen Transformation der wissenschaftsgeschichtlichen Historiographie zu tun haben werden. Sowohl die konstruktivistische Wissenschaftsgeschichte als auch die Netzwerk-Theorie und die dekonstruktivistische Lektüre wissenschaftlicher Texte können als kurze Flirts des immer noch nicht ausgereiften und isolierten Feldes der Wissenschaftsgeschichte mit Disziplinen wie Soziologie, Anthropologie oder *Literary Criticism* angesehen werden. Dagegen basiert der kulturgeschichtlich motivierte Zugang nicht auf solchen zeitlich begrenzten Verbindungen, sondern integriert das Fach in die allgemeine Geschichte selbst.[5]

Eines der wichtigsten Anliegen dieses kulturgeschichtlichen Zugangs besteht darin, den verschiedenen Bedeutungen der vergangenen Werke und Arbeiten der Wissenschaften – seien es gelehrte oder populäre, pro-

3 Bruno Latour: Les microbes. Guerre et paix. Paris 1984; ders.: Science in action: how to follow scientists and engineers through society. Milton Keynes 1987.

4 Siehe Krzysztof Pomian: Collectionneurs, amateurs et curieux. Paris, Venise: XVIe-XVIIIe siècle. Paris 1987; Pamela Smith: The business of alchemy: science and culture in the Holy Roman Empire. Princeton 1994; Mario Biagioli: Galileo courtier: the practice of science in the culture of absolutism. Chicago 1994. Zur *new cultural history* siehe z. B. Roger Chartier: Cultural history: between practices and representations. Cambridge 1988; Lynn Hunt (Hg.): The new cultural history. Berkeley, Calif. 1989; Peter Burke: Varieties of cultural history. Cambridge 1997.

5 Diese Sicht wird ausführlicher beschrieben in Nicholas Jardine: On history of the sciences. Oxford (in Vorbereitung).

fessionelle oder laienhafte, großstädtische oder provinzielle, gerecht zu werden. Vor allem dieser Aspekt der multiplen Bedeutung, hebt sie von den vorhergehenden historiographischen Annäherungen ab: Die positivistische und internalistische Geschichtsschreibung der ersten Hälfte des 20. Jahrhunderts beurteilte die historischen Fakten und Theorien vom jeweiligen wissenschaftlichen Stand ihrer Zeit. Sozialkonstruktivistische Geschichte legte besonderen Wert darauf, wie die Ergebnisse der Wissenschaften bestimmten sozialen Interessen dienten; die weniger ausgefeilten Studien liefen darauf hinaus, die gegenwärtigen Theorien der ökonomischen Interessen und Klassentheorien auf die Vergangenheit anzuwenden, die anspruchsvolleren Studien verwandten mehr Aufmerksamkeit auf die Interessen der historischen Handelnden selbst.[6]

Die Mentalitätengeschichte, bei der nicht die elitären Positionen der Vergangenheit, sondern die als volkstümlich und verbreitet angenommenen Mentalitäten im Vordergrund standen, schenkte dennoch der Vielfältigkeit dieser »volkstümlichen« Formation wenig Beachtung.[7] Ihre historische Technik, aus winzigen Anhaltspunkten und abgelegensten Details auch den weniger privilegierten Schichten eine Stimme zu verleihen und ein allgemeines Verhalten zu rekonstruieren, wurde von der Kulturgeschichte übernommen. Doch diese war im Gegensatz zur Mentalitätengeschichte radikal dezentralistisch angelegt und versuchte die ganze Bandbreite der Erkundungsmöglichkeiten zu nutzen: von der praktischen Arbeit des Wissenschaftlers bis zu den verschiedenen Genres von Texten, von der Rezeption der Wissenschaft bis zu ihrer Anwendung. Die Mentalitätengeschichte konzentrierte sich weder auf einen bestimmten Platz oder Ort – typischerweise Universitäten oder Akademien –

6 Zu einer Kritik der noch unausgereiften Formen einer Theorie der Interessen siehe Steve Woolgar: Interests and explanation in the social study of science. In: Social studies of science 11, 1981, S. 365-394. Zu fruchtbaren Beispielen einer historisch sensibleren Theorie der sozialen Interessen siehe Steven Shapin: Phrenological knowledge and the social structure of early nineteenth-century Edinburgh. In: Annals of science 32, 1975, S. 219-243; ders.: The politics of observation: cerebral anatomy and social interests in the Edinburgh phrenology dispute. In: Roy Wallis (Hg.): On the margins of science: the social construction of objective knowledge. Keele 1979, S. 139-178.

7 Zu den klassischen und für die Wissenschaftsgeschichte bedeutsamen mentalitätsgeschichtlichen Arbeiten gehören Marc Bloch: Les rois thaumaturges. Strasbourg 1924; Carlo Ginzburg: Il formaggio e i vermi: il cosmo di un mugnaio del 1500. Turin 1976. Für eine kritische Einschätzung der Mentalitätengeschichte siehe etwa Peter Burke: Strengths and weaknesses of the history of mentalités. In: History of European ideas, 1986, S. 439-451.

noch auf kanonische Autoren, Experten und bestimmte Berufsgruppen. Viele dieser kulturgeschichtlich motivierten Studien teilen ein Interesse für »Materialismus«, das heißt, bei ihnen steht der Umgang mit und die Zirkulation von spezifischen materialen Objekten im Vordergrund. Dazu zählen Bücher und Instrumente ebenso wie naturhistorische Objekte und Modelle. Bei den multiplen Bedeutungen und Repräsentationen des »materialistischen« Zugangs handelt es sich also nicht um abstrakte Theorien und Mentalitäten oder eine Episteme – sondern um Bedeutungen, die aus der Wechselwirkung von verschiedenen Gruppen mit verschiedenen Objekten entstehen. Es ist diese vielschichtige, dezentrierte und zugleich für materiale Faktoren sensible Perspektive der neuen Kulturgeschichte der Wissenschaften, die meines Erachtens auf eine zunehmende Integration der Wissenschaftsgeschichte in die Disziplin der allgemeinen Geschichte hinzudeuten scheint.

In den Bildern und Theorien einer reinen und völlig interessefreien Wissenschaft von Anfang und Mitte des zwanzigsten Jahrhunderts rangierten naturhistorische Sammlungen weit unter den Laboratorien und Observatorien der exakten Wissenschaften. Es verwundert also nicht, wenn Museums- und Sammlungsstudien der damaligen Zeit allgemein als marginal für die Wissenschaftsgeschichte angesehen wurden. Dagegen sind gerade diese Studien in der neuen Kulturgeschichte der Wissenschaften von zentraler Bedeutung.[8] Dies ist kein Zufall, da Vielschichtigkeit der Perspektive als zentrales Kriterium des kulturgeschichtlichen Ansatzes an Sammlungen besonders nachhaltig untersucht werden kann. Denn einerseits erfüllt eine Sammlung als Anhäufung von Objekten die Kriterien einer materialen Geschichtsschreibung, andererseits ist auch der Prozeß ihrer Formation und ihrer Bewahrung als soziale Aktivität

8 Neben dem Pionierwerk von Pomian 1987 (Anm. 4) zählen dazu etwa Arbeiten von Antoine Schnapper: Le géant, la licorne, et la tulipe. Collections françaises au XVIIe siècle. Paris 1988; Adalgisa Lugli: Naturalia et mirabilia. Il collezionismo enciclopedico nelle Wunderkammern d'Europa. Milan 1990; Giuseppe Olmi: L'inventario del mondo. Catalogazione della natura e luoghi del sapere nella prima età moderna. Bologna 1992; Stephen Bann: Under the sign: John Bargrave as collector, traveler and witness. Ann Arbor 1994; Paula Findlen: Possessing nature: museums, collecting and scientific culture in early modern Italy. Berkeley, Calif. 1994; Christoph Becker: Vom Raritäten-Kabinett zur Sammlung als Institution. Sammeln und Ordnen in Zeitalter der Aufklärung. Egelsbach / Frankfurt a. M. / St. Peter Port 1996; Anke te Heesen: Der Weltkasten. Die Geschichte einer Bildenzyklopädie aus dem 18. Jahrhundert. Göttingen 1997; Lorraine Daston / Katharine Park: Wonders and the order of nature. New York 1998.

reich an Bedeutungen. In diesem Sinne zeigt Emma Spary für einige naturhistorische Objekte im Frankreich des 18. Jahrhunderts, wie Sammlungen typischerweise an einer Schnittstelle vieler »Unternehmenssphären« liegen. Doch dies würde allein nicht ausreichen, die Wahlverwandtschaft zwischen Sammlung und neuer Kulturgeschichte zu erklären. Es kommt hinzu, daß die Produktionspraktiken und Rezeptionsweisen vergangener wissenschaftlicher Sammlungen auch heute noch für Historiker zugänglich sind. Sammeln, Präparieren, Ordnen und Austausch von Objekten barg eine besondere Form der Beständigkeit in sich, die im Verlauf der frühen Neuzeit und Aufklärung reich dokumentiert wurde und durch eine sich verbreitende Anleitungsliteratur zum »richtigen« Sammeln geradezu aufforderte. Schließlich wird ein Studium der vergangenen Bedeutungen von Sammlungen und ihrer Objekte nicht zuletzt durch die Sichtbarkeit der Aktivitäten von und in Museen unterstützt, die im Vergleich mit Verhandlungen in Laboratorien, Akademien oder Sternwarten geradezu offen und zugänglich erscheinen.

Wie viele neuere Studien zeigen, existieren seit dem 16. Jahrhundert umfangreiche Aufzeichnungen über Museen als Orte der gepflegten Konversation und des gelehrten Austauschs, als populäre Ausstellungsorte von Wundern, Monstrositäten und Reiseandenken, als Erinnerungsorte von Individuen, Familien und Dynastien, als Nährboden für kameralistische und merkantilistische Projekte, als Orte des Experiments, der Demonstration und Forschung, als Hintergrund für Erziehung und Ausbildung oder für die Versicherung religiöser und ziviler Dispositionen und Tugenden.[9] Darüber hinaus werden die großen Transformationen

9 Siehe etwa zu Konservation Findlen 1994 (Anm. 8); über Freak-Shows Richard D. Altick: The shows of London: Cambridge, Mass. 1978; zu Andenken Susan Stewart: On longing: narratives of the miniature, the gigantic, the souvenir, the collection. Baltimore 1984, Kap. 5; zu Grabstätten Bann 1994 (Anm. 8); zu kameralistischen und merkantilen Projekten Lisbet Koerner: Linnaeus: nature and nation. Cambridge, Mass. 1999; Richard Drayton: Nature's government: science, imperial Britain and the »improvement« of the world. New Haven/London 2000; zu Experiment und Demonstration siehe die Essays von Paula Findlen: »Die Zeit vor dem Laboratorium: Die Museen und der Bereich der Wissenschaft 1550-1750« und Mariafranca Spallanzani: »Vom ›Studiolo‹ zum Laboratorium: Die ›piccola raccotta di naturali produzioni‹ des Lazzaro Spallanzani (1729-1799)«. In: Andreas Grote (Hg.): Macrocosmos in Microcosmo. Die Welt in der Stube. Zur Geschichte des Sammelns 1450 bis 1800. Opladen 1994, S. 191-207 und S. 679-694; über Erziehung und Ausbildung Thomas J. Müller-Bahlke/Klaus Göltz (Ill.): Die Wunderkammer. Die Kunst- und Naturalienkammer der Franckeschen Stiftungen zu Halle (Saale). Halle (Saale) 1998.

von Praktiken und Verrichtungen der Naturgeschichte und Wissenschaften nicht nur durch schriftliche Zeugnisse, sondern durch das »Nachleben« der Objekte selbst gesichert.[10] So verweist Anke te Heesens Beitrag auf die Neuverortung und Verwerfung von Objekten, die ihrerseits auf die Veränderungen in der sozialen und erziehenden Rolle von Sammlungen und der Ordnung der natürlichen Welt hindeuten. Und welchen dramatischeren (und schmerzlicheren) Hinweis auf die Transformation von einer Sammlung als künstlerischem Werk, als einzigartiger Assemblage von Objekten hin zu einer bloßen Anhäufung von austauschbaren Gebrauchsgütern könnte es geben als den Beitrag Staffan Müller-Willes über die Ausschneidepraktiken Carl von Linnés? Dessen Herbariumsblätter und ihre künstlerischen Einfassungen der trockenen Pflanzen waren ein Abschiedsgeschenk seines Patrons George Clifford. Linné ignorierte die Verzierungen und schnitt die Blätter auf ein ihm genehmes Maß zurecht.

Doch gibt es noch weitere Gründe dafür, warum Museen und Sammlungen für diejenigen Wissenschaftshistoriker interessant sind, die sich mit lokalen Kulturen und den großen Veränderungen der Empfindungen und Praktiken sowie der Arbeitsteilung, die zum heutigen Stand der Wissenschaften geführt haben, befassen. Als Charakteristika der »modernen Wissenschaft« wurden immer wieder Leidenschaftslosigkeit und Desinteresse ins Feld geführt.[11] Zugleich wurden Märchen zur wissenschaftlichen Entzauberung der Welt erzählt. Einige folgten dabei Foucault, indem sie einen Übergang sahen von einem *warmen* Renaissance-Kosmos, in dem die himmlischen, irdischen und menschlichen Körper durch Korrespondenzen und Übereinstimmungen miteinander verbunden waren, hin zu einer *kalten* Aufklärungswelt der Mathesis, in der die Dinge rational nach ihren sichtbaren und meßbaren Charakte-

10 Zum Nachleben der Sammlungen vgl. Bann 1994 (Anm. 8), S. 92f. Eine faszinierende Studie zur Relozierung und Verwerfung naturgeschichtlicher Objekte in Zusammenhang mit sich verändernden Konzeptionen der Naturgeschichte siehe Arthur MacGregor/Abigail Headon: Re-inventing the Ashmolean: natural history and natural theology at Oxford in the 1820s to 1850s. In: Archives of natural history 27, 2000, S. 369-406.

11 Zu den typischen, die Reinheit der Wissenschaft vertretenden Deklarationen zählen die propagandistischen Schriften von Robert Merton: Science and the social order (1938); ders.: The normative structure of science (1942). In: Norman W. Storer (Hg.): The sociology of science: theoretical and empirical investigations. Chicago 1973, S. 254-266, 267-278.

ristika geordnet waren.[12] Für Gaston Bachelard trat die Emanzipation der modernen Wissenschaft vom *chosisme* – also dem passionierten, fetischistischen Umgang mit den Dingen – um 1800 mit dem Aufstieg der analytischen Techniken des Experiments ein.[13] Wieder andere in der Nachfolge Max Webers definierten den Übergang zur leidenschaftslosen Moderne nicht als eine plötzlich eintretende Entwicklung in den Wissenschaften, sondern als einen langwierigen Prozeß, bei dem die zweckgerichtete Rationalität die Wissenschaften und zentrale Institutionen der Gesellschaft und des Staates zu dominieren begann.[14]

Im Gegensatz dazu wiederum haben Robert Proctor, Herbert Mehrtens und andere gezeigt, daß Uneigennützigkeit und Leidenschaftslosigkeit nicht zur Praxis der Wissenschaft, sondern vielmehr zu ihrer Ideologie gehörten.[15] Deshalb sind Untersuchungen zur vergangenen und gegenwärtigen Rolle der Leidenschaften in den Wissenschaften eine zentrale Aufgabe der *science studies*. Jüngere Arbeiten haben gezeigt, daß die Geschichte der Museen und Sammlungen dazu dienen kann, die eindimensionale Geschichte der Rationalisierung und Demystifizierung zu überwinden und statt dessen die »Gefühls-Ökonomien« einer wissenschaftlichen Praxis offenzulegen.[16] Dazu gibt der Text von Emma Spary ein besonders deutliches Beispiel, weil er Stück für Stück der Züchtung von Vögeln, ihrer Präparation und ihrer Einordnung innerhalb der emotionalen Ökonomie einer ganzen Gesellschaft nachgeht. In den Beiträgen von Angela Matyssek und Andreas Mayer wird die eindimensionale Geschichte eines Säkularisierungsprozesses durch leidenschaftslose Wissenschaft in Frage gestellt. Im französischen und deutschen Kulturkampf zwischen Volksfrömmigkeit und Fortschrittsglaube sind die Gefechtslinien nur schwer zu erkennen. Dies war eine Phase, in der

12 Michel Foucault: Les mots et les choses: une archéologie des sciences humaines. Paris 1966.

13 Gaston Bachelard: La formation de l'esprit scientifique. Contributions à une psychanalyse de la conaissance objective. Paris 1938.

14 Max Weber: Wissenschaft als Beruf. In: ders.: Gesammelte Aufsätze zur Wissenschaftslehre. Tübingen 1922, S. 524-555.

15 Robert Proctor: Value-free science? Purity and power in modern knowledge. Cambridge, Mass. 1991; Herbert Mehrtens: Irresponsible purity: the political and moral structure of mathematical sciences in the national socialist state. In: Monika Renneberg/Mark Walker: Science, techology and national socialism. Cambridge 1993, S. 324-338.

16 Siehe z. B. Stewart 1984 (Anm. 9); Daston/Park 1998 (Anm. 8).

nüchterne Positivisten Wunder in Lourdes bezeugten[17] und in der, wie Matyssek bezeichnenderweise schreibt, Rudolf Virchows Pathologisches Museum in Berlin als die »Kaiser-Virchow-Gedächtniskirche« bekannt wurde. In diesen Kontext fügt sich auch Mayers Rekonstruktion der Vorgänge in Charcots Museum ein, das von Bernheim und seiner Schule in Nancy eher als ein Ort der »Verzauberung« denn der »Entzauberung« betrachtet wurde. Es war eine Zeit, in der die Europäer – mit ihrem Bewußtsein für die Wohltätigkeit und Unvermeidbarkeit des wissenschaftlichen Fortschritts – der Wissenschaftsgeschichte eine Rolle zuwiesen, die zuvor für die biblische Geschichte reserviert war. Die großen Wissenschaftsmuseen des 19. Jahrhunderts, die »Kathedralen der Wissenschaft«, sind bezeichnende Beispiele dafür, daß sich die Wissenschaft, während sie die Welt säkularisiert, selbst sakralisierte.[18]

In einigen Beiträgen dieses Bandes sind die Veränderungen herausgearbeitet, die man mit Norbert Elias »Figurationen« der Sammlungen und Museen nennen könnte, also eine bestimmte Formation der Aufgaben und gegenseitigen Abhängigkeiten derer, die mit dem Museum direkt oder indirekt verbunden waren.[19] In dieser Hinsicht ist vor allem Anke te Heesens Untersuchung der Gesellschaft Naturforschender Freunde zu Berlin von Interesse. Gegen Ende des 18. Jahrhunderts verkörperte diese mittelständische Vereinigung ein Freundschaftsethos, das sich aus der Präsentation und dem Austausch von Objekten, dem Austausch über naturhistorische Aufsätze, Klatsch und Festen zusammensetzte. Im Kontext der *Res publica literaria* war hier private Anteilnahme mit öffentlicher Moral und dem Allgemeinwohl verbunden. Zu Beginn des 19. Jahrhunderts, in einer Zeit der Spezialisierung innerhalb der Naturgeschichte, traten die Sammlungen der Gesellschaft zugunsten derjenigen der neugegründeten Universität in den Hintergrund. Sie standen im Zusammenhang von Lehre und Forschung und wurden nun durch die Administration der Staatsbürokratie organisiert. Solche Annäherungen, die die Bandbreite der vergangenen Figurationen der Wissenspräsentation aufzeigen, bieten ein wirksames Gegengift gegen die falschen

17 Ruth Harris: Lourdes: body and spirit in the secular age. London 1999.

18 Zur Entwicklung der Überzeugung von Unvermeidbarkeit des wissenschaftlichen Fortschritts siehe Dietrich von Engelhardt: Historisches Bewußtsein in der Naturwissenschaft von der Aufklärung bis zum Positivismus. München/Freiberg 1979, Teil 4.

19 Norbert Elias: Die höfische Gesellschaft. Untersuchungen zur Soziologie des Königtums und der höfischen Aristokratie. Neuwied/Berlin 1969.

Darstellungen der Rolle des »Amateurs« in den Standardgeschichten von der Professionalisierung der Wissenschaften.[20]

Ein weiterer zentraler Aspekt der figurativen Veränderungen in Sammlungen und Museen betrifft die kognitive Arbeitsteilung, insbesondere die Rolle der Autorität in der Beurteilung von Zeugenaussagen oder -beweisen. Viele Autoren haben die solipsistischen Cartesianischen Modelle in der Epistemologie der Wissenschaften aufgegeben und beharren darauf, daß in einigen Bereichen, vor allem in der Naturgeschichte, die systematische Erforschung vergangener epistemologischer Vorgänge von der Frage der Zeugenschaft, also von Informanten, Reisenden oder Sammlern, abhängt. Wer nun aber als Zeuge bezeichnet werden kann und woraus sich die Zeugenschaft zusammensetzt, ist Gegenstand einer hitzigen wissenschaftshistorischen Debatte. Steven Shapin etwa versuchte zu zeigen, wie die Beurteilung der Zeugenschaft in der frühneuzeitlichen Naturphilosophie durch *gentlemen*-ähnliche Codes von ehrenhaftem Verhalten und ausgewähltem sozialen Status des Zeugen, damals wie heute, als ultimative Garantie für Wahrheitstreue galt (und gilt).[21] Thomas F. Gieryn sah dagegen einen zentralen Aspekt wissenschaftlicher Zeugenschaft in den »Kartographien« von Wissenschaft verankert, den Repräsentationen der Grenzen zwischen »wirklicher« Wissenschaft und Pseudo-Wissenschaft, zwischen Wissenschaft und alternativen Wissensformen, zwischen reiner und angewandter Wissenschaft.[22] Peter Lipton hielt es für unabdingbar, in der Behandlung von Aussagen und Zeugenschaft nicht nur die Ehrbarkeit des Informanten, sondern auch seine Kompetenz miteinzubeziehen.[23] Schließlich haben viele Veröffentlichungen der letzten Jahre gezeigt, daß nicht zuletzt Kabinette und Museen vom 16. bis zum 19. Jahrhundert zu den wichtigen Orten der Authentizitätsproduktion zählten: Orte, an denen naturhistorische Objekte Zeug-

20 Eine kritische Betrachtung der Professionalisierung liefern Jack B. Morrell: Professionalisation. In: Robert C. Olby / Geoffrey N. Cantor / John R. R. Christie / Martin J. S. Hodge (Hg.): Companion to the history of modern science. London / New York 1990, Kap. 64; Adrian Desmond: Redefining the X axis: »professionals«, »amateurs« and the making of mid-Victorian biology – a progress report. In: Journal of the history of biology 34, 2001, S. 1-47.

21 Steven Shapin: A social history of truth: civility and science in seventeenth-century England. Chicago 1994.

22 Thomas F. Gieryn: Cultural boundaries of science: credibility on the line. Chicago 1999.

23 Peter Lipton: The epistemology of testimony. In: Studies in history and philosophy of science 29A, 1998, S. 1-31.

nis ablegten von Reisenden und ihren Geschichten, wo Zeichnungen und Beschreibungen auf ihre Akkuratesse und Genauigkeit im Verhältnis zum Original überprüft, wo Objekte als echt oder unecht deklariert wurden. Es sind genau diese Studien der Authentizitätsproduktion in Museen und anderen Orten der Wissenschaft – im Gegensatz zu den allgemeineren soziologischen und philosophischen Analysen –, die die Debatten über die Zeugenschaft in den Wissenschaften beschließen könnten.

Probleme

Bis hierher ist einiges über die Stärken des kulturgeschichtlichen Ansatzes und seiner Einflüsse auf die Wissenschaftsgeschichte gesagt worden und wird auch noch zum Ende des Kommentars weiter ausgeführt. Doch sollen bei aller Überzeugungskraft, die dieser Ansatz besitzt, auch die mit ihm verbundenen Risiken angeführt werden.

Zunächst stellt sich die Kohärenz vieler kulturgeschichtlicher Texte, besonders solcher des *new historicism*, als Problem dar. Amy Boesky hat den *new historicist* als einen »bereitwilligen Sammler« bezeichnet, der »Fragmente der Vergangenheit im Geiste des freien Spiels zusammenführt, ohne sie in Kategorien zu pressen«. Als Modell dieser Art der Geschichtsschreibung schlägt sie die frühmoderne Kunst- und Wunderkammer und ihre Präsentation von »Fragmenten der Fremdheit« und des Andersseins vor.[24] Es ist nicht die ausgesprochene Verweigerung jeglicher analytischer Kategorien, die solche Texte charakterisiert, als vielmehr das Zögern, der Vergangenheit auch nur irgendeinen theoretischen Rahmen zu geben. Statt dessen wird die Präsentation von vergangener Bedeutung mit wenig erhellenden Bruchstücken von sozialer, anthropologischer und literaturwissenschaftlicher Theorie aufgepeppt: etwas Bourdieu, ein wenig Greenblatt, ein Hauch von Foucault, garniert mit einem Epigraph von Benjamin. Im ersten Moment macht das Lesen solcher Texte durchaus Spaß, doch bei näherer Lektüre wird schnell deutlich, wie lästig diese Art des prätentiösen Eklektizismus werden kann.

Eine zweite Gefahr liegt in dem blinden Vertrauen in die Kategorien der Akteure der Geschichte selbst. Irrigerweise überzeugt davon, daß der Historiker in jedem Fall die Anwendung moderner Kategorien und ein

24 Amy Boesky: »Outlandish-fruits«: commissioning nature for the museum of man. In: English literary history 58, 1991, S. 305-330.

retrospektives Urteilen vermeiden sollte, bleibt die Herkunft der Quellen oftmals unklar, Kompetenz und Aufrichtigkeit der Autoren ungeprüft und die strategischen und ideologischen Aspekte der vergangenen Repräsentationen unhinterfragt. Ein drittes Problem liegt schließlich in der Begrenztheit oder Verengung der untersuchten Quellen. Wie bereits angeführt, behandeln viele Texte der neueren Kulturgeschichte die soziokulturellen Bedeutungen von sehr lokalen und begrenzten Begebenheiten. Daß solche Detailstudien eine breitere Perspektive nicht ausschließen müssen, führt Anke te Heesens *Der Weltkasten* vor. Sie behandelt darin die kulturellen Bedeutungen und Gebrauchsweisen einer Bildenzyklopädie des 18. Jahrhunderts, die auf Pappkarten geklebt in einer Art Karteikasten der Erziehung von Kindern und Jugendlichen diente. Indem sie – bildlich gesprochen – flußaufwärts und flußabwärts dem Objekt folgt – zurück zu den Bedingungen und Quellen seiner Produktion bis zu seinen Gebrauchsweisen und Bedeutungen –, gelingt es ihr, verschiedene historische Ebenen zu integrieren: Theologie und Erziehung, Naturgeschichte und Kommerz. Es handelt sich dabei in der Tat um eine Welt in einem Kasten. Nur zu oft geschieht es aber, daß solche detailreichen und sorgfältigen Studien genau an diesem Punkt versagen, weil sie weder die größeren ökonomischen Zusammenhänge noch die sozio-politischen oder kulturellen Formationen wahrnehmen.

Natürlich betreffen diese Probleme nicht allein die Kulturgeschichte. Im Gegenteil: seichter Eklektizismus, unkritische Interpretation der Quellen und Begrenztheit sind so alt wie die Geschichtsschreibung selbst. Und doch gibt es eine Reihe von Einwänden, die besonders auf die Kulturgeschichte der Wissenschaften zutreffen. Einer der häufiger erhobenen Vorwürfe besteht darin, daß die Kulturgeschichte mit ihrer fast obsessiven Betonung der kulturellen Codes und Bedeutungen den »Realitäten« – natürlichen wie ökonomischen, demographischen wie sozialen und politischen – nicht gerecht wird. Auf die Spitze getrieben, parodiert sie geradezu den *discursive turn* in der Wissenschaftsgeschichte und reduziert diese Realitäten zu einem Spiel von Repräsentationen oder – allgemeiner formuliert – unterschätzt die Wirkmächtigkeit der Realität in der Entwicklung der Wissenschaften. Um diesen Kritikpunkten aber wirklich gerecht zu werden, bedürfte es einer eigenen Untersuchung. Für den gegenwärtigen Zweck mag es genügen, festzustellen, daß diese Kritik an der kulturgeschichtlichen Annäherung auf fragwürdigen Annahmen beruht. Ihre Unterscheidung zwischen Realität und Repräsentation kann nicht wirklich auf die ökonomischen, sozialen und politischen Bereiche angewandt werden, deren »Realitäten« unausweichlich konzeptualisiert sind: Sinnvolles Verhalten in einer Gesellschaft kann nur dann erfolgen, wenn es sich an den Konzepten der Gesellschaft orientiert, die wiederum mit Kriterien assoziiert sind, die eine Ausführung des Verhaltens überhaupt erst erlauben.[25] Es kann auch gar keine generelle Antwort auf die Frage nach den Prioritäten von Repräsentation oder Realität geben, weil es auf die jeweiligen Ausformungen dieser beiden Kategorien in Zeit, Ort, Umgebung und sozialem Hintergrund ankommt. Betrachtet man ein Buch, so kann man fragen, was von seiner Wirksamkeit auf den Inhalt und was auf die physische Form zurückzuführen ist. Wie die jüngere Buchgeschichte sich bemüht hat zu zeigen, hängen die Art der Lektüre und der Gebrauch des Buches in Hinsicht auf Größe, Bindung, Layout usw. vom jeweiligen Buchtyp, seiner Leserschaft und anderen historisch kontingenten Faktoren ab.[26] Und doch muß man einen Aspekt des Einwandes besonders hervorheben. Obgleich viele Texte der neuen kulturgeschichtlichen Annäherung an die Wissenschaft der Produktion, dem Austausch und dem Gebrauch der Dinge große Aufmerksamkeit widmen, fehlt es immer noch an Studien, die sich detaillierter mit den ökonomischen Transaktionen und Vorgängen beschäftigen.

Eine zweite Reihe von Einwänden besteht darin, daß der kulturgeschichtliche Zugang der Wissenschaftsgeschichte in seiner Fokussierung auf die Bedeutungen vergangener Handlungen nur Interpretationen bietet und damit das traditionelle Ziel, nämlich die Formationen der Wissenschaft und ihre sozialen Bedingungen zu erklären, völlig aufgibt. Auch hier würde eine gründliche Behandlung des Problems eine eigene Studie verlangen, doch sollen an dieser Stelle einige Beobachtungen ausreichen. Zunächst sollte man bedenken, daß Interpretation und Erklärung sehr eng miteinander verbunden sind. Alle Darstellungen vergangener Handlungen, die deren Motivationen offenlegen, sind interpretierend und erklärend zugleich.[27] Dies schließt solche Verhaltensrationalisierungen ein, die Verhalten als ein Ergebnis der Berechnung des kürzesten Weges zum Ziel sehen. Dies schließt auch die Plazierung des Verhaltens innerhalb solcher immer wiederkehrenden Gefühlsmuster

25 Über Kategorisierung als eine Bedingung für die Möglichkeiten menschlichen Handelns siehe Peter Winch: The idea of a social science and its relation to philosophy. London 1958.

26 Siehe etwa Donald F. McKenzie: Bibliography and the sociology of texts. London 1986; Roger Chartier: L'ordre des livres. Lecteurs, auteurs, bibliothèques en Europe entre XIVe et XVIIIe siècle. Aix-en-Provence 1992.

27 Eine klassische Formulierung dieser Position findet man in Weber 1922 (Anm. 14).

ein, die in Redewendungen wie »die Trauben hängen zu hoch«, die »verbotenen Freuden«, »Wunschdenken« oder »Neugier ist schon manchem zum Verhängnis geworden« zum Ausdruck kommen. Solche Muster sind für ein Verständnis von vergangenem und gegenwärtigem Sammeln von großer Bedeutung.[28] Aber auch solche Darstellungen, die versuchen, die verschiedenen Beteiligten, ihr Involviertsein in die jeweilige Handlung und dessen Tradierung genauestens nachzuzeichnen, sind zugleich erklärend und interpretierend. Dies gilt ebenso für die Darstellung von Artefakten, der mit ihnen entwickelten Problemlösungen, ihrer Bedingungen und Ressourcen.[29] Eine solche Annäherung – in diesem Band etwa vorgestellt von Angela Matyssek anhand der Gestaltung von Virchows Pathologischem Museum als öffentlichem Ausstellungs-, Lehr- und Forschungsraum – ist von zentraler Bedeutung für alle Studien zur Sammlungsgeschichte.

Ernsthafte Spannungen tauchen dann auf, wenn wir uns elaborierteren Erklärungsweisen zuwenden, etwa dem Sozialkonstruktivismus, der *actor-network*-Theorie, Bourdieus Theorie des symbolischen Kapitals und der Felder der kulturellen Produktion oder Barthes' Semiotik – um nur einige der Ansätze zu nennen, die in diesem Band auftauchen. Zunächst handelt es sich hierbei um eine Prinzipienfrage. Es ist eine der ausgeprägtesten Stärken des kulturgeschichtlichen Ansatzes, daß er sich auf die sozialen Bedingungen der Produktion und Rezeption der vergangenen Taten und Werke konzentriert. Dadurch werden fahrlässige Anachronismen vermieden.[30] Wenn Weber recht hat, daß die Regulation des europäischen Sozialverhaltens durch Zweckrationalität wesentlicher Bestandteil der kapitalistischen Formation der disziplinierten Individuen ist, dann ist die Anwendung der Theorie sozial geleiteter Interessen auf

28 Siehe Jon Elster: Alchemies of the mind: rationality and the emotions. Cambridge 1999, Kap. 1.

29 Zu solchen exemplarischen Rekonstruktionen vgl. Michael Baxandall: Patterns of intention: on the historical explanation of pictures. New Haven/London 1985.

30 Es gibt wenig Übereinstimmung darüber, welche Formen von Anachronismen legitimerweise in den Dienst von Erklärung und Kritik gestellt werden dürfen. Vgl. Skinners Verdammung von Anachronismen aus der Geschichte politischer Theorie und der Verteidigung von verschiedenen Anachronismen durch Rée and Jardine. Siehe Quentin Skinner: Meaning and understanding in the history of ideas. In: History and theory 8, 1969, S. 3-52; Jonathan Rée: The vanity of historicism. In: New literary history 22, 1991, S. 961-983; Nicholas Jardine: Uses and abuses of anachronism in the history of the sciences. In: History of science 38, 2000, S. 251-270.

klassische, mittelalterliche und frühmoderne Wissenschaften in der Tat problematisch.[31] Diese anachronistische Behandlung würde auch auf die Anwendung von Barthes' Semiotik in Sparys Beitrag zutreffen, denn zwischen der von Barthes erkundeten Welt der Schaufenster und des Striptease und der Salongesellschaft des *Ancien régime* liegen Welten. Doch nach einer genaueren Lektüre stellen sich die Kategorien des französischen Semiotikers als sehr wohl anwendbar dar: Der Text vermag sowohl die höchst stilisierte Präparation, Beschreibung und visuelle Repräsentation der Vogel-Objekte als auch, ganz entscheidend, ihre Plazierung als codierte Praktiken im Sinne von Barthes in einem generellen Rahmen der häuslichen und der im Salon vollzogenen Geselligkeit darzustellen. Ähnliche Aspekte wirft Cristina Grasseni im Hinblick auf Charles Watertons rhetorische Selbstschaffung auf. Um was für eine Art der Selbstschaffung handelt es sich hier, Schaffung durch ehrenhafte höfische Präsentation und Wettbewerb à la Greenblatt oder die Formung des Charakters, um das Selbst als ein Kunstwerk zu produzieren à la Nietzsche, oder das Übernehmen einer professionellen Persona mit einem beherrschenden Blick à la Foucault?[32] Chronologisch gesehen, scheint nur das letzte Beispiel in Frage zu kommen, doch taucht die Frage auf, für wen der dem alten katholischen Landadel zugehörige Exzentriker seine Selbstschaffung inszeniert. Wie weit hat er ernsthaft versucht, sich selbst als eine Autorität unter »professionellen« Naturforschern aufzubauen?[33]

31 Max Weber: Die Protestantische Ethik und der Geist des Kapitalismus. In: Archiv für Sozialwissenschaft und Sozialpolitik 20, 1904 und 21, 1905.

32 Stephen Greenblatt: Renaissance self-fashioning: from More to Shakespeare. Chicago 1980; Friedrich Nietzsche: Die fröhliche Wissenschaft. Chemnitz 1882; Michel Foucault: Surveiller et punir. Naissance de la prison. Paris 1975. Zu den Problemen einer Anwendung der Foucaultschen disziplinären Regime auf die Museumskultur siehe John V. Pickstone: Museological science? The place of the analytical/comparative in nineteenth-century science, technology and medicine. In: History of science 32, 1994, S. 111-138.

33 Es ist verführerisch, Waterton als ein spätes Exemplar der gothischen Exzentrizität zu sehen und, wie Carroll nahelegt, seine Sammlungen und sein exotisches Tierreservat, das er auf dem Grundstück seines Hauses (wo er auch begraben wurde) errichtete, als ein Memorial seiner selbst und der Familie auszulegen. Vgl. Victoria Carroll: Waterton's relics: an essay on taxidermy and preservation (im Druck: Studies in history and philosophy of biological and biomedical science); über Sammlungen als Mausoleen und Memoriale siehe Bann 1994 (Anm. 8); Jonah Siegel: Introduction: the museum as mortuary. In: ders.: Desire and excess: the nineteenth-century culture of art. Princeton 2000, S. 3-14.

Auch wenn die Anwendung bestimmter Erklärungsmodelle Anachronismen vermeiden kann, so wirft der Gebrauch ambitionierterer historischer Erklärungsmuster beträchtliche narrative Probleme für den Kulturhistoriker auf. Eine große Anziehungskraft der neuen Kulturgeschichte der Wissenschaften liegt in ihrer Kapazität, die gelebte Erfahrung derer, die an der vergangenen Wissenschaft beteiligt waren, zu übermitteln. Während diese Aufgabe eher durch die einfachen Erklärungsmuster (Handlungen werden durch Motive erklärt, Artefakte in den Begriffen des Design, die Auswirkungen von Büchern durch ihre Rezeption) befördert wird, tendiert man dazu, sie durch die Jagd auf theoretisch ambitioniertere, ökonomische, soziologische und anthropologische Erklärungsmuster zu behindern. In einigen Fällen war das auf irreführende Überbewertungen zurückzuführen. Der Sozialkonstruktivismus und andere Ansätze, die sich auf Wettbewerb und individuelle Interessen kaprizieren, interpretieren vergangene Erfahrungen oft als Konflikte und als Ausdruck purer Kalkulation. Doch viele Schauplätze der Geschichte, wie z. B. naturhistorische Gesellschaften, waren auch von freundlichem, gemeinschaftlichem Verhalten geprägt. Nicht Erfahrungsweisen des Konflikts waren vorherrschend, sondern die der Freundschaft, der Faszination und des Wohlverhaltens. Auf diesen Schauplätzen würde ein Erklärungsmuster des Wettbewerbs entstellend und unausgewogen wirken. In wieder anderen Fällen, etwa bei formalen ökonomischen Erklärungen, rührt die Behinderung nicht von einer Überschätzung eines bestimmten Erfahrungstyps her, sondern von seiner fehlenden Relevanz: Wie sollen Tabellen oder Statistiken auf die individuelle Person und ihre Erfahrungen bezogen werden? Und doch liegt gerade hier das Kapital der wirklich großen Kulturhistoriker, wie Norbert Elias oder Natalie Zemon Davies, wie Emmanuel Le Roy Ladurie oder Ruth Harris, indem sie in der Lage sind, diese Spannung zu überwinden, den erklärenden und interpretierenden Diskurs gewinnbringend miteinander verschränken und so deskriptive Strenge und bewegendes Nacherleben vereinen.

Ein letzter problematischer Aspekt betrifft den immer wieder erhobenen Vorwurf, daß eine Kulturgeschichte der Wissenschaften gar nicht die Kapazitäten für eine Beurteilung der wissenschaftlichen Inhalte besitzt. Doch gibt es viele Beispiele, die diesen Einwand widerlegen: Etwa Biagiolis sorgfältige Darstellung der technischen Diskussionen, diskutiert in einer der Kontroversen, durch die Galileo seine Position am toskanischen Hof stärkte,[34] oder – im vorliegenden Band – die ausführliche Kontex-

34 Biagioli 1994 (Anm. 4), Kap. 3.

tualisierung der Goetheschen Sammlungspraktiken, die Ernst Hamm auf die Wernersche Geognosie bezieht, und Staffan Müller-Willes Verbindung der Standardisierung der Aufbewahrungsbehälter mit den naturgeschichtlichen Auffassungen Linnés. Und doch bleibt eine substantielle Frage bei der möglichen Verschränkung des kulturgeschichtlichen Ansatzes mit der vollkommen legitimen traditionellen Historiographie der Wissenschaften und ihren umfassenden inhaltlichen Veränderungen offen: Wie können Historiker die unzweifelhafte Stärke des kulturgeschichtlichen Ansatzes aufrechterhalten, während sie zur gleichen Zeit die Aufgabe der Rekonstruktion und Erklärung der umfassenden Transformationen der Wissenschaften angehen?

Aussichten

Zum Ende sollen einige tentativ formulierte Wege in die Richtung einer Kulturgeschichte der wissenschaftlichen Sammlungen und Museen aufgezeigt werden. Der erste Vorschlag basiert auf der Beobachtung, daß Praxis und Sammleralltag bislang noch einen blinden Fleck in der Sammlungsgeschichte darstellen. Es existiert sicherlich eine Bandbreite wichtiger Quellen zur Rekonstruktion der alltäglichen Praxis in Sammlungen, die mehr Aufmerksamkeit verdienen. Eine solche Quelle ist die Architektur. Im Fall der Laboratorien kann man nun auf eine ansehnliche Literatur zurückblicken, die die Gestaltung der Laboratorien mit der jeweiligen Arbeitsteilung, den Grenzen zwischen privat und öffentlich und den täglichen Verrichtungen derer, die in ihnen arbeiten, in Verbindung setzt.[35] Im Gegensatz dazu galt die vornehmliche Aufmerksamkeit der Sammlungshistoriker der Ausstellung der Objekte und ihrer kulturellen Signifikanz.[36] Mit Ausnahme von Sophie Forgan und Paula Findlen[37] wurde

35 Siehe z. B. Owen Hannaway: Laboratory design and the aim of science: Andreas Libavius versus Tycho Brahe. In: Isis 77, 1986, S. 585-610; Crosbie Smith/Jon Agar (Hg.): Making space for science: territorial themes in the shaping of knowledge. Manchester 1998; Peter Galison/Emily Thompson (Hg.), The architecture of science. Cambridge, Mass. 1999.

36 Eine wunderbare Studie zu diesem Thema verfaßte Carla Yanni: Nature's museums: Victorian science and the architecture of display. London 1999.

37 Sophie Forgan: The architecture of display: museums, universities and objects in nineteenth-century Britain. In: History of science 32, 1994, S. 139-164; Paula Findlen: Masculine prerogatives: gender, space, and knowledge in the early modern museum. In: Galison/Thompson 1999 (Anm. 35), S. 29-57.

bisher nur wenig in Hinsicht auf eine Verbindung zwischen Museumsarchitektur und den Praktiken und Kommunikationen der Angestellten und Besucher unternommen.

Eine zweite zentrale Ressource der Sammlungsgeschichte für die Ermittlung vergangener Praktiken könnte die Wiederherstellung oder der Nachbau vergangener ausstellungsgeschichtlicher Konstellationen sein. Mit Blick auf eine Beförderung der interaktiven Beziehungen zu den Besuchern begannen die Vertreter der »neuen Museologie« vergangene Kontexte von Besitz, Gebrauch und Anwendung zusammen mit der Darstellung von historischen Ausstellungsformen zu vermitteln und griffen damit auf die Sammlungsgeschichte zurück.[38] Doch sollte die Sammlungsgeschichte selbst versuchen, aus einer heutigen Rekonstruktion vergangener Praktiken historische Einsichten zu erlangen. Im Falle der Laboratorien und Observatorien ist mittlerweile ein umfangreiches Corpus an Arbeiten entstanden, die auf einem Nachvollzug der beobachtenden und experimentellen Tätigkeit beruhen.[39]

Im Gegensatz dazu und trotz des reichhaltigen Materials, der Anleitungen zu Präparationen und Präsentationen, zu Instrumenten, naturhistorischen Objekten und Kabinetten, ist mir kein Versuch einer systematischen Rekonstruktion vergangener Museumspraktiken bekannt. Denkt man an den Beitrag Grassenis, so könnte eine genaue Rekonstruktion und Wiederholung von Watertons Taxidermie vielfältige Einblicke (mit durchaus auch unangenehmen Erlebnissen) in die vergangenen Ziele, Konventionen und Handlungen der Naturgeschichte gewähren.[40]

38 Siehe z. B. Charles Saumarez Smith: Museums, artefacts, and meanings. In: Peter Vergo (Hg.): The new museology. London 1989, S. 6-21; Ludmilla Jordanova: Objects of knowledge: a historical perspective on museums. In: ebd., S. 22-40.

39 Siehe etwa David Gooding: Experiment and the making of meaning: human agency in scientific observation and experiment. Dordrecht 1990; H. Otto Sibum: Reworking the mechanical value of heat: instruments of precision and gestures of accuracy in early Victorian England. In: Studies in history and philosophy of science 26, 1995, S. 73-106; Adelheid Voskuhl: Recreating Herschel's actinometry: an essay in the historiography of experimental practice. In: British journal for the history of science 30, 1997, S. 337-355; Klaus Staubermann: The trouble with the instrument: Zöllner's photometer. In: Journal for the history of astronomy 21, 2000, S. 323-338.

40 Der Eindruck, daß besonders in dem Nachvollzug von taxidermischen Praktiken ein fruchtbares Potential liegt, stammt aus der Lektüre von Susan Leigh Star: Craft vs. commodity, mess vs. transcendence: how the right tool became the wrong one in the case of natural history and taxidermy. In: Adele E. Clarke/Joan

Eine zweite lohnenswerte Untersuchungsmöglichkeit betrifft das Netzwerk von Personen, die in und um Museen und Sammlungen herum interagieren. Dies beträfe eine Untersuchung der Arbeitsteilung, der Autorität und der Zugangsmöglichkeiten zu bestimmten Räumen im Museum – eine Untersuchung, die wiederum durch eine Behandlung der Architektur befördert werden könnte.[41]

Diese Figurationen, auf denen der Betrieb der Museen beruht, gehen über das Museum hinaus und schließen Reisende, Sammler, Besucher, Naturalienhändler, Donatoren und Gönner, Korrespondenten, Architekten und Schreiner mit ein. Betrachtet man diese letztgenannten externen Komponenten der Institution, so kann hier die Latoursche Sicht auf die Wissenschaft als eine *actor-network*-Beziehung angeführt werden. Nach seiner Darstellung sind Museen »Kalkulationszentren«, von denen aus verschiedene und oftmals weit entfernte Aktanten gesteuert, gelenkt und mobilisiert werden. Diese Zentren kolonisieren die Welt etwa durch mobile Delegierte wie Informanten, Sammler, ihre Gefährten sowie Ausrüstung und Feldstationen. In den Zentren wiederum laufen die Spuren der Welt zusammen: Objekte, Proben und Repräsentationen in Form von Beschreibungen, Tabellen, Graphemen usw. Die Kalkulationszentren vereinfachen diese Spuren schließlich, bereiten sie auf und kombinieren sie. Ihre Ergebnisse, repliziert in Form von Bildern und Buchartikeln, werden veröffentlicht und verbreitet und ermöglichen das Rekrutieren und Mobilisieren weiterer Verbündeter oder können Widersacher isolieren und ausgrenzen. Hierbei handelt es sich um »Kreisläufe des beständigen Zuwachses«, die mit Hilfe der Kalkulationszentren ihre Dominanz über die Welt und ihre Bewohner aufrechterhalten.[42]

Sicher können nicht alle vergangenen Arten von Museen und Sammlungen mit diesem Modell verstanden werden. Doch die Arbeiten von Dirk Stemerding, David Miller und Emma Spary haben gezeigt, wie sinnvoll und fruchtbar dieser theoretische Rahmen auf große nationale Museen, die im weltweiten Sammeln und Austausch in der imperialen Periode engagiert waren, angewendet werden kann.[43] Solche Unter-

H. Fujimura: The right tools for the job. Princeton 1992, S. 257-286, und Karen E. Wonders: Bird taxidermy and the origins of the habitat diorama. In: Renato G. Mazzolini (Hg.): Non-verbal communication in science prior to 1900. Firenze 1993, S. 411-447.

41 Ein inspirierendes Modell für diese Art Studie bietet Elias 1969 (Anm. 19), Kap. 3.

42 Latour 1987 (Anm. 3), Kap. 6; ders.: Visualisation and cognition: thinking with hands and eyes. In: Knowledge and society 6, 1986, S. 1-40.

43 Dirk Stemerding: Plants, animals and formulae: natural history in the light of

suchungen früherer Museumsfigurationen tragen dazu bei, Einwänden bezüglich des kulturgeschichtlichen Ansatzes zu begegnen. Der Vorwurf der Begrenztheit kann also nicht aufrechterhalten werden, wenn Museen und ihre Sammlungen angemessen im globalen Netzwerk der sie aufrechterhaltenden Aktivitäten plaziert werden. Vielmehr ist in dieser Art von Analyse die Spannung zwischen Erklärung und Rekonstruktion der gelebten Erfahrung auf ein Minimum beschränkt. Die Zuschreibung der Rollen zu bestimmten Personen erklärt, wie diese Personen und ihre Tätigkeiten zur Aufrechterhaltung von Institutionen beitragen und – zur gleichen Zeit – die »Welten«, die sie erfahren und in denen ihre Personalität geformt wurde, definieren.[44]

Zweifellos muß sich jede ernsthafte Darstellung über die Formation und Aufrechterhaltung der Museen und Sammlungen mit ökonomischen Gegenständen beschäftigen. Dazu gehören die Finanzierung der Gebäude und ihrer Ausstattung, die Ausgaben und der Verkauf von naturhistorischen Objekten, der Lohn der Kuratoren usw. Doch im Gegensatz zur umfangreichen Arbeit über die »symbolische Ökonomie« von Geschenken und anderen Austauschweisen zwischen Museen und Sammlungen existieren bisher relativ wenige Studien zu den eher weltlichen Aspekten der Ökonomie des Sammelns.[45] Dies ist um so bedauerlicher, als z. B. Natalie Zemon Davis für frühmoderne Bücher gezeigt hat, daß viele Donatoren und Rezipienten zwar die Kluft zwischen ehrenhaftem Schenken und gewöhnlichen kommerziellen Transaktionen betonten, doch die symbolische Ökonomie des Geschenkaustausches eng mit Verkäufen, Preisen und Vertragshandlungen verknüpft war.[46] Der Anteil der Museen und Sammlungen an ökonomischen Fragen ist in

Latour's *Science in action* and Foucault's *The order of things*. Enschede 1991; David Philip Miller: Joseph Banks, empire, and »centers of calculation« in late Hanoverian London. In: David Philip Miller / Peter Hanns Reill: Visions of empire: voyages, botany and representation of nature. Cambridge 1996, S. 21-37; E. C. Spary: Utopia's garden: French natural history from Old Regime to Revolution. Chicago 2000.

44 Zu Figurationen und der Formung der Persönlichkeit siehe Norbert Elias: Ueber den Prozess der Zivilisation. Soziogenetische und psychogenetische Untersuchungen. Basel 1939.

45 Doch vergleiche man z. B. William P. Falls: Buffon et l'agrandissement du jardin du roi à Paris. In: Archives du muséum d'histoire naturelle 6, 1933, S. 131-200; Krzysztof Pomian: Marchands, connaisseurs, curieux à Paris au XVIIIe siècle. In: ders. 1987 (Anm. 4), S. 163-194.

46 Natalie Zemon Davis: The gift in sixteenth-century France. Oxford 2000, Kap. 4.

manchen Fällen weit über die alltäglichen Geschäfte des Kaufens von Objekten, der Finanzierung der Gebäude und der Entlohnung der Kuratoren hinausgegangen. Museen und Gärten waren selbst als zentrale Institutionen an kameralistischen und merkantilen Projekten zur Verbesserung und Ausbeutung der europäischen, nationalen und kolonialen Ressourcen beteiligt. Dieses Thema greifen besonders zwei neuere Arbeiten auf: die Studie Lisbet Koerners zu Linné und Richard Draytons Buch *Nature's Government*.[47] Koerners Buch ist deshalb so faszinierend, weil sie Linnés naturhistorische Tätigkeiten mit dem kameralistischen Programm Schwedens, das Land nach den Verheerungen der Nordischen Kriege unabhängig zu halten, in Verbindung setzt. Draytons Ausführungen sind ähnlich überzeugend. Er zeigt, wie die britischen naturgeschichtlichen Institutionen die »Verbesserungen« und Ausbeutungen der kolonialisierten Gebiete sowohl beförderten wie legitimierten. Zusammen bilden beide Arbeiten vielfältige Ansätze für zukünftig zu erforschende Beziehungen zwischen der ökonomischen Entwicklung Europas, seiner Kolonien und den Museen und Sammlungen des 18. und 19. Jahrhunderts.

Eine letzte Überlegung betrifft schließlich die möglichen Beschäftigungen der Sammlungshistoriker mit der Beschreibung und Erklärung von Veränderungen in den Zielen und Lehren der Wissenschaften. In *The scenes of Inquiry* habe ich zu argumentieren versucht, daß der Historiker, um die Arbeiten der Wissenschaften der Vergangenheit zu verstehen, die vergangenen *Untersuchungsstile* erfassen muß, also die Bandbreite von gemeinsamen Konventionen und Praktiken, die bestimmen, was vergangene Agenten als relevant für die Lösung bestimmter Fragen bezeichneten.[48] Formen der Argumentation, Aufzeichnungen zur Handhabung und Kalibrierung von Instrumenten und zur Präparation von naturhistorischen Objekten, Arbeitsteilungen und tägliche Routine an den Orten der Erkundungen, Konventionen des Schreibens, rhetorische und ästetische Strategien, Replikationstechnologien und die Verbreitung von Text und Bild, Standards zur Beurteilung von Kompetenz und Glaubwürdigkeit – alle diese Praktiken sind potentiell relevant für das

47 Siehe Koerner 1999 (Anm. 9); Drayton 2000 (Anm. 9). Zur Verbindung von Naturgeschichte und Wissenschaft mit Kameralismus und Staatswissenschaft vgl. auch Smith 1994 (Anm. 4); David F. Lindenfeld, The practical imagination: the German sciences of state in the nineteenth century. Chicago/London 1997.

48 Nicholas Jardine: The scenes of inquiry: on the reality of questions in the sciences. 2. Aufl. Oxford 2000.

Verständnis der vergangenen wissenschaftlichen Ziele und Lehren. Eine solche Annäherung an die Interpretation historischer Sachverhalte zieht zwangsläufig auch die Erklärung des Neuen in den Wissenschaften nach sich. Das Verständnis für die vergangenen Untersuchungsstile und ihrer Veränderungen stellt die Grundlage her, auf der eine Erklärung für das Entstehen neuer Fragen und neuer Lehren in den Wissenschaften möglich ist. Wie Staffan Müller-Wille in seinem Buch zeigt, war die im 18. Jahrhundert neue Technik für die Standardisierung der Präparation, Speicherung, Benennung und Beschreibung der naturgeschichtlichen Objekte eng mit neuen Fragen nach den natürlichen Affinitäten der Pflanzen verbunden.[49] Ein Nachvollzug dieser Techniken ist für ein Verstehen des Konzeptes der natürlichen Affinität, seine Entstehung und Behandlung wichtig. Es gab in der Tat verschiedene Konzepte zur Darstellung der natürlichen Ordnung im 18. Jahrhundert: Stufenfolge der Lebewesen, hierarchisch geordnete Gruppen, Karten, Kreisläufe der Affinität, genealogische Bäume.[50] Detaillierte Studien lokaler Veränderungen in den Untersuchungsstilen der Naturalisten des 18. Jahrhunderts sind notwendig, wenn diese verschiedenen Repräsentationen verstanden und ihre Ursprünge und Wege erklärt werden sollen.

Ein weiterer Grund, warum Sammlungen und Museen vielversprechende Orte für das Studium der Entstehung neuer Untersuchungsfelder sein könnten, bezieht sich auf den Umfang der vergangenen Innovationen und die mit ihnen verbundenen Ziele und Konsequenzen. Auf der einen Seite stehen die relativ einfachen Fälle, bei denen neue Fragen und Antworten durch die Wahrnehmung neuer Gattungen von Pflanzen, Tieren oder Mineralien und ihrer Einordnung in ein bekanntes System auftauchen. Von ähnlicher Gestalt sind etwa solche Fragen, die durch neue Konservierungsmethoden der naturhistorischen Objekte, durch veränderte Kultivierungs- oder Mikroskopiertechniken entstehen. Auf der anderen Seite gab es weitreichende Revisionen und Transformationen

49 Vgl. Staffan Müller-Wille: Botanik und weltweiter Handel. Zur Begründung eines natürlichen Systems der Pflanzen durch Carl von Linné (1701-1778). Berlin 1999.

50 Die einzige umfassende Behandlung der Konzepte natürlicher Affinitäten im 18. Jahrhundert ist Henri Daudin: De Linné à Lamarck. Méthodes de la classification et idée de série en botanique et en zoologie (1740-1790). Paris 1926; vgl. Giorgio Barsanti: Buffon et l'image de la nature. De l'echelle des êtres à la carte géographique et à l'arbre généalogique. In: Jean-Claude Beaune/Serge Benoît/Jean Gayon/Denis Woronoff (Hg.): Buffon 88. Actes du colloque international pour le bicentennaire de la mort de Buffon. Paris 1992, S. 255-296.

der bestehenden Ordnungen der natürlichen Welt, wodurch ganz neue, mit vorhergehenden Zielen unvereinbare Fragen aufgeworfen wurden. Selbst die einfachsten Fälle erwiesen sich als weitaus komplexer als zu Anfang erwartet. Der allzu simple Blick auf die Generierung neuer Fragen in dem hübschen Dreischritt von Entdeckung, Beschreibung und Theoretisierung natürlicher Phänomene wurde damit unterlaufen. Das Neue einer Art war selten ein direkt zu erkennendes und unumstrittenes Merkmal einer Pflanze, eines Tieres oder Minerals. Die Naturobjekte selbst bedurften der Präparation, der Konservierung usw., wenn sie als Stellvertreter einer neuen Art gelten sollten. Bevor ein Konsens über ihre Bestimmung erreicht werden konnte, mußten viele Wege der Authentizität eingeschlagen werden: Reisende und ihre Beschreibungen wurden in ihrer Kompetenz und ihrer Vertrauenswürdigkeit angegriffen, Beschreibungen und Darstellungen wurden genauestens auf ihre Exaktheit und Glaubwürdigkeit hin überprüft, und Objekte und ihre Beschreibungen, Bilder und Modelle wurden zwischen den Museen zum Zwecke des Vergleichs ausgetauscht. Zwischen dem Auffinden des fremd aussehenden Pilzes oder dem Fang eines ungewöhnlichen Schmetterlings und seiner Etablierung als Entdeckung einer bisher unbekannten Art hat es arbeitsreiche und lang andauernde Forschungen und Verhandlungen gegeben.[51]

Die Beiträge dieses Bandes veranschaulichen, wie die Sammlungsgeschichte einen Einblick in die sozialen Figurationen der Wissenschaften, in ihre Interaktion mit anderen Bereichen der menschlichen Bestrebungen und Erfahrungen, in die Erlebnisse von Praktikern und Rezipienten, in das Werden und Vergehen ihrer Ziele und Lehren geben kann. So wird deutlich, daß das einst marginale Studium der Sammlungen und Museen heute für ein Verständnis der Geschichte der Wissenschaften und ihrer Integration in die allgemeine Geschichte der menschlichen Kultur und Gesellschaft zentral geworden ist.

Aus dem Englischen von Anke te Heesen

51 Siehe Markman Ellis faszinierende Darstellung von Erzählungen der Entdeckungen des Känguruhs, die sich von Zeitschriftendarstellungen zu initialen Begegnungen mit anormalen Ungeheuern bis hin zu allgemeinen Bemerkungen in professionellen naturhistorischen Arbeiten entwickelten; ders., Tails of wonder: constructions of the kangaroo in late eighteenth-century dicourse. In: Margarette Lincoln (ed.): Science and exploration in the Pacific: European voyages to the southern oceans in the eighteenth century. Woodbridge, Suffolk 1998, S. 163-182.

Nachbemerkung

Bei den Beiträgen des vorliegenden Bandes handelt es sich mit zwei Ausnahmen um Originalbeiträge. Cristina Grassenis Text erschien zuerst 1998 in der Zeitschrift *Studies in history and philosophy of the biological and biomedical sciences* und E. C. Sparys Text erschien 1999 in dem von Hans Erich Bödeker, Peter Hanns Reill und Jürgen Schlumbohm herausgegebenen Band »Wissenschaft als kulturelle Praxis, 1750-1900«, Göttingen. Beide Texte wurden für diese Publikation übersetzt und stark bearbeitet.

Für die Aufnahme des Bandes in ihre Reihe »Wissenschaftsgeschichte« möchten wir Michael Hagner und Hans-Jörg Rheinberger danken. Ohne die kontinuierliche und hilfreiche Zusammenarbeit mit Andrea Knigge und Thedel von Wallmoden wäre das Buch nicht zustande gekommen. Schließlich danken wir der Fritz Thyssen Stiftung für die Gewährung eines Druckkostenzuschusses.

Berlin und Cambridge im Juni 2001

Die Autorinnen und Autoren

CRISTINA GRASSENI studierte Philosophie, Wissenschaftsgeschichte und Anthropologie in Pavia, Cambridge und Manchester. Sie forscht gegenwärtig an der Universität Mailand-Bicocca und produziert ethnographische Dokumentarfilme. Ihre Doktorarbeit widmete sich »Praktiken der Lokalität und Identität in Norditalien«. Zu ihren jüngsten Veröffentlichungen zählen Artikel zur Philosophie Wittgensteins, zur *visual anthropology* und zu ethnographischen Museen der bäuerlichen Kultur.

ERNST P. HAMM unterrichtet am *Science and Technology Studies Programme* an der *Division of Humanities* der *York University* in Toronto. Seine Forschungsgebiete umfassen die Wissenschaften der Aufklärung und Romantik, Geschichte der Geologie und die Wechselwirkungen zwischen Human- und Naturwissenschaften. Zur Zeit arbeitet er an einem Buch über die Geologie Goethes sowie an einem Sonderheft der *Studies in history and philosophy of science* mit dem Titel »Measurement of the people, by the people, for the people«.

ANKE TE HEESEN studierte Kulturpädagogik in Hildesheim und Wissenschaftsgeschichte in Lübeck. 1995 wurde sie mit einer Arbeit über eine Bildenzyklopädie des 18. Jahrhunderts promoviert, die 1997 unter dem Titel »Der Weltkasten« im Wallstein Verlag erschienen ist. Sie hat u. a. die Ausstellung »Der Neue Mensch. Obsessionen des 20. Jahrhunderts« (1999) am Deutschen Hygiene-Museum Dresden mitverantwortet und arbeitet heute als wissenschaftliche Mitarbeiterin am Max-Planck-Institut für Wissenschaftsgeschichte.

NICHOLAS JARDINE ist Professor für *History and Philosophy of the Sciences* an der *University of Cambridge.* Zu seinen neueren Veröffentlichungen zählen »The scenes of inquiry« (1991, überarbeitete Neuausgabe Oxford 2000) und der Sammelband »Books and the sciences in history« (zus. mit Marina Frasca-Spada, Cambridge 2000). Zur Zeit schreibt er an einem Buch über die Historiographie der Wissenschaften (»On history of the sciences«).

ANGELA MATYSSEK studierte Kunstgeschichte, Geschichte und Italienisch in Göttingen, Rom und Berlin. Sie schrieb ihre Magisterarbeit über »Das Pathologische Museum der Friedrich-Wilhelms-Universität. Rudolf Virchows Sammlung von Körpermißbildungen und Krankheiten

– Ansätze zu einer Stilgeschichte medizinischer Präparate« und war für verschiedene wissenschaftliche Einrichtungen tätig. Zur Zeit arbeitet sie an ihrer Dissertation über die Geschichte kunsthistorischer Bildmedien.

Andreas Mayer studierte Soziologie, Musikwissenschaft und Wissenschaftsgeschichte in Wien, Paris, Bielefeld und Cambridge. Er ist zur Zeit Stipendiat am Max-Planck-Institut für Wissenschaftsgeschichte in Berlin. Jüngste Veröffentlichungen: »Die Lesbarkeit der Träume. Zur Geschichte von Freuds ›Traumdeutung‹« (Frankfurt am Main 2000, hg. mit Lydia Marinelli). Gegenwärtig arbeitet er an einem Projekt über »Gangarten. Zum theoretischen und experimentellen Umgang mit dem Gehen im 19. Jahrhundert«.

Staffan Müller-Wille, Paläontologe und Philosoph, ist Autor des Buches »Botanik und weltweiter Handel« (Berlin 1999), in dem es um die Begründung eines natürlichen Systems der Pflanzen durch Carl von Linné geht. Als Mitarbeiter am Max-Planck-Institut für Wissenschaftsgeschichte beschäftigt er sich zur Zeit mit der Kulturgeschichte des Vererbungsbegriffs, speziell mit der Grundlegung der modernen Genetik zu Beginn des letzten Jahrhunderts.

E. C. Spary, Studium der Naturwissenschaften und der Wissenschaftsgeschichte in Cambridge. Sie promovierte 1993 über das Museum für Naturgeschichte in Paris zur Zeit der Französischen Revolution und veröffentlichte die Arbeit unter dem Titel »Utopia's garden: French natural history from Old Regime to Revolution«, Chicago 2000. Zusammen mit Nicholas Jardine und James A. Secord hat sie »Cultures of natural history« (Cambridge 1996) herausgegeben. Sie ist zur Zeit Forschungsleiterin am Max-Planck-Institut für Wissenschaftsgeschichte.

Gefördert mit freundlicher Unterstützung der Fritz Thyssen Stiftung.

Bildnachweise

Müller-Wille Abb. 1: Carl von Linné: Philosophia botanica. Stockholm 1751, S. 309. — Abb. 2: By permission of the Linnean Society of London.

Hamm Tafel 1: Johann Wolfgang von Goethe: Die Schriften zur Naturwissenschaft. Weimar 1947-, Teil 1, Band II, S. 19-20.

Grasseni Abb. 1: By courtesy of the National Portrait Gallery, London. — Abb. 2: Wakefield M.D.C. Museum and Arts. — Abb. 3: By permission of the Syndics of Cambridge University Library. — Abb. 4: Wakefield M.D.C. Museum and Arts.

Matyssek Abb. 1 und 2: Berliner Medizinhistorisches Museum der Charité. — Abb. 3: Photo Christa Scholz.

Mayer Abb. 1: Révue encyclopédique, recueil documéntaire universel et illustré 4, 1894. — Abb. 2: Büste von Franz Josef Gall. Bibliothèque Charcot, La Salpêtrière. Photo Andreas Mayer. — Abb. 3: Sigmund Freuds Behandlungszimmer, Berggasse 19, 1938. Photo Edmund Engelman. In: Lydia Marinelli (Hg.): Meine ... alten und dreckigen Götter. Aus Sigmund Freuds Sammlung. 2. Aufl. Frankfurt/Basel 2000, S. 20. — Abb. 4: Skizze von Charcots Studierzimmer. Aus: Brief von Sigmund Freud an Martha Bernays, 20.1.1886. Archiv des Sigmund Freud Museums, Wien.

Die Deutsche Bibliothek – CIP-Einheitsaufnahme

Ein Titeldatensatz für diese Publikation ist bei
Der Deutschen Bibliothek erhältlich

www.wallstein-verlag.de
Vom Verlag gesetzt aus der Adobe Garamond
Umschlag: Basta Werbeagentur, Petra Bandmann,
unter Verwendung einer Photographie aus dem
Katalog der Kunst- und Ausstellungshalle der Bundesrepublik Deutschland:
Wunderkammer des Abendlandes. Bonn 1994, S. 47.
Druck: Hubert & Co, Göttingen

ISBN 3-89244-482-x

M

N

O

P

Q

R

S

T

U

V

W

Z